全国高等教育自学考试指定教材

工程计量与计价

（含：工程计量与计价自学考试大纲）

（2024年版）

全国高等教育自学考试指导委员会　组编

主　编　许程洁

图书在版编目（CIP）数据

工程计量与计价：2024年版 / 许程洁主编．—北京：北京大学出版社，2024.6
全国高等教育自学考试指定教材
ISBN 978-7-301-35116-1

Ⅰ．①工… Ⅱ．①许… Ⅲ．①建筑工程 – 计量 – 高等教育 – 自学考试 – 教材 ②建筑造价 – 高等教育 – 自学考试 – 教材 Ⅳ．① TU723.3

中国国家版本馆 CIP 数据核字（2024）第 108756 号

书　　名　工程计量与计价（2024年版）
GONGCHENG JILING YU JIJIA（2024 NIAN BAN）
著作责任者　许程洁　主编
策划编辑　吴　迪　赵思儒
责任编辑　伍大维
数字编辑　蒙俞材
标准书号　ISBN 978-7-301-35116-1
出版发行　北京大学出版社
地　　址　北京市海淀区成府路205号　100871
网　　址　http：//www.pup.cn　新浪微博：@北京大学出版社
电子邮箱　编辑部 pup6@pup.cn　总编室 zpup@pup.cn
电　　话　邮购部 010-62752015　发行部 010-62750672　编辑部 010-62750667
印 刷 者　北京鑫海金澳胶印有限公司
经 销 者　新华书店
787毫米×1092毫米　16开本　16.5印张　396千字
2024年6月第1版　2024年6月第1次印刷
定　　价　52.00元

组编前言

21 世纪是一个变幻难测的世纪，是一个催人奋进的时代。科学技术飞速发展，知识更替日新月异。希望、困惑、机遇、挑战，随时随地都有可能出现在每一个社会成员的生活之中。抓住机遇、寻求发展、迎接挑战、适应变化的制胜法宝就是学习——依靠自己学习、终身学习。

作为我国高等教育组成部分的自学考试，其职责就是在高等教育这个水平上倡导自学、鼓励自学、帮助自学、推动自学，为每一个自学者铺就成才之路。组织编写供读者学习的教材就是履行这个职责的重要环节。毫无疑问，这种教材应当适合自学，应当有利于学习者掌握和了解新知识、新信息，有利于学习者增强创新意识，培养实践能力，形成自学能力，也有利于学习者学以致用，解决实际工作中所遇到的问题。具有如此特点的书，我们虽然沿用了“教材”这个概念，但它与那种仅供教师讲、学生听，教师不讲、学生不懂，以“教”为中心的教科书相比，已经在内容安排、编写体例、行文风格等方面都大不相同了。希望读者对此有所了解，以便从一开始就树立起依靠自己学习的坚定信念，不断探索适合自己的学习方法，充分利用自己已有的知识基础和实际工作经验，最大限度地发挥自己的潜能，达到学习的目标。

欢迎读者提出意见和建议。

祝每一位读者自学成功。

全国高等教育自学考试指导委员会

2023 年 1 月

目　　录

组编前言

工程计量与计价自学考试大纲

大纲前言 …… 2
Ⅰ　课程性质与课程目标 …… 3
Ⅱ　考核目标 …… 5
Ⅲ　课程内容与考核要求 …… 6
Ⅳ　实践环节 …… 19
Ⅴ　关于大纲的说明与考核实施要求 …… 21
附录　题型举例 …… 24
大纲后记 …… 26

工程计量与计价

编者的话 …… 28

第1章　工程计量与计价概论 …… 29

1.1　基本建设 …… 30
1.2　工程计量与计价概述 …… 33
1.3　工程造价概述 …… 39
1.4　工程计价方式 …… 43
1.5　工程计价文件 …… 46
1.6　工程造价管理制度 …… 49
习题 …… 53

第2章　建设项目总投资 …… 55

2.1　建设项目总投资及工程造价构成 …… 56
2.2　建筑安装工程费用的概念 …… 57
2.3　建筑安装工程费用项目组成和计算 …… 58
2.4　设备及工器具购置费 …… 73
2.5　工程建设其他费用 …… 79
2.6　预备费和建设期利息 …… 87
2.7　建筑安装工程计价程序 …… 90
习题 …… 93

第3章　工程计量与计价依据 …… 95

3.1　概述 …… 96
3.2　工程量清单计价规范 …… 98
3.3　施工定额 …… 107
3.4　工程计价定额 …… 115
3.5　装配式建筑消耗量定额 …… 120
3.6　工程造价信息 …… 123
习题 …… 128

第4章　土建工程计量 …… 130

4.1　概述 …… 131
4.2　建筑面积计算 …… 136
4.3　土石方工程 …… 140

4.4 地基处理与边坡支护工程 149
4.5 桩基工程 154
4.6 砌筑工程 157
4.7 混凝土及钢筋混凝土工程 165
4.8 金属结构工程 192
4.9 木结构工程 194
4.10 门窗工程 195
4.11 屋面及防水工程 198
习题 202

第5章 装饰工程计量 205

5.1 楼地面装饰工程 206
5.2 墙、柱面装饰与隔断、幕墙工程 209
5.3 天棚工程 213
5.4 油漆、涂料、裱糊工程 214
5.5 其他装饰工程 215
习题 216

第6章 措施项目计量 219

6.1 计算工程量的措施项目 220
6.2 计算摊销费用的措施项目 225
习题 226

第7章 工程计价 229

7.1 工程量清单计价 230
7.2 最高投标限价的编制 233
7.3 投标报价的编制 237
7.4 工程结算的编制 242
习题 252

参考文献 255

后记 256

全国高等教育自学考试

工程计量与计价
自学考试大纲

全国高等教育自学考试指导委员会　制定

大纲前言

为了适应社会主义现代化建设事业的需要，鼓励自学成才，我国在 20 世纪 80 年代初建立了高等教育自学考试制度。高等教育自学考试是个人自学、社会助学和国家考试相结合的一种高等教育形式。应考者通过规定的专业课程考试并经思想品德鉴定达到毕业要求的，可获得毕业证书；国家承认学历并按照规定享有与普通高等学校毕业生同等的有关待遇。经过 40 多年的发展，高等教育自学考试为国家培养造就了大批专门人才。

课程自学考试大纲是规范自学应考者学习范围、要求和考试标准的文件。它是按照专业考试计划的要求，具体指导个人自学、社会助学、国家考试及编写教材的依据。

为更新教育观念，深化教学内容方式、考试制度、质量评价制度改革，更好地提高自学考试人才培养的质量，全国考委各专业委员会按照专业考试计划的要求，组织编写了课程自学考试大纲。

新编写的大纲，在层次上，本科参照一般普通高校本科水平，专科参照一般普通高校专科或高职院校的水平；在内容上，及时反映学科的发展变化以及自然科学和社会科学近年来研究的成果，以更好地指导应考者学习使用。

全国高等教育自学考试指导委员会

2023 年 12 月

I　课程性质与课程目标

一、课程性质和特点

“工程计量与计价”课程是研究构成建筑工程项目的人工、材料、机具消耗量和相应单价，确定建筑工程造价的基本理论知识与实践密切结合的综合学科，是全国高等教育自学考试工程造价、建设工程管理、建筑工程技术等专科专业的一门专业课程。

本课程既是考生熟悉国家建筑行业的基本政策和法规，初步掌握工程造价及管理的基本原理、基本知识的课程，也是提高工程造价管理素养的课程。

二、课程目标

作为全国高等教育自学考试工程造价、建设工程管理、建筑工程技术等专科专业的一门专业课程，学习本课程可以培养自学应考者运用市场经济规律和技术规律的能力，使自学应考者掌握有关建设项目投资构成、工程量清单计价规范、工程量计算规范等国家、行业的最新标准、规范和文件，能综合运用现代技术、经济、管理的方法，合理确定相应工程的造价，有效进行成本控制，降低建筑产品成本，提高经济效益，具备编制工程量清单和工程量清单计价文件的工程造价管理能力，提高自学应考者正确分析和解决工程项目计量计价问题的能力和创新思维。

“工程计量与计价”课程设置的目标是使自学应考者达到以下要求。

（1）比较全面地掌握工程计量与计价的基本原理和基本知识。

（2）熟悉国家建筑行业的基本政策和法规。

（3）掌握建筑与装饰工程相应的工程量计算规范、规则和工程组价、计价计算。

（4）初步具备编制工程概预算、工程量清单、招标控制价、投标报价及工程结算的基本技能。

（5）具备对新知识、新技能的学习能力和一定的创新创业能力。

三、与相关课程的联系与区别

本课程是一门综合性、政策性、实践性强的专业课程，要求自学应考者具备工程数学基础和较全面的专业知识。自学应考者应在学习完建筑工程识图与构造、土木工程材料、建筑施工、工程招投标与合同管理等课程后再开始本课程的学习和参加本课程的考试。

四、课程的重点和难点

本课程的重点内容是工程计量与计价依据，土建工程计量，装饰工程计量，措施项目计量。

本课程的难点内容是建筑安装工程中各项费用的计算，设备购置费的计算，工程量清单的内容，施工定额消耗量的确定，土建工程、装饰工程工程量计算，分部分项工程费中工程量清单综合单价的计算。

Ⅱ　考核目标

本大纲在考核目标中，按照识记、领会、简单应用和综合应用四个层次规定其达到的能力层次要求。四个能力层次是递进的关系，各能力层次的含义如下。

识记（Ⅰ）：要求自学应考者能识别和记忆大纲中规定的有关知识的主要内容（如定义、公式、原则、规则、方法、步骤、特征和特点等），并能根据考核的不同要求，做出正确的表述、选择和判断。

领会（Ⅱ）：要求自学应考者能领悟和理解大纲中规定的有关考核知识点的内涵和外延，熟悉其内容要点和它们之间的区别与联系，并能够根据考核的不同要求，做出正确的表述、选择和判断。

简单应用（Ⅲ）：要求自学应考者能根据已知的知识和运用大纲中规定的少量的知识点，分析和解决一般应用问题，如简单计算、分析、论述等。

综合应用（Ⅳ）：要求自学应考者面对具体、实际的工程项目，能够发现问题，探究解决问题的方法，并能综合运用大纲中规定的知识点，分析和解决较复杂的应用问题，如工程量计算、组价计算、单位工程计价、编制各类计价文件等。

Ⅲ 课程内容与考核要求

第 1 章 工程计量与计价概论

一、学习目的和要求

通过本章的学习，让自学应考者对工程计量与计价相关概念有全面、正确的了解和认识；掌握工程计量与计价的含义、工程项目的划分、工程建设程序、工程造价计价特点、工程计价方式、工程计价的基本原理等内容。

二、课程内容

1. 基本建设
2. 工程计量与计价概述
3. 工程造价概述
4. 工程计价方式
5. 工程计价文件
6. 工程造价管理制度

三、考核知识点与考核要求

1. 基本建设

识记：基本建设的概念。

领会：基本建设的分类。（1）按建设性质划分；（2）按投资建设的经济用途划分；（3）按建设总规模或总投资划分；（4）按建设过程划分；（5）按资金来源渠道划分。

2. 工程计量与计价概述

识记：（1）建设项目、单项工程、单位工程、分部工程和分项工程的含义；（2）工程计量和工程计价的概念、作用。

领会：（1）投资决策阶段、建设实施阶段、项目后评价的工作内容；（2）工程项目建设程序的相应内容。

简单应用：能对工程项目从大到小进行划分。

3. 工程造价概述

识记：（1）工程造价的含义；（2）工程造价计价的特点。

领会：全生命周期造价管理。

4. 工程计价方式

识记：（1）工程计价的两种方法；（2）工程计价的基本原理；（3）工程计量和工程组价两环节；（4）工料单价；（5）综合单价；（6）工料单价法；（7）综合单价法。

领会：工程定额计价法和工程量清单计价法的区别。

简单应用：（1）工程定额计价的基本程序；（2）工程量清单计价的基本方法和程序。

5. 工程计价文件

识记：（1）投资决策阶段投资估算的概念；（2）建设实施阶段设计概算的概念、分类；（3）项目建设实施阶段竣工决算的概念。

领会：（1）施工图预算；（2）最高投标限价；（3）投标报价；（4）施工预算；（5）工程结算。

6. 工程造价管理制度

识记：（1）工程造价咨询企业；（2）工程造价咨询业务范围；（3）全过程工程咨询范围；（4）造价工程师职业资格考试内容，报考条件。

领会：造价工程师的执业范围。

四、本章重点和难点

本章重点是基本建设的分类，工程计量和计价的概念，工程项目划分，工程造价的含义，工程造价计价的特点，工程单价的概念，工程计价的方法，计价文件的组成。

本章难点是工程项目划分，工程定额计价的基本程序，工程量清单计价的基本方法和程序，各工程计价文件之间的关系。

第 2 章　建设项目总投资

一、学习目的和要求

通过本章的学习，让自学应考者了解建设项目总投资及工程造价构成，建筑安装工程费用概念；掌握建筑安装工程费用项目组成和计算；熟悉设备及工器具购置费的组成和计算；了解土地使用费和其他补偿费、与项目建设有关的其他费用、与未来生产经营有关的其他费用等工程建设其他费用；熟悉预备费和建设期利息；掌握建筑安装工程计价程序。

二、课程内容

1. 建设项目总投资及工程造价构成
2. 建筑安装工程费用的概念
3. 建筑安装工程费用项目组成和计算
4. 设备及工器具购置费
5. 工程建设其他费用
6. 预备费和建设期利息
7. 建筑安装工程计价程序

三、考核知识点与考核要求

1. 建设项目总投资及工程造价构成

识记：（1）建设项目总投资；（2）生产性建设项目总投资；（3）非生产性建设项目总投资；（4）固定资产投资；（5）工程造价；（6）建设投资；（7）工程费用。

领会：（1）建设项目总投资的构成；（2）建设项目总投资与工程造价的关系；（3）工程造价的构成。

简单应用：能根据各项费用的从属关系组成建设项目总投资、建设投资、固定资产投资等费用。

2. 建筑安装工程费用的概念

识记：（1）建筑工程费的概念；（2）安装工程费的概念。

领会：（1）建筑工程费的内容；（2）安装工程费的内容。

3. 建筑安装工程费用项目组成和计算

识记：（1）人工费的概念；（2）材料费的概念；（3）施工机具使用费的概念；（4）企业管理费的概念；（5）利润的概念；（6）规费的概念；（7）税金的概念；（8）分部分项工程费的概念；（9）措施项目费的概念；（10）其他项目费的概念。

领会：（1）人工费的内容；（2）材料费的内容；（3）施工机具使用费的内容；（4）企业管理费的内容；（5）规费的内容；（6）措施项目费的内容；（7）其他项目费的内容。

简单应用：（1）人工费的计算；（2）材料费的计算；（3）施工机具使用费的计算；（4）企业管理费的计算；（5）利润的计算；（6）规费的计算；（7）税金的计算；（8）分部分项工程费的计算；（9）措施项目费的计算。

综合应用：（1）按费用构成要素划分的建筑安装工程费用项目的组成；（2）按工程造价形成划分建筑安装工程费用项目的组成。

4. 设备及工器具购置费

识记：（1）设备购置费；（2）国产设备原价；（3）进口设备原价；（4）FOB；（5）CFR；（6）CIF。

领会：（1）设备购置费的组成；（2）国产设备原价的组成；（3）进口设备原价的组

成；（4）抵岸价和到岸价的关系；（5）从属费的构成；（6）设备运杂费的组成。

简单应用：（1）设备原价的计算；（2）设备运杂费的计算；（3）工器具及生产家具购置费的计算。

综合应用：设备购置费的计算。

5. 工程建设其他费用

识记：（1）项目建设管理费；（2）建设用地费和工程准备费；（3）配套设施费；（4）工程咨询服务费；（5）建设期计列的生产经营费；（6）工程保险费。

领会：（1）项目建设管理费组成；（2）建设用地费和工程准备费的组成；（3）配套设施费用的组成；（4）工程咨询服务费的组成。

简单应用：（1）项目建设管理费的计算；（2）建设用地费和工程准备费的计算；（3）生产准备费的计算。

6. 预备费和建设期利息

识记：（1）预备费；（2）基本预备费；（3）价差预备费；（4）建设期利息。

领会：（1）预备费的组成；（2）基本预备费的内容；（3）价差预备费的内容。

简单应用：（1）基本预备费的计算；（2）价差预备费的计算；（3）建设期利息的计算。

7. 建筑安装工程计价程序

简单应用：采用工程量清单计价时，能按分部分项工程（单价措施项目）综合单价计算程序要求计算综合单价。

综合应用：（1）采用工程量清单计价时，能够按计价程序计算单位工程费用；（2）采用定额计价时，能够按计价程序计算单位工程费用。

四、本章重点和难点

本章重点是建设项目总投资的构成，工程造价的含义，建筑安装工程费用按构成要素划分和按工程造价形成划分的组成，设备及工器具购置费的组成和计算，工程建设其他费用的内容，预备费的内容。

本章难点是建筑安装工程中各项费用的计算，价差预备费的计算，建设期利息的计算，工程量清单计价和定额计价两种方法的单位工程费用计算程序。

第 3 章　工程计量与计价依据

一、学习目的和要求

通过本章的学习，让自学应考者了解工程计量与计价依据的体系和分类，工程量清单计价规范概述，施工定额的概念与组成，预算定额编制的原则，装配式建筑消耗量定额的范围和作用，工程造价信息资料的分类、积累及动态管理；熟悉施工定额的工作时间分析，劳动定额的编制时间，装配式建筑消耗量定额中有关人、材、机的说明与规定，工程造价信息概述；掌握工程量清单的内容，劳动定额、材料消耗定额、机械台班使用定额的概念、表现形式及编制方法，预算定额中人、材、机消耗量的计算，预算定额基价的编制，工程造价指数的概念和编制。

二、课程内容

1. 概述
2. 工程量清单计价规范
3. 施工定额
4. 工程计价定额
5. 装配式建筑消耗量定额
6. 工程造价信息

三、考核知识点与考核要求

1. 概述

识记：（1）工程计量与计价依据体系；（2）工程计量与计价依据。

领会：工程计量与计价依据要求。

简单应用：能根据不同的分类方式，对工程计量与计价依据进行分类。

2. 工程量清单计价规范

识记：（1）工程量清单；（2）分部分项工程量清单；（3）措施项目清单；（4）其他项目清单；（5）项目编码；（6）项目名称；（7）项目特征；（8）计量单位；（9）工程量的计算；（10）暂列金额；（11）暂估价；（12）计日工；（13）总承包服务费。

领会：（1）分部分项工程量清单与计价表的内容和格式；（2）总价措施项目清单与计价表和单价措施项目清单与计价表的内容和格式；（3）其他项目清单与计价汇总表的内容和格式；（4）规费、税金项目计价表的内容和格式。

简单应用：能根据工程项目内容填列出分部分项工程量清单与计价表、总价措施项目清单与计价表、单价措施项目清单与计价表、其他项目清单与计价汇总表等。

3. 施工定额

识记：（1）施工定额的概念；（2）劳动定额；（3）工作时间分析；（4）定额时间；（5）非定额时间；（6）材料消耗定额；（7）机械台班使用定额。

领会：（1）施工定额的组成；（2）劳动定额的表现形式；（3）时间定额和产量定额的关系；（4）定额时间和非定额时间的内容；（5）机械工作时间的内容；（6）劳动定额的编制方法；（7）材料消耗定额的组成；（8）材料消耗定额的编制方法；（9）机械台班使用定额的表现形式；（10）机械台班使用定额的编制方法。

综合应用：掌握建筑安装工程人工、材料、机械台班消耗量指标的确定。

4. 工程计价定额

识记：（1）计价定额的概念；（2）预算定额；（3）预算定额消耗量；（4）人工工日消耗量；（5）基本用工；（6）其他用工；（7）预算定额基价。

领会：（1）工程计价定额的内容；（2）预算定额的用途和作用；（3）预算定额编制的依据和原则；（4）人工消耗量的内容；（5）材料消耗量的计算方法；（6）机械幅度差的内容；（7）预算定额基价的编制方法。

简单应用：（1）人工消耗量中基本用工和其他用工的计算；（2）材料消耗量的计算；（3）机具台班消耗量的计算。

综合应用：掌握预算定额基价的计算。

5. 装配式建筑消耗量定额

识记：《装配式建筑工程消耗量定额》编制依据。

领会：（1）《装配式建筑工程消耗量定额》的适用范围及作用；（2）定额中有关人工、材料、机械的说明与规定；（3）《装配式建筑工程消耗量定额》的组成。

6. 工程造价信息

识记：（1）工程造价信息的概念；（2）价格信息；（3）工程造价指数；（4）工程造价相关资料。

领会：（1）工程造价信息的特点；（2）工程造价信息的分类；（3）工程造价信息的主要内容；（4）工程造价资料的分类与积累的内容；（5）工程造价指数的内容及其特征；（6）工程造价的动态管理。

四、本章重点和难点

本章重点是工程计量与计价依据体系，工程量清单的含义和组成，分部分项工程量清单、措施项目清单、其他项目清单的内容及形式，施工定额中人工、材料、机械台班消耗量指标的确定，预算定额中人工、材料、机具台班消耗量的内容及计算方法，工程造价信息的概念和主要内容，工程造价指数的内容及特征。

本章难点是施工定额中人工时间定额、周转性材料消耗定额的计算，循环机械台班产量定额的计算，预算定额中人工、材料、机具台班消耗量的计算，预算定额基价的计算。

第4章　土建工程计量

一、学习目的和要求

通过本章的学习，让自学应考者了解工程计量的基本概念和目前建筑行业主要的工程量计算规则；熟悉工程计量依据及计量顺序；掌握统筹法计算工程量的主要基数；熟悉建筑面积基本概念及作用；掌握建筑面积计算规则，具备将其应用于实际工程建筑面积计算的能力；熟悉土建工程相关工作内容，掌握土建工程计量规则，能够将所学土建工程计量规则应用于实际工程计量工作中。

二、课程内容

1. 概述
2. 建筑面积计算
3. 土石方工程
4. 地基处理与边坡支护工程
5. 桩基工程
6. 砌筑工程
7. 混凝土及钢筋混凝土工程
8. 金属结构工程
9. 木结构工程
10. 门窗工程
11. 屋面及防水工程

三、考核知识点与考核要求

1. 概述

识记：（1）工程量的含义；（2）工程量计量单位；（3）工程计量项目特征描述内容；（4）工程量清单计价及定额计价模式下的工程量计算规则。

领会：（1）工程量的作用；（2）工程计量依据；（3）工程计量方法及顺序；（4）统筹法计算工程量。

2. 建筑面积计算

识记：（1）建筑面积的概念；（2）建筑面积的作用。

领会：建筑面积计算规则。

简单应用：计算建筑面积的范围和不计算建筑面积的范围。

综合应用：实际工程建筑面积计算。

3. 土石方工程

识记：（1）单独土石方项目、基础土石方项目的划分；（2）土壤、岩石分类；（3）沟槽、地坑、一般土石方的划分；（4）沟槽、地坑施工断面形式；（5）基础施工的工作面宽度。

领会：土石方工程工程量计算规则。

综合应用：实际工程土石方工程量计算。

4. 地基处理与边坡支护工程

识记：（1）地基处理方法；（2）边坡支护方法。

领会：地基处理与边坡支护工程工程量计算规则。

综合应用：实际工程地基处理与边坡支护工程量计算。

5. 桩基工程

识记：（1）预制桩类型；（2）截（凿）桩头；（3）灌注桩类型；（4）声测管。
领会：桩基工程工程量计算规则。
综合应用：实际工程桩基工程量计算。

6. 砌筑工程

识记：（1）基础与墙身的划分；（2）砌筑工程所用的砌体材料。
领会：（1）砖基础工程量计算；（2）实心砖墙、多孔砖墙、空心砖墙工程量计算；（3）空斗墙、空花墙工程量计算；（4）零星砌体工程量计算。
综合应用：实际工程砌筑工程量计算。

7. 混凝土及钢筋混凝土工程

识记：（1）现浇混凝土构件工程量计算；（2）一般预制混凝土构件工程量计算；（3）装配式预制混凝土构件工程量计算；（4）后浇混凝土工程量计算；（5）钢筋及螺栓、铁件工程量计算。
综合应用：（1）实际工程混凝土及钢筋混凝土相应工程量计算；（2）平法识图与钢筋（梁）工程量计算。

8. 金属结构工程

识记：（1）钢网架工程量计算；（2）钢屋架、钢托架、钢桁架、钢桥架工程量计算；（3）钢柱、钢梁工程量计算；（4）钢板楼板、墙板工程量计算；（5）其他钢构件及金属制品工程量计算。
简单应用：实际工程金属结构工程量计算。

9. 木结构工程

识记：（1）常见的木结构建筑形式；（2）木屋架工程量计算；（3）木构件工程量计算；（4）屋面木基层工程量计算。
简单应用：实际工程木结构工程量计算。

10. 门窗工程

识记：（1）门窗类型；（2）各类门窗基本构造。
领会：（1）木门、窗工程量计算；（2）金属门、窗工程量计算；（3）其他门窗工程量计算。
综合应用：实际工程门窗工程量计算。

11. 屋面及防水工程

识记：（1）屋面防水类型；（2）屋面防水工程等级划分；（3）常用防水材料。
领会：（1）屋面防水工程量计算；（2）墙面防水、防潮工程量计算；（3）楼（地）面防水、防潮工程量计算；（4）基础防水工程量计算。

综合应用：实际工程屋面及防水工程量计算。

四、本章重点和难点

本章重点是工程计量的基本概念，工程计量依据，工程计量方法及顺序，建筑面积计算规则，各分部分项工程相关材料、施工技术及要求，各分部分项工程工程量计算规则。

本章难点是计算实际工程建筑面积，根据实际工程设计文件划分分部分项工程，并进行相应工程量的计算。

第 5 章　装饰工程计量

一、学习目的和要求

通过本章的学习，让自学应考者了解建筑装饰工程含义及其分类；了解楼地面装饰工程主要装饰材料；掌握楼地面装饰工程计量规则；了解墙、柱面装饰与隔断、幕墙工程主要做法及构造；掌握墙、柱面装饰与隔断、幕墙工程计量规则；了解天棚工程面层、骨架主要做法、分类及常用材料；掌握天棚工程计量规则；熟悉油漆、涂料、裱糊工程计量规则；熟悉其他装饰工程计量规则。

二、课程内容

1. 楼地面装饰工程
2. 墙、柱面装饰与隔断、幕墙工程
3. 天棚工程
4. 油漆、涂料、裱糊工程
5. 其他装饰工程

三、考核知识点与考核要求

1. 楼地面装饰工程

识记：（1）整体面层常用材料及做法；（2）块料面层常用材料及做法；（3）橡塑面层常用材料及做法。

领会：（1）整体面层工程量计算规则；（2）块料面层工程量计算规则；（3）橡塑面层工程量计算规则；（4）其他材料面层工程量计算规则；（5）踢脚线工程量计算规则；（6）楼梯面层工程量计算规则；（7）台阶装饰工程量计算规则；（8）零星装饰工程量计算规则。

综合应用：实际工程楼地面工程量计算。

2. 墙、柱面装饰与隔断、幕墙工程

识记：（1）抹灰工程常用材料及做法；（2）幕墙工程常见类型。

领会：（1）墙、柱面抹灰工程量计算规则；（2）零星抹灰工程量计算规则；（3）墙、柱面块料面层工程量计算规则；（4）零星块料面层工程量计算规则；（5）墙、柱饰面工程量计算规则；（6）幕墙工程工程量计算规则；（7）隔断工程量计算规则。

综合应用：实际工程墙、柱面装饰与隔断、幕墙工程量计算。

3. 天棚工程

识记：（1）天棚装饰工程分类；（2）天棚装饰工程常用面层及骨架种类。

领会：（1）天棚抹灰工程量计算规则；（2）天棚吊顶工程量计算规则；（3）天棚其他装饰工程量计算规则。

综合应用：实际工程天棚工程量计算。

4. 油漆、涂料、裱糊工程

识记：（1）木材面油漆工程量计算规则；（2）金属面油漆工程量计算规则；（3）抹灰面油漆工程量计算规则；（4）喷刷涂料工程量计算规则；（5）裱糊工程量计算规则。

综合应用：实际工程油漆、涂料、裱糊工程量计算。

5. 其他装饰工程

识记：（1）柜类、货架工程量计算规则；（2）装饰线条工程量计算规则；（3）扶手、栏杆、栏板装饰工程量计算规则；（4）暖气罩工程量计算规则；（5）浴厕配件工程量计算规则；（6）雨篷、旗杆、装饰柱工程量计算规则；（7）招牌、灯箱工程量计算规则；（8）美术字工程量计算规则。

综合应用：实际工程其他装饰工程量计算。

四、本章重点和难点

本章重点是楼地面装饰工程，墙、柱面装饰与隔断工程、幕墙工程，天棚工程等装饰工程的工程量计算规则。

本章难点是根据实际工程设计文件划分分部分项工程，并进行相应工程量的计算。

第 6 章　措施项目计量

一、学习目的和要求

通过本章的学习，让自学应考者理解安全文明施工的内容、其他措施项目的内容；掌握计算工程量的措施项目内容及工程量计算方法。

二、课程内容

1. 计算工程量的措施项目
2. 计算摊销费用的措施项目

三、考核知识点与考核要求

1. 计算工程量的措施项目

识记：脚手架工程、混凝土模板及支架（撑）、垂直运输、超高施工增加、大型机械设备进出场及安拆，以及施工排水、降水的含义。

领会：（1）脚手架工程的内容；（2）脚手架工程、混凝土模板及支架（撑）、垂直运输、超高施工增加、大型机械设备进出场及安拆，以及施工排水、降水的工程量计算规则。

简单应用：（1）综合脚手架、外脚手架、里脚手架、整体提升架、外装饰吊篮、悬空脚手架、满堂脚手架、挑脚手架工程量的计算；（2）混凝土模板及支架（撑）工程量的计算；（3）垂直运输工程量的计算；（4）超高施工增加工程量的计算；（5）大型机械设备进出场及安拆工程量的计算；（6）施工排水、降水工程量的计算。

综合应用：能根据实际工程列项计算措施项目工程量。

2. 计算摊销费用的措施项目

识记：安全文明施工费。

领会：（1）安全文明施工的内容；（2）其他措施项目的内容。

简单应用：（1）安全文明施工费的计算；（2）其他措施项目摊销费用的计算。

综合应用：能根据实际工程列项计算措施项目摊销费用。

四、本章重点和难点

本章重点是脚手架工程、混凝土模板及支架（撑）、垂直运输、超高施工增加、大型机械设备进出场及安拆，以及施工排水、降水工程量计算规则和方法，安全文明施工的内容，其他措施项目的内容。

本章难点是能根据实际工程准确列出措施项目并计算其工程量。

第 7 章　工程计价

一、学习目的和要求

通过本章的学习，让自学应考者了解工程量清单计价的作用、原理和程序，最高投标限价的概念和优点，工程结算的概念和依据；熟悉工程量清单计价的范围，工程量清单的构成，招标工程量清单编制的依据和要求，建筑安装工程价款结算的方法；掌握招标工程量清单编制的内容，最高投标限价和投标报价的编制，工程预付款及其计算，工程进度款的计算与支付，竣工结算的程序和工程价款确定。

二、课程内容

1. 工程量清单计价
2. 最高投标限价的编制

3. 投标报价的编制

4. 工程结算的编制

三、考核知识点与考核要求

1. 工程量清单计价

识记:(1)工程量清单计价法;(2)工程量清单计价的原理;(3)综合单价;(4)招标工程量清单;(5)已标价工程量清单。

领会:(1)工程量清单计价的范围和作用;(2)工程量清单编制的程序;(3)招标工程量清单编制的依据和要求;(4)招标工程量清单编制的内容。

简单应用:能完成招标工程量清单总说明和招标工程量清单表的编制。

2. 最高投标限价的编制

识记:最高投标限价。

领会:(1)采用最高投标限价招标的优点及可能出现的问题;(2)最高投标限价的编制依据;(3)最高投标限价的编制内容;(4)确定最高投标限价应考虑的风险因素;(5)编制最高投标限价时应注意的问题。

简单应用:(1)分部分项工程费中清单组价子项合价的计算;(2)分部分项工程费中工程量清单综合单价的计算;(3)措施项目费的计算。

综合应用:能根据实际工程计算最高投标限价。

3. 投标报价的编制

识记:(1)询价;(2)投标报价。

领会:(1)施工投标前期工作内容;(2)投标报价的编制原则和依据;(3)投标报价的编制方法和内容。

简单应用:(1)确定分部分项工程综合单价时应注意的事项;(2)分部分项工程综合单价的计算;(3)措施项目清单与计价表的编制;(4)其他项目清单与计价表的编制;(5)规费、税金项目清单与计价表的编制。

综合应用:能根据投标报价清单计算投标报价。

4. 工程结算的编制

识记:(1)工程结算;(2)工程预付款;(3)中间结算;(4)竣工结算;(5)期中支付;(6)竣工后一次结算。

领会:(1)工程结算的依据和分类;(2)工程结算的方式;(3)工程结算的编制要求和程序;(4)工程结算的内容;(5)工程结算的编制原则及方法;(6)工程预付款的支付时间要求;(7)期中支付的程序;(8)竣工结算的程序;(9)工程结算管理。

简单应用:(1)工程预付款金额计算;(2)工程预付款的起扣点和抵扣额计算。

综合应用:(1)期中支付价款的计算;(2)竣工结算时工程价款的确定。

四、本章重点和难点

本章重点是工程量清单计价的概念、范围和作用，招标工程量清单编制的内容，最高投标限价和投标报价的编制，工程结算的内容，工程预付款和期中支付，竣工结算时工程价款的确定。

本章难点是分部分项工程费中清单组价子项合价的计算，最高投标限价、投标报价的计算，工程预付款金额、起扣点和抵扣额的计算；期中支付价款的计算。

Ⅳ 实践环节

一、学习目的和要求

工程计量与计价（实践）是工程计量与计价的重要配套实践课程。课程内容是针对一个（拟建）工程项目编制相应的工程量清单和工程量清单计价文件，以培养自学应考者在土建和装饰工程计量与计价方面的实操能力。

通过本课程的学习，使自学应考者将工程计量与计价的理论知识与工程实践相结合，理解并掌握建筑工程工程量清单计价的模式，掌握相关的概念，进行工程量清单和工程量清单计价文件的编制，提高自学应考者从事工程造价业务时分析问题与解决问题的能力。

二、实践内容

根据选定的工程项目设计文件、现行的工程量清单计算规范和取费标准等，按照常规的主要工种的施工工艺、施工技术和方法及施工组织设计，完成工程量计算、人材机单价确定和工程量清单计价文件编制的工作。

三、考核知识点与考核要求

（1）根据提供或确认的工程项目设计文件，熟悉图纸，收集针对本工程项目编制的工程量清单和工程量清单计价文件，以及所需要的施工规范、施工质量验收标准等相关资料。

（2）计算本工程项目相应的工程量或编制工程量清单。

（3）确定人、材、机单价，计算各分项工程的清单单价并进行清单计价。

（4）按照相关规定，计算相应费用，编制本工程项目的计价文件。

（5）将完成的上述内容，按下列顺序装订成册准备参加课程设计的考核。

① 封面。

② 编制说明。

③ 单位工程计价汇总表。

④ 分部分项工程量清单与计价表。

⑤ 措施项目清单与计价表。

⑥ 人工、主要材料、机具汇总表。

⑦ 工程量计算表。

四、重点和难点

（1）工程量计算。

（2）单价确定。

（3）工程量清单计价文件编制。

五、教学建议

本课程设计应以自学应考者自己完成设计为主，教师辅导为辅，强化对自学应考者技能的培养和素质的提高，强调自学应考者对设计文件、规范、标准等的理解和应用能力。

六、评价考核建议

有条件的情况下，采用面试的方式进行考核。

主要应针对自学应考者所做课程设计，从工作量的多少、对工程计量与计价课程相关概念、基础理论和知识的综合理解消化程度，以及完成的质量情况方面进行综合考核，按优、良、中、及格、不及格确定考核成绩。

V 关于大纲的说明与考核实施要求

一、自学考试大纲的目的和作用

自学考试大纲是根据工程造价、建设工程管理、建筑工程技术等专科专业自学考试计划的要求，结合自学考试的特点而确定的。其目的是对个人自学、社会助学和课程考试命题进行指导和规定。

自学考试大纲明确了课程学习的内容以及深度和广度，规定了自学考试的范围和标准。因此，它是编写自学考试教材和辅导书的依据，是社会助学组织进行自学辅导的依据，是自学应考者学习教材、掌握课程内容知识范围和程度的依据，也是进行自学考试命题的依据。

二、自学考试大纲与教材的关系

自学考试大纲是进行学习和考核的依据，教材是学习掌握课程知识的基本内容与范围，教材的内容是大纲所规定的课程知识和内容的扩展与发挥。课程内容在教材中可以体现一定的深度或难度，但在大纲中对考核的要求一定要适当。

大纲与教材所体现的课程内容应基本一致；大纲里面的课程内容和考核知识点，教材里一般也要有。反过来教材里有的内容，大纲里不一定体现。

三、关于自学教材

《工程计量与计价（2024年版）》，全国高等教育自学考试指导委员会组编，许程洁主编，北京大学出版社出版。

四、关于自学要求和自学方法的指导

本大纲的课程基本要求是依据专业考试计划和专业培养目标而确定的。课程基本要求还明确了课程基本内容，以及对课程基本内容掌握的程度。基本要求中的知识点构成了课程内容的主体部分。因此，课程基本内容掌握程度、课程考核知识点是高等教育自学考试考核的主要内容。

为有效地指导个人自学和社会助学，本大纲指明了课程的重点和难点，在章节的基本要求中一般也指明了章节内容的重点和难点。

本课程共7学分（包括实践环节2学分）。

根据学习对象为成人、业余、自学的情况，建议学习本课程的自学应考者应充分发挥自身理解能力强的优势，结合自己的社会阅历和职业经验，很好地理解本教材各章节的内容，全面、系统地掌握当今工程计量与计价的基本理论知识和基本方法，切忌在没有全面、系统学习教材的情况下孤立地去抓重点。具体建议有以下几点。

首先，按照教材章节进行快速泛读，全面了解教材各章节内容之间的逻辑关系，初步构建自己的工程计量与计价的基本理论知识体系或逻辑思维导图。

其次，为了达到本课程教学的基本要求，必须按照教材各章节内容进行认真、深入、系统的学习，深刻领会概念实质，注重工程计量与计价的基本理论、基本知识和基本计算方法的学习，理论联系实际，结合建筑行业和工程项目的实际，初步掌握工程计量与计价中涉及的相关专业领域的理论和方法，重点掌握课程的基本理论、基本知识和基本技能。在理解消化的基础上，记忆应当识记的基本概念、基本理论，并掌握一些重要的规定和方法，包括分析、计算方法等。

最后，由于工程计量与计价是一门综合性、经济性、实践性强的专业课程，因此自学应考者在学习中应把课程内容同我国工程造价管理工作的实践联系起来，特别是对我国现行工程计量与计价中存在的问题以及工程计量与计价的发展趋势要格外关注；在研究分析案例的过程中要加深领会教材的内容，将知识转化为能力，培养与提高自己正确分析问题和解决问题的能力。

总之，自学应考者学生应先全面、系统地学习各章节内容，在通读教材的基础上，对各章重点内容精读、细读，对重点和难点内容反复阅读，逐步理解和掌握，并能正确地运用。

在学习每章内容时，应先看本章的基本要求，对本章内容有概括性的认识。在学完每一章节后，应对重点内容加以归纳整理，写出读书笔记，以利于复习、巩固。

五、对考核内容的说明

（1）本课程要求自学应考者学习和掌握的知识点都作为考核的内容。本课程中各章节内容均由若干知识点组成，在自学考试中就是考核知识点。因此，自学考试大纲所规定的考试内容是以分解考核知识点的方式给出的。由于各知识点在课程中的地位、作用以及知识自身的特点不同，自学考试将对知识点分别按照识记、领会、简单应用和综合应用 4 个认知（或能力）层次确定其考核要求。

（2）在考试之日起 6 个月前，由全国人民代表大会、国务院和行业主管部门颁布或修订的与本课程相关法律、法规等都列入本课程的考试范围。凡大纲、教材内容与现行法律、法规不符的，应以现行法律、法规为准。命题时也会对我国工程建设重大方针、政策、标准的变化予以体现。

六、关于考试方式和试卷结构的说明

（1）本课程的考试方式为闭卷，笔试，满分 100 分，60 分及格。考试时间为 150 分钟。考生可携带钢笔、签字笔、铅笔、橡皮、无记忆存储及通信功能的计算器参加考试。

（2）本课程在试卷中对不同能力层次要求的分数比例大致为：识记占 20%，领会占 30%，简单应用占 30%，综合应用占 20%。

（3）要合理安排试题的难易程度，试题的难度可分为易、较易、较难和难 4 个等级。必须注意试题的难易程度与能力层次有一定的联系，但二者不是等同的概念。在各个能力层次中对于不同的考生都存在着不同的难度。在大纲中要特别强调这个问题，应告诫考生切勿混淆。

（4）本课程考试命题的主要题型一般有单项选择题、填空题、名词解释、简答题、计算题等题型。

在命题工作中必须按照本课程大纲中所规定的题型命制，考试试卷使用的题型可以略少，但不能超出本课程对题型的规定。

附录　题型举例

一、单项选择题

1. 下列费用中，属于规费的项目是（　　）。

A. 税金　　B. 工会经费

C. 劳动保险和职工福利费　　D. 住房公积金

2. 某工程中的外墙砌筑，属于（　　）。

A. 单项工程　　B. 单位工程　　C. 分部工程　　D. 分项工程

二、填空题

1. 构成永久工程的工程设备应计入________。

2. 水泥砂浆踢脚线按设计图示尺寸以延长米计算，________门洞口的长度，洞口侧壁亦不增加。

三、名词解释

1. 新建项目

2. 人工费

四、简答题

工程计价的特点有哪些？

五、计算题

某公司承包了一个工期为 9 个月、造价为 800 万元的工程项目，发承包双方在合同中规定，按当年建筑安装工程量的 20% 拨付工程预付款，问该工程项目的工程预付款是多少万元？

参考答案

一、单项选择题

1. D；2. D。

二、填空题

1. 材料费；2. 不扣除。

三、名词解释

1. 答：新建项目是指从无到有新开始建设的项目，或对原有建设项目扩大建设规模后，其新增固定资产价值在原有固定资产价值三倍以上的项目，也叫作新建项目。

2. 答：人工费是指按工资总额构成规定，支付给从事建筑安装工程施工的生产工人和附属生产单位工人的各项费用。

四、简答题

答：工程计价的特点有单件性计价、多次性计价、分解组合计价、计价方法的多样性、计价依据的复杂性。

五、计算题

答：工程预付款 =800 万元 ×20%=160 万元。

大纲后记

《工程计量与计价自学考试大纲》是根据《高等教育自学考试专业基本规范（2021年)》的要求，由全国高等教育自学考试指导委员会土木水利矿业环境类专业委员会组织制定的。

全国高等教育自学考试指导委员会土木水利矿业环境类专业委员会对本大纲组织审稿，根据审稿会意见由编者做了修改，最后由土木水利矿业环境类专业委员会定稿。

本大纲由哈尔滨工业大学许程洁教授编写，参加审稿并提出修改意见的有哈尔滨工业大学张守健教授、沈阳建筑大学齐宝库教授、兰州交通大学鲍学英教授。

对参与本大纲编写和审稿的各位专家表示感谢。

全国高等教育自学考试指导委员会
土木水利矿业环境类专业委员会
2023 年 12 月

全国高等教育自学考试指定教材

工程计量与计价

全国高等教育自学考试指导委员会 组编

编者的话

本教材是根据全国高等教育自学考试指导委员会最新制定的《工程计量与计价自学考试大纲》的课程内容、考核知识点及考核要求编写的自学考试指定教材。

本教材适应新时代需求，通过信息技术帮助自学应考者自学，力求将知识传授与能力培养结合起来。按照自学考试以培养应用型、技能型、职业型人才为主的精神，本教材在编写时力争符合本门学科的基本要求，使教材内容强调基础性、注重实用性、易于实践性，同时兼顾社会需要。为了帮助自学应考者系统地掌握与土建工程有关的工程计量与计价的基本知识、基本理论和技术方法，达到普通高等教育一般高职高专的水平，本教材针对课程特点，突出基本原理和基本方法的运用，强化工程实践能力与工程应用能力的培养。

本教材系统介绍了工程计量与计价的基本概念、理论和计算方法。本教材共分 7 章，内容包括：工程计量与计价概论，建设项目总投资，工程计量与计价依据，土建工程计量，装饰工程计量，措施项目计量，工程计价。为方便自学应考者学习，本教材各章前设有知识结构图，图中结合自学考试大纲给出了考核知识点的分布和能力层次要求；各章中配有知识点的解读、计算题的说明等数字资源 20 余个，自学应考者可通过扫描相关二维码学习；各章后安排了较多的习题及 200 余道拓展习题，习题类型包括单项选择题、填空题、名词解释、简答题和计算题，所有习题均有参考答案，自学应考者可扫描习题后的二维码查看。

本教材由哈尔滨工业大学许程洁教授担任主编，哈尔滨工业大学张红讲师、沈阳建筑大学黄昌铁副教授、哈尔滨工业大学张艳梅研究员参加编写。本教材具体编写分工为：第 1 章、第 2 章由许程洁编写；第 3 章由张红、张艳梅编写；第 4 章由张艳梅、黄昌铁编写；第 5 章由黄昌铁编写；第 6 章、第 7 章由张红编写。

本教材由哈尔滨工业大学张守健教授担任主审，沈阳建筑大学齐宝库教授和兰州交通大学鲍学英教授参审。他们在审稿过程中提出了许多宝贵的建议，在此表示衷心感谢。

限于编者的水平，教材中难免有不妥之处，恳请广大读者批评指正。

编　者

2023 年 12 月

第1章 工程计量与计价概论

知识结构图

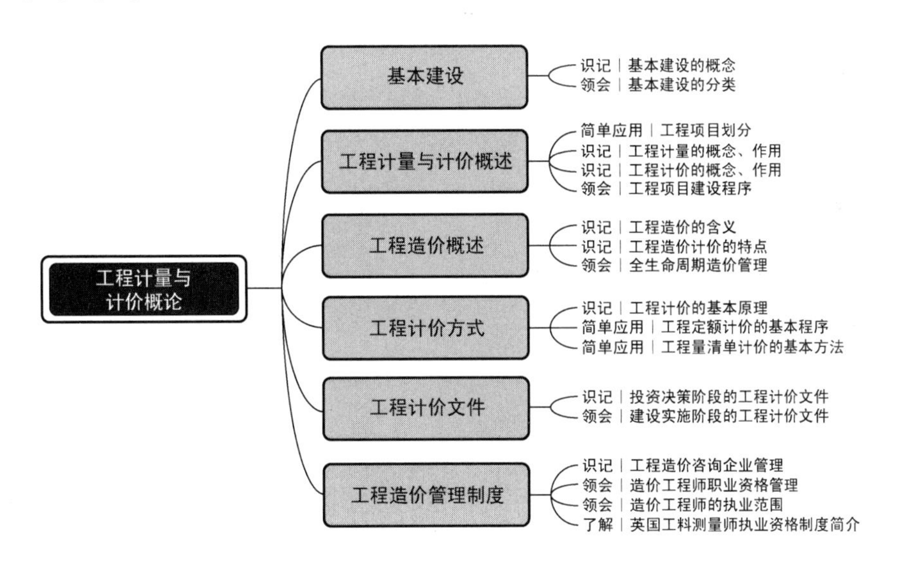

1.1 基本建设

1.1.1 基本建设的概念

基本建设是指固定资产扩大再生产的新建、扩建、改建、恢复工程及其与之有关的工作，其实质就是形成新的固定资产的经济过程或形成新增固定资产的经济活动。具体来讲，基本建设就是人们利用各种施工工具，把一定的土木工程材料、设备等，通过购置、建造和安装等活动，使之成为固定资产的过程。基本建设的目的就是发展国民经济，提高社会生产力水平和人民的物质文化生活水平。

基本建设是形成固定资产的生产活动。固定资产是指在其有效使用期内重复使用而不改变其实物形态的主要劳动资料，它是人们生产和活动的必要物质条件。因此，基本建设也是一个物质资料生产的动态过程，这个过程概括起来，就是将一定的物资、材料、机器设备，通过购置、建造和安装等活动转化为劳动资料，形成新的生产能力或使用效益的建设工作。

1.1.2 基本建设的分类

基本建设是由基本建设项目组成的，通常将基本建设项目简称为建设项目。由于建设性质、投资建设的经济用途、建设总规模或总投资、建设过程和资金来源渠道等不同，建设项目的分类情况如下。

1. 按建设性质划分

按建设性质划分，建设项目分为新建项目、扩建项目、改建项目、迁建项目和恢复项目。

（1）新建项目。新建项目是指从无到有新开始建设的项目，或对原有建设项目扩大建设规模后，其新增固定资产价值在原有固定资产价值三倍以上的项目。

（2）扩建项目。扩建项目是指企业、事业或行政单位在原有固定资产的基础上投资建设的项目。如在企业原有场地范围内或其他地点为扩大原有主要产品的生产能力或效益，或增加新产品的生产能力而建设的主要生产车间、独立的生产线或总厂下的分厂；事业单位和行政单位增建的业务用房，如办公楼、病房、门诊部等。

需要注意的是，扩建项目按扩建新增的设计能力或扩建所需投资（扩建总概算）计算，不包括扩建以前原有的生产能力。

（3）改建项目。改建项目是指企业或事业单位为提高生产效率，增加科技含量，采用新技术，改进产品质量或改变产品方向，对原有设备、工艺条件或工程进行技术改造的项目；或为提高综合生产能力，增加一些附属和辅助车间或非生产性工程的项目。我国规定，企业为消除各工序或车间之间生产能力的不平衡，增加或扩建一些附属、辅助的不直接增加本企业主要产品生产能力的车间或非生产性工程，也属于改建项目。现有企业、事业、行政单位增加或扩建部分辅助工程或并不增加本单位主要效益的生活福利设施，也属于改建项目。

简单地说，扩建项目和改建项目都是指在原有企业、事业、行政单位的基础上，扩大产品的生产能力或增加新的产品生产能力，以及对原有设备或工程进行全面技术改造的项目。

（4）迁建项目。迁建项目是指原有企业、事业或行政单位，由于各种原因，经有关部门批准搬迁到另地建设的项目。无论其建设规模是否维持企业原来的建设规模，都属于迁建项目。

迁建项目中符合新建、扩建、改建条件的，应分别作为新建、扩建或改建项目。迁建项目不包括留在原址的部分。

（5）恢复项目。恢复项目，也称重建项目，是指对由于自然灾害、战争或其他人为灾害等原因，使原有固定资产全部或部分报废以后又投资按原有规模重新建设的项目。

但是尚未建成投产的项目，因自然灾害损坏再重建的，仍按原项目看待，不属于恢复项目。在恢复的同时进行扩建的项目，应作为扩建项目。

2. 按投资建设的经济用途划分

按投资建设的经济用途划分，建设项目分为生产性建设项目和非生产性建设项目。

（1）生产性建设项目。生产性建设项目是指直接用于物质生产或直接为物质生产服务的建设项目，包括工业项目（含矿业）、建筑业项目、运输邮电项目、商业和物资供应项目、能源项目、地质资源勘探及农林水利有关的生产项目。

（2）非生产性建设项目。非生产性建设项目是指用于满足人民物质和文化生活需要的建设项目，包括文教卫生、科学研究、社会福利事业、公共事业、行政机关、团体办公和金融保险业的建设项目等。

3. 按建设总规模或总投资划分

按建设总规模或总投资（设计生产能力或投资规模）划分，建设项目分为大、中、小型项目。而且，习惯上将大型项目和中型项目合称为大中型项目。

划分的标准，根据行业、部门不同而有不同的规定。

（1）工业项目按设计生产能力或投资规模划分。

（2）生产单一产品的项目按产品的设计生产能力划分。

（3）生产多种产品的项目按主要产品的设计生产能力划分；生产品种繁多，难以按生产能力划分的项目，按总投资划分。

（4）改扩建项目按改扩建增加的设计生产能力或所需投资划分。

4. 按建设过程划分

按建设过程划分，建设项目分为筹建项目、在建项目、投产项目、收尾项目和停缓建项目。

（1）筹建项目。筹建项目是指尚未开工，正在进行选址、规划、设计等施工前各项准备工作的建设项目。

（2）在建项目。在建项目是指正在施工或虽已完工但未办理移交验收手续的建设项目。等待清理暂时中止施工的建设项目和等待批准报废的建设项目，也属于在建项目。

（3）投产项目。投产项目是指报告期内按设计规定的内容，形成设计规定的生产能力（或效益）并投入使用的建设项目，包括部分投产项目和全部投产项目。

（4）收尾项目。收尾项目是指已经建成投产和已经组织验收，设计能力已全部建成，但还遗留少量尾工需继续进行扫尾的建设项目。

（5）停缓建项目。停缓建项目是指根据现有人力、财力、物力和国民经济调整的要求，在计划期内停止或暂缓建设的项目。

5. 按资金来源渠道划分

按资金来源渠道划分，建设项目分为财政预算投资项目、自筹资金投资项目、银行贷款投资项目、利用外资项目和利用有价证券市场筹措建设资金项目等。

（1）财政预算投资项目。财政预算投资项目是指由国家预算安排并列入年度基本建设计划的建设项目，也称国家投资项目。

（2）自筹资金投资项目。自筹资金投资项目是指用自筹资金投资建设的项目。自筹资金是指各地区、各部门、各单位按照财政制度提留、管理和自行分配用于固定资产再生产的资金。自筹资金主要有地方自筹资金，部门自筹资金，企业、事业单位自筹资金，集体、城乡个人筹集资金等。自筹资金必须纳入国家计划，并控制在国家确定的自筹资金投资规模以内。地方和企业的自筹资金，应由建设银行统一管理，其投资同预算内投资一样，事先要进行可行性研究和技术经济论证，严格按基本建设程序办事，以保障自筹资金有较好的投资效益。

（3）银行贷款投资项目。银行贷款投资项目是指利用银行信贷资金发放基本建设贷款进行建设的项目。

（4）利用外资项目。利用外资项目是指通过国际信贷关系或直接吸收外国投资来筹集资金（包括设备、材料、技术在内），在国内进行固定资产投资建设的项目。利用多种形式的外资，是我国实行改革开放政策、引进外国先进技术的一个重要步骤，同时也是我国建设项目投资不可缺少的重要资金来源。外资的主要形式有：外国政府贷款，国际金融组织贷款，国外商业银行贷款，在国外金融市场上发行债券，吸收外国银行、企业和私人存款，利用出口信贷，吸收国外资本直接投资（包括与外商合资经营、合作经营、合作开发以及外商独资等形式），补偿贸易，对外加工装配，国际租赁，利用外资的 BOT 方式，等等。

（5）利用有价证券市场筹措建设资金项目。利用有价证券市场筹措建设资金项目是指通过发行股票或债券的方式从有价证券市场筹措资金用来投资建设的项目。有价证券市场是指买卖公债、公司债券和股票等有价证券，在不增加社会资金总量和资金所有权的前提下，通过融资方式，把分散的资金累积起来，从而有效地改变社会资金总量结构的市场。有价证券主要指债券和股票。

在我国，一般以一个企业、事业或行政单位作为一个建设项目。例如，工业建设的一个联合企业，或一个独立的工厂、矿山；农林水利建设的独立农场、林场、水库工程；

交通运输建设的一条铁路线路、一个港口；文教卫生建设的独立的学校、报社、影剧院；等等。同一总体设计内分期进行建设的若干工程项目，均应合并算为一个建设项目；不属于同一总体设计范围内的工程，不得作为一个建设项目。将以扩大生产能力（或新增工程效益）为主要建设目的，以利用国家预算内拨款（基本建设资金）、银行基本建设贷款为主，项目土建工作量投资占整个项目投资30%以上，列入基本建设计划的项目，作为建设项目。

1.2 工程计量与计价概述

工程计量与计价是按照不同工程项目的用途、特点，综合运用技术、经济、管理等手段和方法，根据工程量清单计价规范、工程量计算规范、消耗量定额和相应工程的设计文件，对其分项工程、分部工程以及整个工程的工程量和工程造价，进行科学合理的预测、优化、计算、分析等一系列活动的总称。它是准确确定工程造价的重要工作。

工程计量与计价是一项烦琐且工作量大的活动，工程计量与计价的准确性对单位工程造价的预测、优化、计算、分析等的成果，以及控制工程造价管理的效果都会产生重要的影响。

1.2.1 工程项目划分

工程项目一般可以按照建设项目、单项工程、单位工程三级标准进行划分；也可以按照五级标准进行划分，即由前述标准的三项内容再加上分部工程和分项工程构成，如图1.1所示。

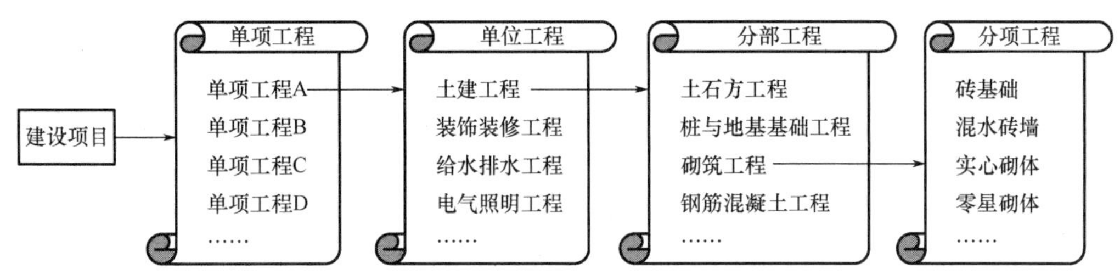

图1.1 工程项目划分

1. 建设项目

建设项目往往是指一个企事业单位的建设，它是指具有一个设计任务书，按一个总体设计组织施工，经济上实行独立核算，建成后具有完整的系统，可以独立地形成生产能力或者使用价值，行政上具有独立组织形式的建设单位。在工业建筑建设中，一般是以一个工厂为一个建设项目，如一个钢铁厂、一个汽车厂、一个机械制造厂等；在民用建筑建设中，一般是以一个事业单位为一个建设项目，如一所学校、一所医院等；在交通运输系统建设中，一般是以一条铁路或公路等为一个建设项目。

2. 单项工程

单项工程是建设项目的组成部分。一个建设项目可以是一个单项工程，也可能包括几个单项工程。单项工程是指具有独立的设计文件，建成后可以独立发挥生产能力或效益的工程。生产性建设项目的单项工程，一般是指能独立生产的车间，它包括厂房建筑、设备安装，以及设备、工具、器具、仪器的购置等。非生产性建设项目的单项工程，如一所学校的办公楼、教学楼、图书馆、食堂、宿舍等。

3. 单位工程

单位工程是单项工程的组成部分，一般是指具有独立的设计文件，能够独立组织施工并能形成独立使用功能，但建成后不能独立发挥生产能力或效益的工程。例如，车间的厂房建筑是一个单位工程，车间的设备安装又是一个单位工程。此外，还有电气照明工程（包括室内外照明设备安装、线路敷设、变电与配电设备的安装工程等）、特殊构筑物工程（如各种大型设备基础、烟囱、桥涵等）、工业管道工程等也属于单位工程。

4. 分部工程

分部工程是单位工程的组成部分，一般是按单位工程的各个部位划分的。例如，房屋建筑单位工程可划分为基础工程、主体工程、屋面工程等。分部工程也可以按照工程的工种来划分，如土石方工程、钢筋混凝土工程、装饰工程等。

5. 分项工程

分项工程是分部工程的组成部分。分项工程是指通过较为简单的施工过程可以生产出来、用一定的计量单位可以进行计量计价的最小单元（被称为“假定的建筑安装产品”）。例如，钢筋混凝土工程可划分为模板、钢筋、混凝土等分项工程；一般墙基工程可划分为开挖基槽、垫层、基础灌注混凝土（或砌石、砌砖）、防潮等分项工程。

1.2.2 工程计量的概念、作用

工程计量是指根据工程设计文件、施工组织设计或施工方案，以及有关技术、经济文件，按照国家、行业等的相关标准和工程量计算规则、计量单位等规定，对工程产品进行数量计算的活动。

工程计量不仅包括招标阶段工程量清单编制中工程量的计算，而且包括投标报价以及合同履约阶段的变更、索赔、支付和结算中工程量的计算和确认。工程计量工作在不同计价过程中有不同的具体内容。例如，在招标阶段主要依据施工图纸和工程量计算规范，确定拟完分部分项工程项目和措施项目的工程数量；在施工阶段主要依据合同约定、施工图纸和工程量计算规范对已完成工程量进行计算和确认。因此，工程量的主要作用如下。

（1）工程量是确定建筑工程造价的重要依据。只有准确计算工程量，才能正确计算工程的相关费用，合理确定工程造价。

（2）工程量是发包方管理工程建设的重要依据。工程量是编制建设计划、筹集资金、编制工程招标文件、编制工程量清单、编制建筑工程预算、安排工程价款的拨付和结算、进行投资控制的重要依据。

（3）工程量是承包方生产经营管理的重要依据。工程量是编制项目管理规划，安排工程施工进度计划，编制材料供应计划，进行工料分析，编制人工、材料、施工机具台班需要量，进行工程统计和经济核算的重要依据；也是编制工程形象进度统计报表，向工程建设发包方结算工程价款的重要依据。

1.2.3 工程计价的概念、作用

工程计价是以建设项目、单项工程、单位工程为对象，按照法律、法规、标准、规范等规定的程序、方法和依据，对工程项目实施建设各阶段的工程造价及其构成内容进行预测、估算的行为。

工程计量仅仅是计算工程项目组成中各子项目的工程量多少；而工程计价是按文件规定的计算项目及计取方法计算工程费用组成行为的总称。

工程计价的主要作用如下。

（1）工程计价结果反映了工程的货币价值。建设项目具有单件性和多样性的特点，每一个建设项目都需要按照发包方的特定需求进行单独设计、单独施工，不能批量生产和按整个项目确定价格，只能将整个项目进行分解，划分为可以按有关技术参数测算价格的基本构造单元，再计算出基本构造单元的费用，然后按照自下而上的分部组合计价方法，计算出工程总造价。

（2）工程计价结果是投资控制的依据。前一次的计价结果都会用于控制下一次的计价工作，或者说，下一次的估算幅度不能超过前一次。这种控制是在投资者财务能力限度内为取得既定的投资效益所必需的。工程计价基本确定了建设资金的需要量，从而为筹集资金提供了比较准确的依据。

（3）工程计价结果是合同价款管理的基础。合同价款管理的各项内容中始终有工程计价活动的存在，如在签约合同价的形成过程中有最高投标限价、投标报价及签约合同价等计价活动；在工程价款的调整过程中需要确定调整价款额度，工程计价也贯穿其中；工程价款的支付仍然需要工程计价工作，以确定最终的支付额。

1.2.4 工程项目建设程序

工程项目建设程序是指工程项目从策划、评估、决策、设计、施工到竣工验收、投入生产或交付使用的整个建设过程中，各项工作必须遵循的先后次序。这是人们在认识客观规律的基础上制订出来的，是工程项目科学决策和顺利进行的重要保证。按照工程项目发展的内在联系和发展过程，工程项目建设程序分为若干阶段，这些阶段有严格的先后次序，不能任意颠倒。

为规范建设活动，国家通过监督、检查、审批等措施加强工程项目建设程序的贯彻和执行力度。除对项目建议书、可行性研究报告、初步设计等文件进行审批外，还对项目建设用地、工程规划等实行审批制度，对建筑抗震、环保、消防、人防等实行专项审

查制度。工程项目建设程序及其管理审批制度，如图 1.2 所示。

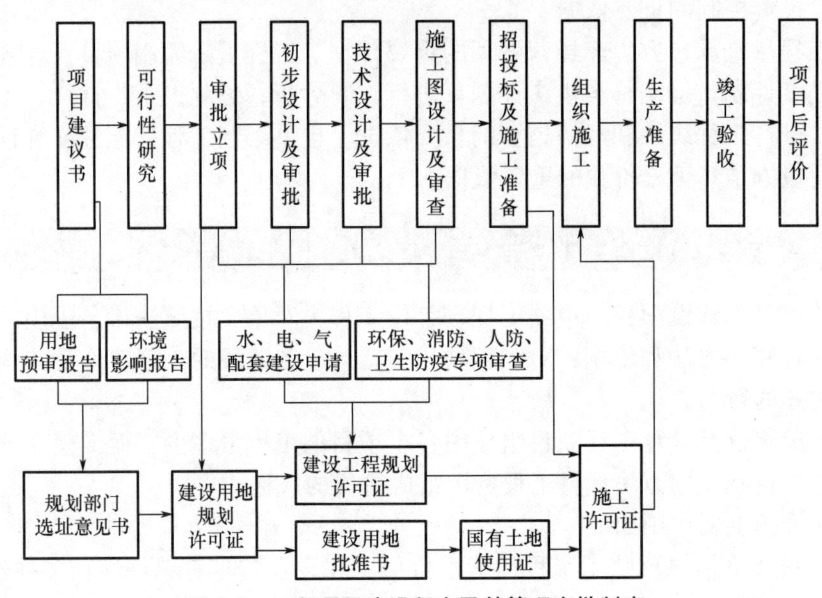

图 1.2　工程项目建设程序及其管理审批制度

1. 投资决策阶段的工作内容

（1）项目建议书阶段。项目建议书是拟建项目单位向政府投资主管部门提出的要求建设某一建设项目的建议性文件。它是对建设项目的轮廓设想，是从拟建项目的必要性和可行性加以考虑的。因此，对拟建项目要论证其建设的必要性、可行性以及建设的目的、要求、计划等内容，并形成报告，建议上级批准。

对政府投资项目，项目建议书按要求编制完成后，应根据建设规模和限额划分报送有关部门审批。客观上，建设项目要符合国民经济长远规划，符合部门、行业和地区规划的要求。

（2）可行性研究阶段。项目建议书批准后，应进行可行性研究。可行性研究是对建设项目在技术上和经济上是否可行进行科学分析和论证，是技术经济的深入论证阶段，为项目决策提供依据。

可行性研究的内容可概括为市场（供需）研究、技术研究和经济研究三项。以工业项目为例，其可行性研究内容主要包括：项目提出的背景、必要性、经济意义、工作依据与范围；需求预测；拟建规模；建设条件及选址方案；资源和公用设施情况；进度建议；投资估算和资金筹措；社会效益及经济效益；等等。在可行性研究的基础上，可进行可行性研究报告的编制。批准后的可行性研究报告是初步设计的依据，不得随意修改或变更。项目可行性研究报告经过评估审定后，按项目隶属关系，由主管部门组织计划和设计等单位编制设计任务书。

项目建议书阶段和可行性研究阶段称为“设计前期阶段”或“投资决策阶段”。

2. 建设实施阶段的工作内容

（1）设计阶段。设计文件是安排建设项目和组织施工的主要依据。一般建设项目按初步设计和施工图设计两个阶段进行。对于重大项目和技术复杂项目，还要增加技术设计阶段，即按初步设计、技术设计和施工图设计三个阶段进行。

① 初步设计是设计工作的第一步，它是根据批准的可行性研究报告和必要的设计基础资料，对项目进行系统研究，对拟建项目的建设方案、设备方案、平面布置等方面做出总体安排。其目的是阐明在指定的时间、地点和投资控制数额内，拟建项目在技术上的可行性和经济上的合理性，并通过对工程项目所做出的基本技术经济规定，编制项目总概算。初步设计可作为主要设备订货、施工准备工作、土地征用、建设投资控制、施工图设计或技术设计、施工组织总设计和编制施工图预算等的依据。

② 技术设计是进一步解决初步设计的重大技术问题，如工艺流程、建筑结构、设备选型及数量确定等，同时对初步设计进行补充和修正，编制修正总概算。一般对重大项目和技术复杂项目，可根据需要增加技术设计阶段。

③ 施工图设计是在批准的初步设计的基础上编制的，是初步设计的具体化。施工图设计的详细程度应能满足建筑材料、构配件和设备的购置及非标准设备的加工、制作要求，以及满足编制施工图预算和施工、安装、生产要求，并编制施工图预算。因此，施工图预算是在施工图设计完成后且在施工前编制的，是工程建设过程中重要的经济文件。

根据《建设工程勘察设计管理条例》（国务院令第 687 号）、住房和城乡建设部颁布的《建筑工程设计文件编制深度规定（2016 年版）》等相应规定，民用建筑、工业厂房、仓库及配套工程的新建、改建、扩建工程设计，一般应分为方案设计、初步设计和施工图设计三个阶段；对于技术要求相对简单的民用建筑工程，经有关主管部门同意，并且合同中有不做初步设计的约定，可在方案设计审批后直接进入施工图设计。

各阶段设计文件的编制深度，应按以下原则进行。

① 方案设计文件，应当满足编制初步设计文件和控制概算的需要。而对于投标方案，方案设计文件的编制深度应执行住房和城乡建设部颁发的相关规定。

② 初步设计文件，应当满足编制施工招标文件、主要设备材料订货和编制施工图设计文件的需要。

③ 施工图设计文件，应当满足设备材料采购、非标准设备制作和施工的需要，并注明建设工程合理使用年限。对于将项目分别发包给几个设计单位或实施设计分包的情况，设计文件相互关联处的深度应满足各承包或分包单位设计的需要。

（2）招投标及施工准备阶段。为了保证施工顺利进行，必须做好以下各项工作。

① 根据计划要求的建设进度和工作实际情况，决定项目的承包方式，确定项目采用自行招标方式或委托招标公司代理招标的方式，完成项目的施工委托工作，择优选定施工单位，成立企业或项目指挥部，负责建设准备工作。

② 建设前期准备工作的主要内容包括：征地、拆迁和场地平整；完成施工用水、电、路等工程；组织设备材料订货；准备必要的施工图纸；组织施工招投标，择优选定施工单位；报批开工报告；等等。

③ 根据批准的总概算和建设工期，合理地编制建设项目的建设总进度计划和年度

计划。计划内容要与投资、材料、设备和劳动力情况相适应，配套项目要同时安排，相互衔接。

（3）建设施工阶段。建设项目经批准开工建设，项目即进入建设施工阶段。建设项目开工时间是指建设项目设计文件中规定的任何一项永久性工程第一次正式破土开槽开始施工的日期。不需要开槽的，正式开始打桩日期就是开工日期；需要进行大量土石方工程的，以开始进行土石方工程日期作为开工日期；分期建设项目，分别按各期工程开工日期计算。

建设施工阶段是项目决策的实施、建成投产发挥投资效益的关键环节。建设施工阶段一般包括土建、给水排水、采暖通风、电气照明、工业管道及设备安装等。施工活动应按设计要求、合同条款、预算投资、施工程序和顺序、施工组织设计、施工验收规范进行，确保工程质量。对未达到工程质量要求的，要及时采取措施，不留隐患。不合格的工程不得交工。

在建设施工阶段还要进行生产准备。生产准备是项目投产前由建设单位进行的一项重要工作，是建设阶段转入生产经营的必要条件。生产准备工作的内容一般包括：组建管理机构，制定有关制度和规定；招收培训生产人员，组织生产人员参加设备的安装、调试和工程验收；签订原料、材料、协作产品、燃料、水、电等供应及运输协议；进行工具、器具、备品、备件的制造或订货；进行其他必需的准备。

（4）竣工验收阶段。当建设项目按设计文件的内容全部施工完成，达到竣工标准要求后，便可组织验收；经验收合格后，建设项目才能移交给建设单位，这是建设实施阶段的最后一步。竣工验收是投资成果转入生产或使用的标志，也是全面考核工程建设成果、检验设计和工程质量的重要步骤。通过竣工验收，可以检查建设项目实际形成的生产能力或效益，避免项目建成后继续消耗建设费用。

① 竣工验收的组织。竣工验收的组织要根据建设项目规模的大小和隶属关系来确定。特大型建设项目，由国家发改委报国务院批准组成国家验收委员会进行验收。大中型建设项目，国务院各部委直属的，由各部委主管部门会同项目所在省、自治区、直辖市组织部级验收委员会进行验收；各省、自治区、直辖市所属的，由所在省、自治区、直辖市组织省、区、市级验收委员会进行验收。小型项目，由建设单位报上级主管部门组织验收委员会或验收小组进行验收。

② 竣工验收的程序。竣工验收的程序，分两阶段进行。

a. 单项工程验收。一个单项工程完工后，由建设单位组织验收。

b. 全部验收。整个建设项目的所有单项工程全部建成后，根据国家有关规定，按工程的不同情况，由负责验收单位会同建设单位、设计单位、施工单位、环保部门等组成的验收委员会进行验收。

竣工验收时，建设单位还必须及时清理所有财产、物资和未花完或应回收的资金，编制工程竣工决算，分析预（概）算执行情况，考核投资效益报主管部门审查。

编制竣工决算是工程建设管理工作的重要组成部分。竣工决算是建设项目经济效益的全面反映，是项目法人核定各类新增资产价值、办理其交付使用的依据。竣工决算的作用：能够正确反映建设工程的实际造价和投资结果；通过竣工决算与概算、预算的对比分析，可以考核投资控制的工作成效，为工程建设提供技术经济方面的基础资料，提高未来工程建设的投资效益。

3. 项目后评价阶段的工作内容

项目后评价是工程项目实施阶段管理的延伸。工程项目建设和运营是否达到了投资决策时所确定的目标，只有经过生产运营或投入使用取得实际投资效果后，才能进行正确判断。只有对工程项目进行总结和评估，才能综合反映项目建设的成果和存在的问题，为以后改进工程项目管理、提高工程项目管理水平、制订科学的工程建设计划提供依据。

项目后评价的基本方法是对比法，就是将工程项目建成投产后所取得的实际效果、经济效益和社会效益、环境保护等情况与投资决策阶段的预测情况进行对比，与项目建设实施前的情况进行对比，从中发现问题，总结经验和教训。在实际工作中，往往从以下两方面对工程项目进行后评价。

（1）效益后评价。效益后评价是项目后评价的重要组成部分。它以项目投产后实际取得的效益（经济、社会、环境等）及其隐含的技术影响为基础，重新测算项目各项经济数据，得到相关的投资效果指标，然后将这些指标与项目投资决策评估时预测的有关经济效果值、社会与环境影响值进行对比，评价和分析其偏差情况及其原因，吸取经验教训，为提高项目投资决策管理水平和投资决策服务。项目效益后评价一般包括经济效益后评价、社会效益后评价、环境效益后评价、项目可持续性后评价和项目综合效益后评价。

（2）过程后评价。过程后评价是指对工程项目立项决策、设计施工、竣工投产、生产运营等全过程进行系统分析，找出项目后评价与原预期效益之间的差异及其产生原因，使后评价结论有理有据，同时针对问题提出解决办法。

上述两方面评价有着密切联系，必须全面理解和运用，才能对项目后评价做出客观、公正、科学的结论。

1.3　工程造价概述

1.3.1　工程造价的含义

对工程造价直接的理解就是一项工程的建造价格。从不同的角度出发，工程造价有两种含义。

第一种含义，从投资者——业主的角度而言，工程造价是指进行某项工程建设，预期或实际花费的全部建设投资。投资者为了获得投资项目的预期效益，就需要进行项目策划、决策及实施，直至竣工验收等一系列投资管理活动。在上述活动中所花费的全部费用，就构成了工程造价。

从上述意义上讲，工程造价的第一种含义就是指建设项目总投资中的建设投资费用，包括工程费用、工程建设其他费用和预备费三部分。其中，工程费用由建筑安装工程费用和设备及工器具购置费用组成；工程建设其他费用由建设用地费、与项目建设有关的其他费用和与未来企业生产经营有关的其他费用组成；预备费包括基本预备费和价差预备费；如果建设投资的部分资金是通过贷款方式获得的，还应包括贷款利息。

第二种含义，从市场交易的角度而言，工程造价是指为完成某项工程的建设，预计或实际在土地市场、设备市场、技术劳务市场以及工程发承包市场等交易活动中所形成的土地费用、建筑安装工程费用、设备及工器具购置费用以及技术与劳务费用等各类交易价格。这里“工程”的概念和范围具有很大的不确定性，既可以是涵盖范围很大的一个建设项目，也可以是其中的一个单项工程，甚至可以是整个建设工程中的某个阶段，如土地开发工程、建筑安装工程、装饰工程，或者其中的某个组成部分，如土方工程、防水工程、电气工程等。随着经济发展中的技术进步、分工细化和市场完善，工程建设的中间产品也会越来越多，商品交换会更加频繁，工程造价的种类和形式也会更为丰富。

通常，人们将工程造价的第二种含义理解为建筑安装工程费用。这是因为：第一，建筑安装工程费用是在建筑市场通过招投标，由需求主体（投资者）和供给主体（承包商）共同认可的价格；第二，建筑安装工程费用在项目建设总投资中占有 50% ～ 60% 的份额，是建设项目投资的主体；第三，建筑安装施工企业是工程建设的实施者，并具有重要的市场主体地位。因此，将建筑安装工程费用界定为工程造价的第二种含义，具有重要的现实意义。但同时需要注意的是，这种对工程造价含义的界定是一种狭义的理解。

工程造价的两种含义是从不同角度把握同一事物的本质。对于建设工程投资者来说，市场经济条件下的工程造价就是项目投资，是“购买”项目要付出的价格，同时也是投资者在作为市场供给主体“出售”项目时定价的基础。对于承包商、供应商和规划、设计等机构来说，工程造价是他们作为市场供给主体出售商品和劳务价格的总和，或者是特指范围的工程造价，如建筑安装工程造价。

1.3.2 工程造价计价的特点

工程建设活动是一项环节多、影响因素多、涉及面广的复杂活动。因而，工程造价会随项目进行深度的不同而发生变化，即工程造价的确定与控制是一个动态的过程。工程造价计价的特点是由建设产品本身固有的特点及其生产过程的特点决定的。

1. 单件性计价

每个建设产品都有其特定的用途、功能、规模，每项工程的结构、空间分割、设备配置和内外装饰都有不同的要求，建设项目还必须在结构、造型等方面适应工程所在地的气候、地质、水文等自然条件，这就使建设项目的实物形态千差万别。因此，建设项目只能通过特殊的程序（编制估算、概算、预算、合同价、结算价及最后确定竣工决算等），就每个项目在建设过程中不同阶段的工程造价进行单件性计价。

2. 多次性计价

建设项目的生产过程是一个周期长、资源消耗量大的生产消费过程。从建设项目可行性研究开始，到竣工验收交付生产或使用，项目是分阶段进行建设的。根据建设阶段的不同，对同一工程的造价，在不同的建设阶段，有不同的名称、内容。为了适应工程建设过程中各方经济关系的建立，适应项目的决策、控制和管理的要求，需要对其进行多次性计价。

在建设项目的项目建议书和可行性研究阶段，拟建工程的工程量还不具体，建设地点也尚未确定，工程造价不可能也没有必要做到十分准确，此阶段的工程造价称为投资估算。在初步设计阶段，对应该阶段的工程造价称为设计概算或设计总概算。当进行技术设计或扩大初步设计时，设计概算可能要进行调整、修正，反映该阶段的工程造价称为修正设计概算。进行施工图设计后，工程对象比初步设计时更为具体、明确，工程量可根据施工图和工程量计算规则计算出来，对应施工图设计阶段的工程造价称为施工图预算。在招投标阶段，通过招投标由市场形成并经发承包双方共同认可的工程造价称为承包合同价。其中投资估算、设计概算、修正设计概算、施工图预算都是预期或计划的工程造价。工程施工是一个动态系统，在建设实施阶段，有可能存在设计变更、施工条件变更和工料价格波动等影响，所以竣工时往往要对承包合同价做适当调整，局部工程竣工后的竣工结算和全部工程竣工验收合格后的竣工决算，是建设项目的局部和整体的实际造价。因此，建设项目工程造价是贯穿项目建设全过程的概念。而多次性计价是个逐步深化、逐步细化和逐步接近实际造价的过程，如图 1.3 所示。

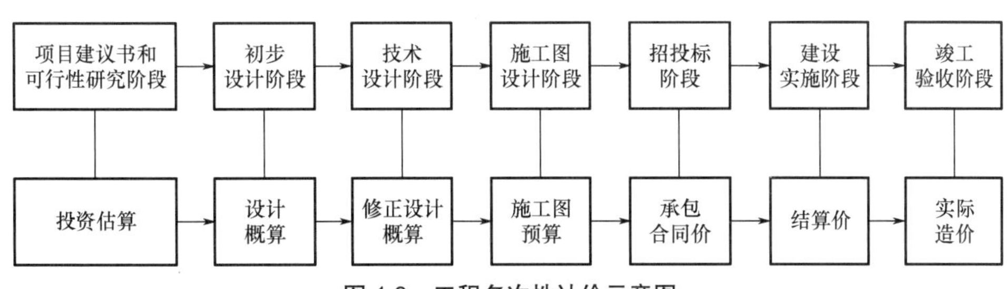

图 1.3 工程多次性计价示意图

图 1.3 中的连线表示对应关系，箭头表示多次性计价流程及逐步深化的过程。此图说明了多次性计价是一个由粗到细、由浅入深、由概略到精确的计价过程，也是一个复杂而重要的管理系统。

3. 分解组合计价

任何一个建设项目都可以分解为一个或多个单项工程；任何一个单项工程都是由一个或多个单位工程所组成；作为单位工程的各类建筑工程和安装工程仍然是一个比较复杂的综合实体，还需要进一步分解，就建筑工程来说，又可以按照施工顺序细分为土石方工程、桩基工程、砌筑工程、混凝土及钢筋混凝土工程、木结构工程、楼地面装饰工程等分部工程；分解成分部工程后，虽然每一部分都包括不同的结构和装修内容，但是从工程计价的角度来看，还需要把分部工程按照不同的施工方法、不同的构造及不同的规格，加以更为细致的分解，划分为更为简单细小的分项工程。经过这样逐步分解后，我们就可以得到建设项目的基本构造要素了。然后选择适当的计量单位，并根据当时当地的单价，采取一定的计价方法，进行分部组合汇总，便能计算出工程总造价。

4. 计价方法的多样性

建设项目的多次性计价有其各不相同的计价依据，每次计价的精确度要求也各不相同，由此决定了计价方法的多样性。例如，投资估算方法有设备系数法、生产能力指数估算法等；概预算方法有概算指标法、类似工程预算法和单价法等。不同方法有不同的适用条件，计价时应根据具体情况加以选择。

5. 计价依据的复杂性

影响造价的因素多，计价依据复杂、种类繁多，主要可分为以下几类。

（1）计算设备和工程量的依据，包括项目建议书、可行性研究报告、设计文件等。

（2）计算人工、材料、机械等实物消耗量的依据，包括投资估算指标、概算定额、消耗量定额等。

（3）计算工程单价的依据，包括人工单价、材料价格、施工机械台班单价等。

（4）计算设备单价的依据，包括设备原价、设备运杂费、进口设备关税等。

（5）计算措施费、间接费和工程建设其他费用等的依据，主要是相关的费用定额和指标。

（6）政府规定的税费等。

（7）物价指数和工程造价指数。

工程造价计价依据的复杂性不仅使计算过程复杂，而且需要计价人员熟悉各类依据，并加以正确利用。

1.3.3 全生命周期造价管理

在传统的工程造价管理理论的应用中，人们往往将注意力集中在通过哪些途径来降低建设项目的工程造价，但随着建设项目的日益繁杂和工程造价管理思维的转变，人们对工程造价的理解也发生了很大的变化。人们开始将项目建造、运营维护乃至报废拆除所发生的费用都归算在工程造价内，追求全生命周期（Life Cycle）内工程造价的管理。更进一步地，人们不再将建设项目单纯地看成建设活动的静态产品，而是将其看成拥有未来收入或收益的动态产品，人们开始思考如何在全生命周期成本最低的基础上追求整个项目的价值，这是一次工程造价管理思维的重大转变。

建设项目全生命周期不仅包括建造阶段，还包括未来的运营维护阶段及报废拆除阶段。一般将建设项目全生命周期划分为建造（Creation）阶段、使用（Use）阶段和废除（Demolition）阶段，其中建造阶段又可进一步细分为开始（Inception）阶段、设计（Design）阶段和施工（Implementation）阶段，如图 1.4 所示。实际上建设项目未来的运营维护成本要远远大于它的建设成本，但先期建设成本的高低对未来的运营维护成本会产生很大的影响。因此，实施全生命周期造价管理，是指自投资决策阶段开始，将一次性建设成本和未来的运营维护成本，乃至报废拆除成本加以综合考虑，取得三者之间的最佳平衡。从建设项目全生命周期角度出发去考虑造价问题，实现建设项目全生命周期总造价的最小化是非常必要的。

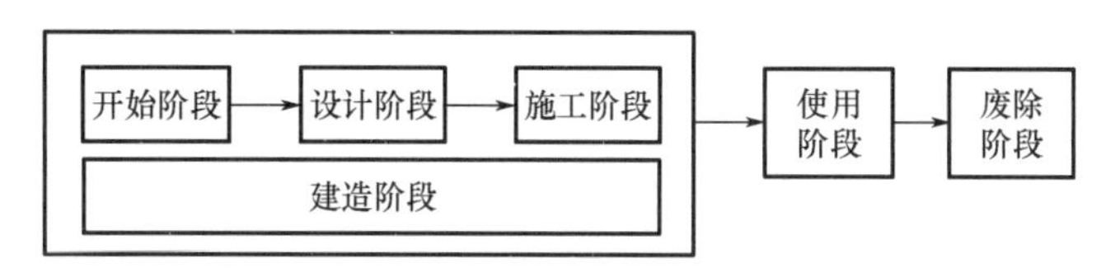

图 1.4 建设项目全生命周期示意图

1.4 工程计价方式

工程计价是指按照规定的程序、方法和依据，对工程造价及其构成内容进行估计或确定的行为。工程计价依据是指在工程计价活动中，所要依据的与计价方法、计价内容和价格标准相关的工程建设法律法规、工程造价管理标准、工程计价定额、工程计价信息等。根据工程计价依据的不同，目前我国有工程定额计价和工程量清单计价两种方法。

1.4.1 工程计价的基本原理

工程计价的基本原理就在于项目的分解与组合。无论是工程定额计价方法还是工程量清单计价方法，都是一种从下而上的分部组合计价方法。

工程计价的基本原理可以用公式的形式表达如下。

$$\text{分部分项工程费（或单价措施项目费）}=\sum[\text{基本构造单元工程量（定额项目或清单项目）}\times\text{相应单价}] \tag{1-1}$$

工程计价可分为工程计量和工程组价两个环节。

1. 工程计量

工程计量工作包括工程项目的划分和工程量的计算。

（1）单位工程基本构造单元的确定，即划分工程项目。编制工程概预算时，主要是按照工程定额进行项目的划分；编制工程量清单时，主要是按照工程量计算规范规定的清单项目进行项目的划分。

（2）工程量的计算就是按照工程项目的划分和工程量计算规则，针对不同的设计文件对工程实物量进行计算。工程实物量是计价的基础，不同的计价依据有不同的计算规则规定。目前，工程量计算规则主要有两大类。

① 各类工程定额规定的计算规则。

② 各专业工程量计算规范附录中规定的计算规则。

2. 工程组价

工程组价包括工程单价的确定和工程总价的计算。

（1）工程单价是指完成单位工程基本构造单元的工程量所需要的基本费用。工程单价包括工料单价和综合单价。

① 工料单价。工料单价仅包括人工费、材料费、施工机具使用费，是各种人工消耗量、各种材料消耗量、各类施工机具台班消耗量与其相应单价的乘积，用公式表示如下。

$$\text{工料单价} = \sum(\text{人材机消耗量} \times \text{人材机单价}) \tag{1-2}$$

② 综合单价。综合单价除包括人工费、材料费、施工机具使用费外，还包括可能分摊在单位工程基本构造单元的费用。根据我国现行有关规定，综合单价分为清单综合单价（不完全综合单价）与全费用综合单价（完全综合单价）两种：清单综合单价中除包括人工费、材料费、施工机具使用费外，还包括企业管理费、利润和一定范围内的风险费用；全费用综合单价中除包括清单综合单价中的各项费用外，还包括规费和税金。

综合单价根据国家、地区、行业或企业定额消耗量和相应生产要素的市场价格，以及定额或市场的取费费率来确定。

（2）工程总价是指经过规定的程序或办法逐级汇总形成的相应的工程造价。根据计算程序的不同，工程总价的计算方法分为实物量法和单价法。

① 实物量法。实物量法是依据图纸和相应计价定额的项目划分及工程量计算规则，先计算出分部分项工程量，然后套用消耗量定额计算人材机等要素的消耗量，再根据各要素的实际价格及各项费率汇总形成相应的工程造价的方法。

② 单价法。单价法包括工料单价法和综合单价法。

a. 工料单价法。首先依据相应计价定额的工程量计算规则计算工程量；然后依据定额的人材机消耗量和预算单价，计算工料单价；接着用工程量乘以工料单价，汇总即可得分部分项工程人材机费合计；最后按照相应的取费程序计算其他各项费用，汇总后形成相应的工程造价。

b. 综合单价法。若采用全费用综合单价（完全综合单价），则首先依据相应工程量计算规范规定的工程量计算规则计算工程量；然后依据相应的计价依据确定综合单价；接着用工程量乘以综合单价，汇总即可得出分部分项工程费及单价措施项目费；最后按相应的办法计算总价措施项目费、其他项目费，汇总后形成相应的工程造价。我国现行的《建设工程工程量清单计价规范》（GB 50500—2013）中规定的清单综合单价属于不完全综合单价，当把规费和税金计入不完全综合单价后即形成完全综合单价。

1.4.2 工程定额计价的基本程序

国家通过颁布统一的计价定额或指标，对建筑产品价格进行有计划的管理。国家以假定的建筑安装产品为对象，制定了统一的概预算定额。工程定额计价是按概预算定额规定的分部分项子目逐项计算工程量，套用概预算定额单价（或单位估价表）确定人材机费用，然后按规定的取费标准确定企业管理费、利润、规费和税金（即增值税）等各项费用，经汇总后即为工程概预算价格。

编制工程造价最基本的过程有两个，即工程计量和工程计价。为统一口径，工程量的计算均按照统一的项目划分和工程量计算规则计算。工程量确定以后，就可以按照一定的方法计算出工程的成本及盈利，最终便可确定工程造价。概预算单位价格的形成过程，就是依据概预算定额所确定的消耗量乘以定额单价或市场价，经过不同层次的计算形成相应造价的过程。用公式进一步表明确定工程定额计价的基本方法和过程如下。

$$\text{每一计量单位产品工料单价} = \text{人工费} + \text{材料费} + \text{施工机具使用费} \tag{1-3}$$

其中：

$$\text{人工费} = \sum (\text{人工工日数量} \times \text{人工单价}) \tag{1-4}$$

$$\text{材料费} = \sum (\text{材料用量} \times \text{材料单价}) + \text{工程设备费} \tag{1-5}$$

$$\begin{aligned}\text{施工机具使用费} = &\sum (\text{施工机械台班消耗量} \times \text{施工机械台班单价}) + \\ &\sum (\text{仪器仪表台班消耗量} \times \text{仪器仪表台班单价})\end{aligned} \tag{1-6}$$

$$\text{单位工程人材机费用} = \sum (\text{假定建筑产品工程量} \times \text{工料单价}) \tag{1-7}$$

$$\text{单位工程概预算造价} = \text{单位工程人材机费用} + \text{企业管理费} + \text{利润} + \text{规费} + \text{税金} \tag{1-8}$$

$$\text{单项工程概预算造价} = \sum \text{单位工程概预算造价} + \text{设备及工器具购置费} \tag{1-9}$$

$$\begin{aligned}\text{建设项目全部工程概预算造价} = &\sum \text{单项工程概预算造价} + \\ &\text{预备费} + \text{有关的其他费用}\end{aligned} \tag{1-10}$$

1.4.3 工程量清单计价的基本方法

工程量清单计价的过程可以分为两个阶段，即工程量清单编制和工程量清单应用两个阶段。

工程量清单计价的基本原理可以描述为：在清单计价规范规定的统一的工程量清单项目设置和工程量清单计算规则的基础上，针对具体工程的施工图纸和施工组织设计计算出各个清单项目的工程量，再根据规定的方法计算出综合单价，并汇总各清单合价得出工程总价。用公式表达如下。

$$\text{分部分项工程费} = \sum \text{分部分项工程量} \times \text{相应分部分项综合单价} \tag{1-11}$$

$$\text{措施项目费} = \sum \text{各措施项目费} \tag{1-12}$$

$$其他项目费 = 暂列金额 + 暂估价 + 计日工 + 总承包服务费 \tag{1-13}$$

$$单位工程报价 = 分部分项工程费 + 措施项目费 + 其他项目费 + 规费 + 税金 \tag{1-14}$$

$$单项工程报价 = \sum 单位工程报价 \tag{1-15}$$

$$建设项目总报价 = \sum 单项工程报价 \tag{1-16}$$

其中，综合单价是指完成一个规定清单项目所需的人工费、材料费、工程设备费、施工机具使用费、企业管理费、利润以及一定范围内的风险费用。风险费用是隐含于已标价工程量清单综合单价中，用于化解发承包双方在工程合同中约定内容和范围内的市场价格波动风险的费用。

暂列金额是指招标人在工程量清单中暂定并包括在合同价款中的一笔款项，用于工程合同签订时尚未确定或者不可预见的所需材料、工程设备、服务的采购，施工中可能发生的工程变更、合同约定调整因素出现时的合同价款调整，以及发生的索赔、现场签证确认等的费用。

暂估价是指招标人在工程量清单中提供的用于支付必然发生但暂时不能确定价格的材料、工程设备的单价及专业工程的金额。

计日工是指在施工过程中，承包人完成发包人提出的工程合同范围以外的零星项目或工作，按合同中约定的单价计价形成的费用。

总承包服务费是指总承包人为配合协调发包人进行的专业工程发包，对发包人自行采购的材料、工程设备等进行保管，以及施工现场管理、竣工资料汇总整理等服务所需的费用。

工程量清单计价活动涵盖施工招标、合同管理及竣工交付全过程，主要包括编制招标工程量清单、最高投标限价、投标报价，确定合同价，进行工程计量与价款支付、合同价款调整、工程结算和工程计价纠纷处理等活动。

1.5 工程计价文件

工程计价工作，是根据不同建设阶段的具体内容分阶段进行的。根据工程项目建设程序，在工程项目建设的不同阶段，由于工作深度、要求的不同，各阶段均要分别编制相应的计价文件，具体如下。

1.5.1 投资决策阶段的工程计价文件

在投资决策阶段，工程计价文件主要是投资估算书。

投资估算是在投资决策阶段，根据方案设计或可行性研究文件，按照规定的程序、方法和依据，对拟建项目所需总投资及其构成进行的预测和估计，是在研究并确定项目的建设规模、产品方案、技术方案、设备方案、厂址方案、工程建设方案及项目进度计划等的基础上，依据特定的方法，估算项目从筹建、施工直至建成投产或交付使用所需全部建设资金总额，并测算建设期各年资金使用计划的过程。投资估算的成果文件称作投资估算书，通常也简称投资估算。投资估算是项目建议书或可行性研究报告的重要组成部分，是项目决策的重要依据之一。

投资估算按委托内容可分为建设项目投资估算、单项工程投资估算、单位工程投资估算。

1.5.2 建设实施阶段的工程计价文件

在项目建设实施阶段，工程计价文件主要包括设计概算、施工图预算、最高投标限价（招标控制价）、投标报价、施工预算、工程结算和竣工决算等。

1. 设计概算

设计概算是指在投资估算的控制下，在初步设计阶段，由设计单位根据初步设计的图纸及说明，设备清单，项目涉及的概算定额和概算指标，类似工程预（决）算文件，建设地区的自然和技术经济条件及人工、材料、机具设备价格等资料，按照设计要求，用科学的方法计算和确定项目从筹建至竣工交付使用所需全部费用的经济文件。

设计概算是以初步设计文件为依据，按照规定的程序、方法和依据，对项目总投资及其构成进行的概略计算。

设计概算的编制内容包括静态投资和动态投资两个层次。静态投资作为评价和选择设计方案的依据；动态投资作为项目筹措、供应和控制资金使用的限额。

政府投资项目的设计概算经批准后，一般不得调整。如果需要调整设计概算，应由建设单位调查分析变更原因，报主管部门审批同意后，由原设计单位核实编制调整设计概算，并按有关审批程序报批。当影响设计概算的主要因素查明且工程量完成了一定量后，方可对其进行调整。一个工程只允许调整一次设计概算。允许调整设计概算的原因包括以下几点。

（1）超出原设计范围的重大变更。

（2）超出基本预备费规定范围不可抗拒的重大自然灾害引起的工程变动和费用增加。

（3）超出工程造价调整预备费的国家重大政策性的调整。

按照《建设项目设计概算编审规程》（CECA/GC 2—2015）的相关规定，设计概算文件的编制应采用单位工程概算、单项工程综合概算、建设项目总概算三级概算编制形式。当建设项目为一个单项工程时，可采用单位工程概算、建设项目总概算二级概算编制形式。

2. 施工图预算

施工图预算是指在施工图设计阶段，设计全部完成，单位工程开工前，根据施工图设计文件、清单计价规范、现行的定额和计价办法、施工组织设计、各项费用计取标准、建设地区的自然和技术经济条件等资料，按照规定的程序、方法和依据，在工程开工前对工程项目的工程费用进行预测和计算，所编制的工程计价的经济文件。

施工图预算确定的价格，既可以是在工程招投标前或招投标时，基于施工图纸，按照有关主管部门统一规定的定额、取费标准、各类工程计价信息等计算得到的属于计划或预期性质的施工图预算价格；也可以是通过招投标法定程序工程中标后，施工单位依据自己的企业定额、资源市场价格、市场供求及竞争状况，计算得到的反映市场性质的施工图预算价格。

3. 最高投标限价

最高投标限价是指根据国家、省、自治区、直辖市等建设行政主管部门颁发的有关计价依据和办法，依据拟订的招标文件和相应工程的招标工程量清单，结合工程具体情况发布的对招标工程限定的最高工程造价。根据住房和城乡建设部颁布的《建筑工程施工发包与承包计价管理办法》（住建部令第 16 号）的规定，国有资金投资的建筑工程招标的，应当设有最高投标限价；非国有资金投资的建筑工程招标的，可以设有最高投标限价或招标标底。

最高投标限价是推行工程量清单计价过程中对传统标底概念的性质进行界定后所设置的专业术语，它使招标时评标定价的管理方式发生了很大的变化。

采用最高投标限价招标的优点如下。

（1）可有效控制投资，防止恶性哄抬报价带来的投资风险。

（2）可提高透明度，避免暗箱操作与寻租等违法活动的产生。

（3）可使各投标人根据自身实力和施工方案自主报价，符合市场规律形成公平竞争。

4. 投标报价

投标报价是投标人响应招标文件要求，依据清单计价规范，国家或省级、行业建设主管部门颁发的计价定额和计价办法，与建设项目相关的标准、规范等技术资料，招标文件、招标工程量清单及其补充通知、答疑纪要，建设工程设计文件及相关资料，施工现场情况、工程特点及投标时拟定的施工组织设计或施工方案，市场价格信息或工程造价管理机构发布的工程造价信息等资料，计算和确定承包该项工程在已标价工程量清单中标明的投标总价格。

投标报价是投标人希望达成工程承包交易的期望价格，它应在不高于最高投标限价的前提下，既保证有合理的利润空间又使之具有一定的竞争性。

5. 施工预算

施工预算是指在施工阶段，在施工图预算或投标总价的控制下，施工单位根据施工图纸、单位工程施工组织设计、企业定额等资料，计算和确定完成拟建工程所需人工、材料、施工机具台班消耗量及其相应费用编制的经济文件。

6. 工程结算

工程结算是指在工程项目实施过程中，一个单项工程、单位工程、分部工程或分项工程完工，并经建设单位及有关部门验收确认后，施工单位依据施工合同有关工程付款条款中的规定，按照施工时现场实际情况记录、实际变更、现场签证等资料，向建设单位办理结算工程价款、取得收入，用以补偿施工过程中的资金耗费，确定施工盈亏所编制的经济文件。

工程结算分为工程预付款结算、中间结算和竣工结算（详见 7.4 节内容）。竣工结算又分为单位工程竣工结算、单项工程竣工结算和建设项目竣工总结算。

7. 竣工决算

竣工决算是指在竣工验收阶段，当所建项目全部完工并经过验收后，由建设单位按照国家有关规定编制的综合反映建设项目从筹建到建成投产或交付使用全过程中实际支付的全部建设费用、建设成果和财务状况的总结性经济文件。

竣工决算以实物数量和货币指标为计量单位，是竣工验收报告的重要组成部分，是建设单位向国家报告建设项目实际造价和投资效果、进行项目后评价的重要文件。

1.6 工程造价管理制度

1.6.1 工程造价咨询企业管理

工程造价咨询企业是指接受委托，对建设项目投资、工程造价的确定与控制提供专业咨询服务的企业。工程造价咨询企业可以为政府部门、建设单位、施工单位、设计单位提供相关专业技术服务。这种以造价咨询为核心的服务有时是单项的或分阶段的，有时是覆盖工程建设全过程的。

工程造价咨询企业从事工程造价咨询活动，应当遵循独立、客观、公正、诚实信用的原则，不得损害社会公共利益和他人的合法权益。

1. 工程造价咨询业务范围

工程造价咨询业务范围包括以下内容。

（1）建设项目建议书及可行性研究投资估算、项目经济评价报告的编制和审核。

（2）建设项目概预算的编制和审核，并配合设计方案比选、优化设计、限额设计等工作进行工程造价分析与控制。

（3）建设项目合同价款的确定（包括招标工程工程量清单和最高投标限价、投标报价的编制和审核）；合同价款的签订、调整（包括工程变更、工程洽商和索赔费用的计算）和工程款支付，工程结算、竣工结算和决算报告的编制与审核等。

（4）工程造价纠纷的鉴定和仲裁的咨询。

（5）提供工程造价信息服务等。

工程造价咨询企业可以为项目投资决策和建设实施提供全过程或其中若干阶段的造价咨询服务。

2. 全过程工程咨询范围

工程造价咨询企业可接受委托提供全过程工程咨询服务。所谓全过程工程咨询是指工程咨询方综合运用多学科知识、工程实践经验、现代科学技术和经济管理方法，采用多种服务方式组合，为委托方在项目投资决策、建设实施阶段提供阶段性或整体解决方案的综合性智力服务活动。

根据《国家发展改革委 住房城乡建设部关于推进全过程工程咨询服务发展的指导意见》（发改投资规〔2019〕515 号），全过程工程咨询服务内容包括投资决策综合性咨询和工程建设全过程咨询。

（1）投资决策综合性咨询。投资决策综合性咨询是指综合性工程咨询企业接受投资者委托，就投资项目的市场、技术、经济、生态环境、能源、资源、安全等影响可行性的要素，结合国家、地区、行业发展规划及相关重大专项建设规划、产业政策、技术标准及相关审批要求进行分析研究和论证，为投资者提供决策依据和建议，其目的是减少分散专项评价评估，避免可行性研究论证碎片化。

（2）工程建设全过程咨询。工程建设全过程咨询是指由一家具有综合能力的工程咨询企业或多家具有不同能力的工程咨询企业组成联合体，为建设单位提供招标代理、勘察、设计、监理、造价、项目管理等全过程咨询服务，满足建设单位一体化服务需求，增强工程建设过程的协同性。全过程工程咨询企业可以为委托方提供项目决策策划、项目建议书和可行性研究报告编制、项目实施总体策划、项目管理、报批报建管理、勘察及设计管理、规划及设计优化、工程监理、招标代理、造价咨询、后评价和配合审计等咨询服务，还可以进行规划和设计等活动。

1.6.2 造价工程师职业资格管理

职业资格制度是市场经济国家对专业技术人才管理的通用规则。随着我国市场经济的发展和经济全球化进程的加快，我国的职业资格制度得到了长足的发展，其中建筑行业涉及的职业资格主要有注册建筑师、注册城乡规划师、注册结构工程师、设备监理师、建造师、监理工程师、造价工程师、房地产估价师等，形成了具有中国特色的建筑行业职业资格体系。

《中华人民共和国建筑法》第十四条规定：从事建筑活动的专业技术人员，应当依法取得相应的执业资格证书，并在执业资格证书许可的范围内从事建筑活动。该规定从法律上推动了我国建筑行业职业资格制度的发展。

根据《造价工程师职业资格制度规定》，国家设置造价工程师准入类职业资格，纳入国家职业资格目录。工程造价咨询企业应配备造价工程师，工程建设活动中有关工程造价管理岗位按需要配备造价工程师。造价工程师分一级造价工程师和二级造价工程师。

造价工程师是指通过职业资格考试取得中华人民共和国造价工程师职业资格证书，并经注册后从事建设工程造价工作的专业技术人员。一级造价工程师职业资格考试全国统一大纲、统一命题、统一组织。二级造价工程师职业资格考试全国统一大纲，各省、自治区、直辖市自主命题并组织实施。

1. 报考条件

（1）一级造价工程师报考条件。凡遵守中华人民共和国宪法、法律、法规，具有良好的业务素质和道德品行，具备下列条件之一者，可以申请参加一级造价工程师职业资格考试。

① 具有工程造价专业大学专科（或高等职业教育）学历，从事工程造价业务工作满 5 年；具有土木建筑、水利、装备制造、交通运输、电子信息、财经商贸大类大学专科（或高等职业教育）学历，从事工程造价业务工作满 6 年。

② 具有通过工程教育专业评估（认证）的工程管理、工程造价专业大学本科学历或学位，从事工程造价业务工作满 4 年；具有工学、管理学、经济学门类大学本科学历或学位，从事工程造价业务工作满 5 年。

③ 具有工学、管理学、经济学门类硕士学位或者第二学士学位，从事工程造价业务工作满 3 年。

④ 具有工学、管理学、经济学门类博士学位，从事工程造价业务工作满 1 年。

⑤ 具有其他专业相应学历或者学位的人员，从事工程造价业务工作年限相应增加 1 年。

（2）二级造价工程师报考条件。凡遵守中华人民共和国宪法、法律、法规，具有良好的业务素质和道德品行，具备下列条件之一者，可以申请参加二级造价工程师职业资格考试。

① 具有工程造价专业大学专科（或高等职业教育）学历，从事工程造价业务工作满 2 年；具有土木建筑、水利、装备制造、交通运输、电子信息、财经商贸大类大学专科（或高等职业教育）学历，从事工程造价业务工作满 3 年。

② 具有工程造价、工程管理专业大学本科及以上学历或学位，从事工程造价业务工作满 1 年；具有工学、管理学、经济学门类大学本科及以上学历或学位，从事工程造价业务工作满 2 年。

③ 具有其他专业相应学历或学位的人员，从事工程造价业务工作年限相应增加 1 年。

2. 考试科目

造价工程师职业资格考试专业科目分为土木建筑工程、交通运输工程、水利工程和安装工程 4 个专业类别，考生在报名时可根据实际工作需要选择其一。

（1）一级造价工程师。考试设“建设工程造价管理”“建设工程计价”“建设工程技术与计量”“建设工程造价案例分析”4 个科目，其中“建设工程造价管理”和“建设工程计价”为基础科目，“建设工程技术与计量”和“建设工程造价案例分析”为专业科目。

（2）二级造价工程师。考试设“建设工程造价管理基础知识”“建设工程计量与计价实务”2 个科目，其中“建设工程造价管理基础知识”为基础科目，“建设工程计量与计价实务”为专业科目。

3. 有效周期

一级造价工程师考试成绩实行 4 年为一个周期的滚动管理办法，在连续的 4 个考试年度内通过全部考试科目，方可取得一级造价工程师职业资格证书。二级造价工程师考试成绩实行 2 年为一个周期的滚动管理办法，参加全部 2 个科目考试的人员必须在连续的 2 个考试年度内通过全部科目，方可取得二级造价工程师职业资格证书。

4. 职业资格证书及适用范围

（1）一级造价工程师。一级造价工程师职业资格考试合格者，由各省、自治区、直辖市人力资源社会保障行政主管部门颁发《中华人民共和国造价工程师职业资格证书（一级）》。该证书在全国范围内有效。

（2）二级造价工程师。二级造价工程师职业资格考试合格者，由各省、自治区、直辖市人力资源社会保障行政主管部门颁发《中华人民共和国造价工程师职业资格证书（二级）》。该证书原则上在所在行政区域内有效。

1.6.3 造价工程师的执业范围

1. 一级造价工程师

一级造价工程师的执业范围，包括建设项目全过程的工程造价管理与咨询等，具体工作内容如下。

（1）项目建议书、可行性研究投资估算与审核，项目评价造价分析。

（2）建设工程设计概算、施工（图）预算的编制和审核。

（3）建设工程招标投标文件工程量和造价的编制与审核。

（4）建设工程合同价款、结算价款、竣工决算价款的编制与管理。

（5）建设工程审计、仲裁、诉讼、保险中的造价鉴定，工程造价纠纷调解。

（6）建设工程计价依据、造价指标的编制与管理。

（7）与工程造价管理有关的其他事项。

2. 二级造价工程师

二级造价工程师主要协助一级造价工程师开展相关工作，可独立开展以下具体工作。

（1）建设工程工料分析、计划、组织与成本管理，施工图预算、设计概算的编制。

（2）建设工程量清单、投标限价、投标报价的编制。

（3）建设工程合同价款、结算价款和竣工决算价款的编制。

造价工程师应在本人工程造价咨询成果文件上签章，并承担相应责任。工程造价咨询成果文件应由一级造价工程师审核并加盖执业印章。

1.6.4 英国工料测量师执业资格制度简介

造价工程师在英国被称为工料测量师。特许工料测量师的称号是由英国皇家特许测量师学会（RICS）经过严格程序而授予该会的专业会员（MRICS）和资深会员（FRICS）

的。英国工料测量师授予程序图如图 1.5 所示。

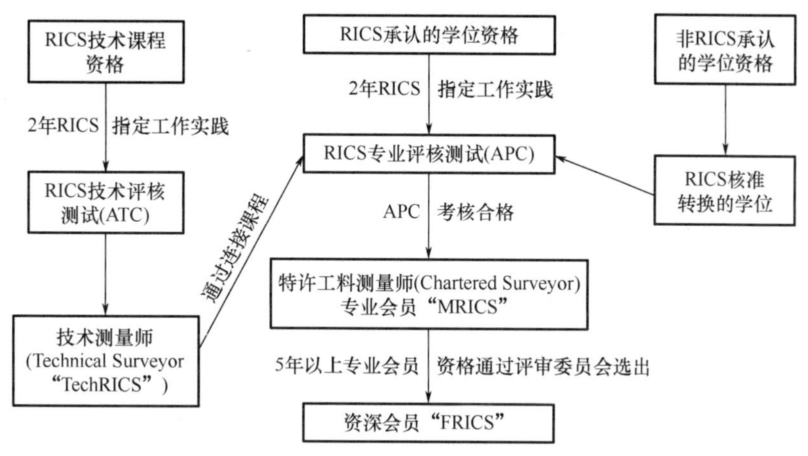

图 1.5　英国工料测量师授予程序图

注：1. RICS：The Royal Institution of Chartered Surveyors。
2. APC：Assessment of Professional Competence。
3. ATC：Assessment of Technical Competence。

工料测量专业本科毕业生可直接取得申请工料测量师专业工作能力培养和考核的资格；而对一般具有高中毕业水平的人员，或学习其他专业的本科毕业生可申请技术测量师工作能力培养和考核的资格。

对工料测量专业本科毕业生（含硕士、博士学位获得者）以及经过专业知识考试合格的人员，还要通过英国皇家特许测量师学会组织的专业工作能力的考核，即通过 2 年以上的工作实践，在学会规定的各项专业能力考核科目范围内，获得某几项较丰富的工作经验，经考核合格后，即由英国皇家特许测量师学会颁发合格证书并吸收为专业会员(MRICS)，也就是有了特许工料测量师资格。

在取得特许工料测量师（工料估价师）资格以后，就可签署有关估算、概算、预算、结算、决算文件，也可独立开业，承揽有关业务。继续从事 12 年本专业工作，或者在预算公司等单位中承担重要职务（如董事）5 年以上者，经学会的资深会员评审委员会批准，即可被吸收为资深会员（FRICS）。

英国的工料测量师被认为是工程建设经济师。他们全过程参与工程建设造价管理，按照既定工程项目确定投资，在实施的各阶段、各项活动中控制造价，使最终造价不超过规定投资额。他们被称为“建筑业的百科全书”，享有很高的社会地位。

习　题

一、单项选择题

1. 具有独立施工条件，但不能独立发挥生产能力的工程是（　　）。

A. 单项工程　　B. 单位工程　　C. 分部工程　　D. 分项工程

2. 下列不属于建设实施阶段工作内容的是（　　）。

A. 施工准备　　B. 工程设计　　C. 项目建议书　　D. 竣工验收

3. 修正概算造价是在（　　）阶段编制的。

A. 投资决策　　B. 初步设计　　C. 技术设计　　D. 施工图设计

4. 下列不属于工程造价计价特点的是（　　）。

A. 一次性　　B. 多次性　　C. 组合性　　D. 复杂性

5. 工程量清单计价方式采用综合单价形式，综合单价包括（　　）。

A. 人工费、材料费、工程设备费、施工机具使用费、企业管理费、利润，并考虑风险因素

B. 人工费、材料费、工程设备费、施工机具使用费、企业管理费、利润，不考虑风险因素

C. 人工费、材料费、工程设备费、施工机具使用费、预留金、材料购置费

D. 人工费、材料费、工程设备费、预留金、材料购置费、零星工作项目费

二、填空题

1. 通过较为简单的施工过程可以生产出来、用一定的计量单位可以进行计量计价的最小单元（被称为“假定的建筑安装产品”）是________。

2. 项目建议书阶段和可行性研究阶段称为设计前期阶段或________。

3. 工程计价的基本原理就在于项目的________。

4. 通过职业资格考试取得中华人民共和国造价工程师职业资格证书，并经注册后从事建设工程造价工作的专业技术人员被称为________。

5. 工程计价的方式有________和________两种。

三、名词解释

1. 基本建设

2. 工程计量

3. 工程计价

4. 工程项目建设程序

四、简答题

1. 工程项目如何划分？

2. 工程造价的含义是什么？

3. 工程造价计价的特点是什么？

4. 定额计价的程序包括哪些内容？

5. 工程计价文件的组成有哪些？

第2章 建设项目总投资

知识结构图

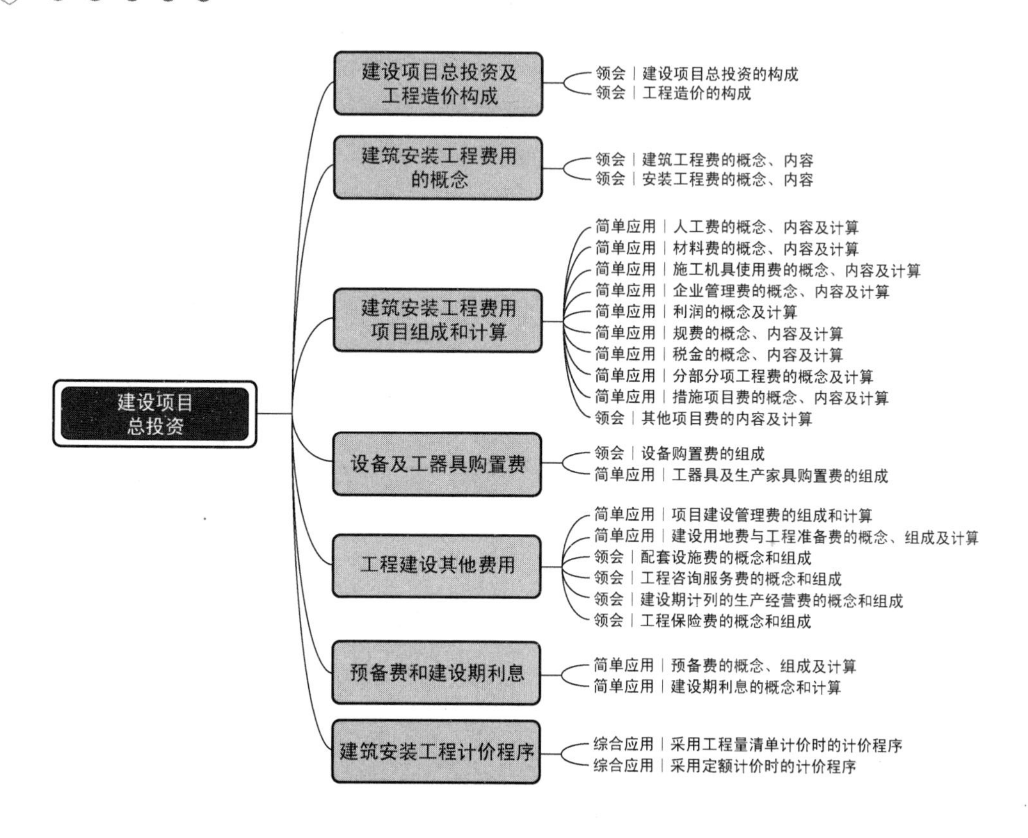

2.1　建设项目总投资及工程造价构成

建设项目总投资是指为完成工程项目建设并达到使用要求或生产条件，在建设期内预计或实际发生的全部费用总和。生产性建设项目总投资包括建设投资、建设期利息和流动资金三部分；非生产性建设项目总投资包括建设投资和建设期利息两部分。其中建设投资和建设期利息之和对应于固定资产投资，固定资产投资与建设项目的工程造价在量上相等。工程造价基本构成包括用于购买工程项目所含各种设备的费用，用于建筑施工和安装施工所需支出的费用，用于委托工程勘察设计应支付的费用，用于获得土地使用权所需的费用，也包括用于建设单位自身进行项目筹建和项目管理所花费的费用等。总之，工程造价是按照确定的建设内容、建设规模、建设标准、功能要求和使用要求等将工程项目全部建成，在建设期预计或实际支出的建设费用。

工程造价中的主要构成部分是建设投资。建设投资是为完成工程项目建设，在建设期内投入且形成现金流出的全部费用。根据国家发改委和建设部发布的《建设项目经济评价方法与参数（第三版）》的规定，建设投资包括工程费用、工程建设其他费用和预备费三部分。工程费用是指建设期内直接用于工程建造、设备购置及其安装的建设投资，可分为设备及工器具购置费和建筑安装工程费用。工程建设其他费用是指建设期内为项目建设或运营必须发生的但不包括在工程费用中的费用。预备费是建设期内为各种不可预见因素的变化而预留的可能增加的费用，包括基本预备费和价差预备费。我国现行建设项目总投资构成如图 2.1 所示。

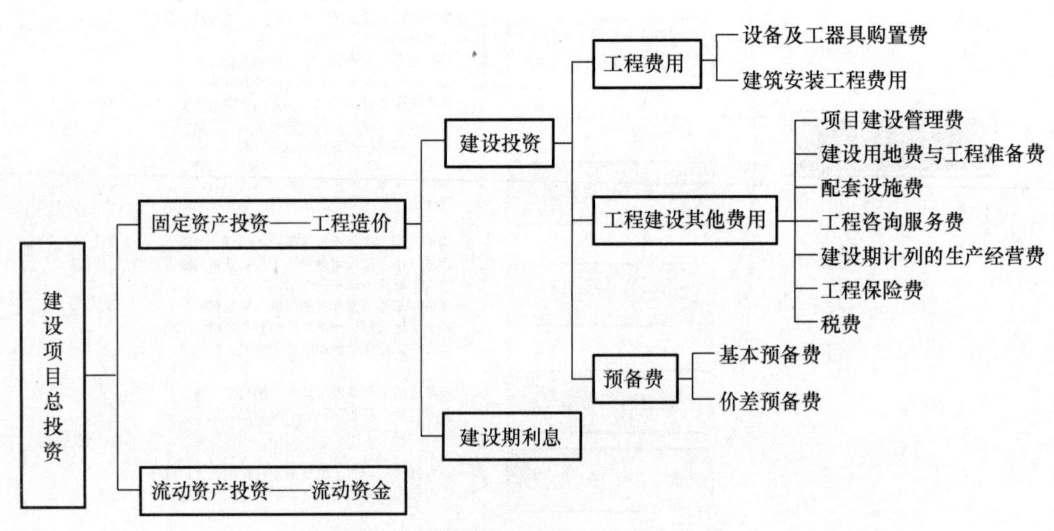

图 2.1　我国现行建设项目总投资构成

流动资金是指为进行正常生产运营，用于购买原材料、燃料，支付工资及其他运营费用等所需的周转资金。在可行性研究阶段用于财务分析时计为全部流动资金，在初步设计及以后阶段用于计算“项目报批总投资”时计为铺底流动资金。铺底流动资金是指生产经营性建设项目为保证投产后正常的生产经营所需，在项目成本中筹措的自有流动资金。

2.2　建筑安装工程费用的概念

建筑安装工程费用是指建设单位支付给从事建筑安装工程施工企业的为完成工程项目建造、生产性设备及配套工程安装所需的全部生产费用。它由建筑工程费和安装工程费两部分组成。

1. 建筑工程费

建筑工程费是指建筑物、构筑物及与其配套的线路、管道等的建造、装饰费用。建筑工程费通常包括以下内容。

（1）各类房屋建筑工程和列入房屋建筑工程预算的供水、供暖、卫生、通风、煤气等设备费用及其安装、装饰工程的费用，列入建筑工程预算的各种管道、电力、电信和电缆导线敷设工程的费用。

（2）设备基础、支柱、工作台、烟囱、水塔、水池、灰塔等建筑工程，以及各种窑炉的砌筑工程和金属结构工程的费用。

（3）为施工而进行的场地平整、工程和水文地质勘察，原有建筑物和障碍物的拆除，施工临时用水、电、暖、气、路、通信和完工后的场地清理，以及环境绿化、美化等工作的费用。

（4）矿井开凿、井巷延伸、露天矿剥离，石油、天然气钻井，以及修建铁路、公路、桥梁、水库、堤坝、灌渠及防洪等工程的费用。

2. 安装工程费

安装工程费是指设备、工艺设施及其附属物的组合、装配、调试等的费用，不包括应列入设备购置费的被安装设备本身的价值。安装工程费通常包括以下内容。

（1）生产、动力、起重、运输、传动、医疗、实验等各种需要安装的机械设备的装配费用，与被安装设备相连的工作台、梯子、栏杆等设施的工程费用，附属于被安装设备的管线敷设工程费用，以及被安装设备的绝缘、防腐、保温、油漆等工作的材料费和安装费。

（2）为测定安装工程质量，对单台设备进行单机试运转、对系统设备进行系统联动无负荷试运转工作的调试费。

2.3　建筑安装工程费用项目组成和计算

2.3.1　按费用构成要素划分

根据《住房和城乡建设部 财政部关于印发〈建筑安装工程费用项目组成〉的通知》（建标〔2013〕44 号）的规定，以及《住房城乡建设部办公厅关于做好建筑业营改增建设工程计价依据调整准备工作的通知》（建办标〔2016〕4 号）、《财政部 国家税务总局关于全面推开营业税改征增值税试点的通知》（财税〔2016〕36 号）、《财政部 税务总局关于调整增值税税率的通知》（财税〔2018〕32 号）等的规定，按照费用构成要素划分，建筑安装工程费用由人工费、材料（含工程设备）费、施工机具使用费、企业管理费、利润、规费和税金组成。

其中人工费、材料费、施工机具使用费、企业管理费和利润包含在分部分项工程费、措施项目费、其他项目费中，如图 2.2 所示。

1. 人工费

1）人工费的概念、内容

建筑安装工程费用中的人工费，是指按工资总额构成规定，支付给直接从事建筑安装工程施工的生产工人和附属生产单位工人的各项费用。

人工费包括以下内容。

（1）计时工资或计件工资：是指按计时工资标准和工作时间或对已做工作按计件单价支付给个人的劳动报酬。

（2）奖金：是指对超额劳动和增收节支支付给个人的劳动报酬，如节约奖、劳动竞赛奖等。

（3）津贴补贴：是指为了补偿职工特殊或额外的劳动消耗和因其他特殊原因支付给个人的津贴，以及为了保证职工工资水平不受物价影响支付给个人的物价补贴，如流动施工津贴、特殊地区施工津贴、高温（寒）作业临时津贴、高空津贴等。

（4）加班加点工资：是指按规定支付的在法定节假日工作的加班工资和在法定日工作时间外延时工作的加点工资。

（5）特殊情况下支付的工资：是指根据国家法律、法规和政策规定，因病、工伤、产假、计划生育假、婚丧假、事假、探亲假、定期休假、停工学习、执行国家或社会义务等原因按计时工资标准或计时工资标准的一定比例支付的工资。

2）人工费计算

计算人工费的基本要素有两个，即工日消耗量和日工资单价。

（1）工日消耗量：是指在正常施工生产条件下，完成规定计量单位的建筑安装产品所消耗的生产工人的工日数量。它由分项工程所综合的各个工序劳动定额包括的基本用工、其他用工两部分组成。

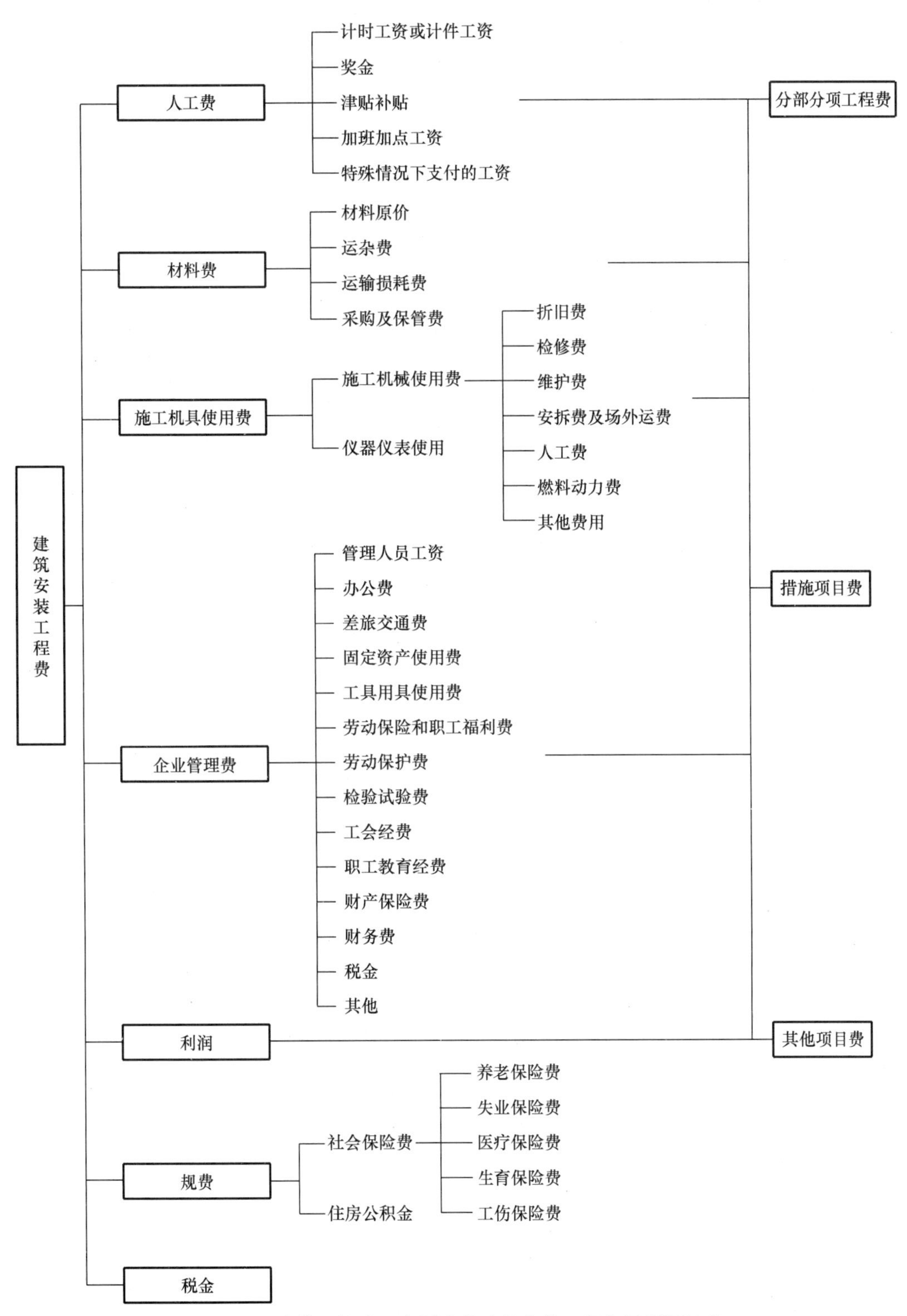

图 2.2　按费用构成要素划分的建筑安装工程费用项目组成

（2）日工资单价：是指直接从事建筑安装工程施工的生产工人在每个法定工作日的工资、津贴及奖金等。

人工费一般可按式（2-1）或式（2-3）计算，即

$$人工费=\sum（工日消耗量 \times 日工资单价） \quad (2-1)$$

其中：

$$日工资单价=[生产工人平均月工资（计时、计件）+平均月（奖金+津贴补贴+特殊情况下支付的工资）]/年平均每月法定工作日 \quad (2-2)$$

式中，工日消耗量是指某分部分项工程人工消耗量。

式（2-1）主要适用于施工企业投标报价时自主确定人工费，也是工程造价管理机构编制计价定额时确定定额人工单价或发布人工成本信息的参考依据。

或
$$人工费=\sum（工程工日消耗量 \times 日工资单价） \quad (2-3)$$

式中，工程工日消耗量是指某单位工程人工消耗量；日工资单价是指施工企业平均技术熟练程度的生产工人在每工作日（国家法定工作时间内）按规定从事施工作业应得的日工资总额。

工程造价管理机构确定日工资单价应通过市场调查、根据工程项目的技术要求，参考实物工程量人工单价综合分析确定，最低日工资单价不得低于工程所在地人力资源和社会保障部门所发布的最低工资标准的：普工 1.3 倍、一般技工 2 倍、高级技工 3 倍。

工程计价定额不可只列一个综合工日单价，应根据工程项目技术要求和工种差别适当划分多种日人工单价，确保各分部工程人工费的合理构成。

式（2-3）主要适用于工程造价管理机构编制计价定额时确定定额人工费，是施工企业投标报价的参考依据。

2. 材料费

1）材料费的概念、内容

建筑安装工程费用中的材料费，是指工程施工过程中耗费的各种原材料、半成品、构配件、工程设备等的费用，以及周转材料等的摊销、租赁费用。

材料费包括以下内容。

① 材料原价：是指材料、工程设备的出厂价格或商家供应价格。

② 运杂费：是指材料、工程设备自来源地运至工地仓库或指定堆放地点所发生的全部费用。

③ 运输损耗费：是指材料在运输装卸过程中不可避免的损耗费用。

④ 采购及保管费：是指为组织采购、供应和保管材料、工程设备的过程中所需要的各项费用，包括采购费、仓储费、工地保管费、仓储损耗。

2）材料费计算

计算材料费的基本要素是材料消耗量和材料单价。

（1）材料消耗量：是指在正常施工生产条件下，完成规定计量单位的建筑安装产品所消耗的各类材料的净用量和不可避免的损耗量。

（2）材料单价：是指建筑材料从其来源地运到施工工地仓库直至出库的综合平均单价，由材料原价、运杂费、运输损耗费、采购及保管费组成。当采用一般计税方法时，材料单价中的材料原价、运杂费等均应扣除增值税进项税额。

建筑安装工程材料费一般可按式（2-4）、式（2-5）计算。

$$\text{材料费} = \sum(\text{材料消耗量} \times \text{材料单价}) \tag{2-4}$$

$$\text{材料单价} = \{(\text{材料原价} + \text{运杂费}) \times [1+\text{运输损耗率}(\%)]\} \times [1+\text{采购及保管费率}(\%)] \tag{2-5}$$

（3）工程设备费。依据国家发改委、财政部等 9 部委发布的《标准施工招标文件》的有关规定，将工程设备费列入材料费。工程设备是指构成或计划构成永久工程一部分的机电设备、金属结构设备、仪器装置及其他类似的设备和装置。

工程设备费可按式（2-6）、式（2-7）计算。

$$\text{工程设备费} = \sum(\text{工程设备量} \times \text{工程设备单价}) \tag{2-6}$$

$$\text{工程设备单价} = (\text{设备原价} + \text{运杂费}) \times [1+\text{采购及保管费率}(\%)] \tag{2-7}$$

3. 施工机具使用费

1）施工机具使用费的概念、内容

建筑安装工程费用中的施工机具使用费，是指施工作业所发生的施工机械、仪器仪表使用费或其租赁费。

（1）施工机械使用费：是指建筑安装工程项目施工中使用施工机械作业所发生的机械使用费或租赁费。构成施工机械使用费的基本要素是施工机械台班消耗量和施工机械台班单价。

施工机械台班消耗量是指在正常施工生产条件下，完成规定计量单位的建筑安装产品所消耗的施工机械台班的数量。

施工机械台班单价是指折合到每台班的施工机械使用费。施工机械台班单价通常由下列七项费用组成。

① 折旧费：是指施工机械在规定的耐用总台班内，陆续收回其原值的费用。

② 检修费：是指施工机械在规定的耐用总台班内，按规定的检修间隔进行必要的检修，以恢复其正常功能所需的费用。

③ 维护费：是指施工机械在规定的耐用总台班内，按规定的维护间隔进行各级维护和临时故障排除所需的费用。维护费包括保障机械正常运转所需替换设备与随机配备工具附具的摊销费用、机械运转及日常保养所需润滑与擦拭的材料费用，以及机械停滞期间的维护费用等。

④ 安拆费及场外运费：安拆费是指施工机械在现场进行安装与拆卸所需的人工、材料、机械和试运转费用，以及机械辅助设施的折旧、搭设、拆除等费用；场外运费是指

施工机械整体或分体自停放地点运至施工现场，或由一施工地点运至另一施工地点的运输、装卸、辅助材料等费用。

⑤ 人工费：是指机上司机（司炉）和其他操作人员的人工费。

⑥ 燃料动力费：是指施工机械在运转作业中所耗用的燃料及水、电等费用。

⑦ 其他费用：是指施工机械按照国家规定应缴纳的车船税、保险费及检测费等。

（2）仪器仪表使用费：是指工程施工所需使用的仪器仪表的摊销及维修费用。

2）施工机具使用费计算

（1）施工机械使用费一般可按式（2-8）、式（2-9）计算。

$$\text{施工机械使用费} = \sum(\text{施工机械台班消耗量} \times \text{施工机械台班单价}) \qquad (2\text{-}8)$$

$$\begin{aligned}\text{施工机械台班单价} = {} & \text{折旧费} + \text{检修费} + \text{维护费} + \text{安拆费及场外运费} + \\ & \text{人工费} + \text{燃料动力费} + \text{其他费用}\end{aligned} \qquad (2\text{-}9)$$

需要注意的是，工程造价管理机构在确定计价定额中的施工机械使用费时，应根据施工机械台班费用计算规则，结合市场调查编制施工机械台班单价。施工企业可以参考工程造价管理机构发布的台班单价，自主确定施工机械使用费的报价。

如果是租赁的施工机械，则施工机械使用费按式（2-10）计算。

$$\text{施工机械使用费} = \sum(\text{施工机械台班消耗量} \times \text{施工机械台班租赁单价}) \qquad (2\text{-}10)$$

（2）仪器仪表使用费可按式（2-11）计算。

$$\text{仪器仪表使用费} = \sum(\text{仪器仪表台班消耗量} \times \text{仪器仪表台班单价}) \qquad (2\text{-}11)$$

仪器仪表台班单价通常由折旧费、维护费、校验费和动力费组成。

当采用一般计税方法时，施工机械台班单价和仪器仪表台班单价中的相关子项均需扣除增值税进项税额。

4. 企业管理费

1）企业管理费的概念、内容

企业管理费是指施工企业组织施工生产和经营管理所需的费用。

企业管理费包括以下内容。

（1）管理人员工资：是指按规定支付给管理人员的计时工资、奖金、津贴补贴、加班加点工资及特殊情况下支付的工资等。

（2）办公费：是指企业管理办公用的文具、纸张、账表、印刷、邮电、书报、办公软件、现场监控、会议、水电、烧水和集体取暖降温（包括现场临时宿舍取暖降温）等费用。

当采用一般计税方法时，办公费中增值税进项税额的扣除原则是：以购进货物适用的相应税率扣减，其中购进自来水、暖气、冷气、图书、报纸、杂志等适用的税率为9%，接受邮政和基础电信服务等适用的税率为9%，接受增值税电信服务等适用的税率为6%，其他一般为13%。

（3）差旅交通费：是指职工因公出差、调动工作的差旅费、住勤补助费，市内交通费和误餐补助费，职工探亲路费，劳动力招募费，职工退休、退职一次性路费，工伤人员就医路费，工地转移费，以及管理部门使用的交通工具的油料、燃料等费用。

（4）固定资产使用费：是指管理和试验部门及附属生产单位使用的属于固定资产的房屋、设备、仪器等的折旧、大修、维修或租赁费。

当采用一般计税方法时，固定资产使用费中增值税进项税额的扣除原则是：购入的不动产适用的税率为 9%，购入的其他固定资产适用的税率为 13%。设备、仪器的折旧、大修、维修或租赁费，以购进货物、接受修理修配劳务或租赁有形动产服务适用的税率扣除，均为 13%。

（5）工具用具使用费：是指企业施工生产和管理使用的不属于固定资产的工具、器具、家具、交通工具和检验、试验、测绘、消防用具等的购置、维修和摊销费。

当采用一般计税方法时，工具用具使用费中增值税进项税额的扣除原则是：以购进货物或接受修理修配劳务适用的税率扣除，均为 13%。

（6）劳动保险和职工福利费：是指由企业支付的职工退职金、按规定支付给离休干部的经费、集体福利费、夏季防暑降温、冬季取暖补贴、上下班交通补贴等。

（7）劳动保护费：是企业按规定发放的劳动保护用品的支出，如工作服、手套、防暑降温饮料以及在有碍身体健康的环境中施工的保健费用等。

（8）检验试验费：是指施工企业按照有关标准规定，对建筑以及材料、构件和建筑安装物进行一般鉴定、检查所发生的费用，包括自设试验室进行试验所耗用的材料等费用，不包括新结构、新材料的试验费，对构件做破坏性试验及其他特殊要求检验试验的费用和建设单位委托检测机构进行检测的费用，对此类检测发生的费用，由建设单位在工程建设其他费用中列支。但对施工企业提供的具有合格证明的材料进行检测不合格的，该检测费用由施工企业支付。

当采用一般计税方法时，检验试验费中增值税进项税额以现代服务业适用的税率 6% 扣除。

（9）工会经费：是指企业按《中华人民共和国工会法》规定的全部职工工资总额比例计提的工会经费。

（10）职工教育经费：是指按职工工资总额的规定比例计提，企业为职工进行专业技术和职业技能培训，专业技术人员继续教育、职工职业技能鉴定、职业资格认定以及根据需要对职工进行各类文化教育所发生的费用。

（11）财产保险费：是指施工管理用财产、车辆等的保险费用。

（12）财务费：是指企业为施工生产筹集资金或提供预付款担保、履约担保、职工工资支付担保等所发生的各种费用。

（13）税金：是指除增值税之外的企业按规定缴纳的房产税、非生产性车船使用税、城镇土地使用税、印花税、消费税、资源税、环境保护税、城市维护建设税、教育费附加、地方教育附加等各项税费。

（14）其他：包括技术转让费、技术开发费、投标费、业务招待费、绿化费、广告费、公证费、法律顾问费、审计费、咨询费、保险费（含财产险、人身意外伤害险、安全生产责任险、工程质量保证险等）、劳动力招募费、企业定额编制费等。

2）企业管理费计算

（1）计算方法。企业管理费的计算方法，按取费基数的不同分为以下三种。

① 以人工费、材料费和施工机具使用费之和作为计算基础。它是将企业管理费按其占人工费、材料费和施工机具使用费之和的百分比计算，通常可按式（2-12）计算。

企业管理费 =（人工费 + 材料费 + 施工机具使用费）× 企业管理费费率　（2-12）

② 以人工费和施工机具使用费之和作为计算基础。它是将企业管理费按其人工费和施工机具使用费之和的百分比计算，通常可按式（2-13）计算。

企业管理费 =（人工费 + 施工机具使用费）× 企业管理费费率　（2-13）

③ 以人工费作为计算基础。它是将企业管理费按其人工费的百分比计算，通常可按式（2-14）计算。

企业管理费 = 人工费 × 企业管理费费率　（2-14）

（2）确定。企业管理费费率的确定分以下三种情况。

① 以人工费、材料费和施工机具使用费之和作为计算基础，通常可按式（2-15）计算企业管理费费率。

企业管理费费率（%）= 生产工人年平均管理费 /（年有效施工天数 × 人工单价）×
人工费占人工费、材料费和施工机具使用费之和的比例（%）（2-15）

② 以人工费和施工机具使用费之和作为计算基础，通常可按式（2-16）计算企业管理费费率。

企业管理费费率（%）= 生产工人年平均管理费 /［年有效施工天数 ×
（人工单价 + 每日施工机具使用费）］×100%　（2-16）

③ 以人工费作为计算基础，通常可按式（2-17）计算企业管理费费率。

企业管理费费率（%）= 生产工人年平均管理费 /
（年有效施工天数 × 人工单价）×100%　（2-17）

需要说明的是，上述公式适用于施工企业投标报价时自主确定管理费，是工程造价管理机构编制计价定额时确定企业管理费的参考依据。

工程造价管理机构在确定计价定额中的企业管理费时，应以定额人工费或定额人工费与定额施工机具使用费之和作为计算基础，其费率根据历年积累的工程造价资料，辅以调查数据确定，列入分部分项工程和措施项目中。

5. 利润

1）利润的概念及计算

利润是指施工企业从事建筑安装工程施工所获得的盈利。建筑安装工程利润的计算，可分以下三种情况。

（1）以人工费、材料费和施工机具使用费之和作为计算基础。以人工费、材料费和施工机具使用费之和作为计算基础的利润，可按式（2-18）计算。

$$利润=（人工费+材料费+施工机具使用费）\times 利润率 \tag{2-18}$$

（2）以人工费和施工机具使用费之和作为计算基础。以人工费和施工机具使用费之和作为计算基础的利润，可按式（2-19）计算。

$$利润=（人工费+施工机具使用费）\times 利润率 \tag{2-19}$$

（3）以人工费作为计算基础。以人工费作为计算基础的利润，可按式（2-20）计算。

$$利润=人工费 \times 利润率 \tag{2-20}$$

2）补充说明

利润计算每种方法的适用范围，各地区都有明确规定，计算时必须按各地区的规定执行。

（1）施工企业的利润，由施工企业根据企业自身需求并结合建筑市场实际自主确定，列入报价中。

（2）工程造价管理机构在确定计价定额中的利润时，应以定额人工费或定额人工费与定额施工机具使用费之和作为计算基础，其费率根据历年积累的工程造价资料，并结合建筑市场实际、项目竞争情况、项目规模与难易程度等确定，以单位（单项）工程测算，利润在税前建筑安装工程费用中的比重可按不低于 5% 且不高于 7% 的费率计算。

（3）利润应列入分部分项工程和措施项目中。

6. 规费

1）规费的概念、内容

规费是指按国家法律、法规规定，由省级政府和省级有关权力部门规定施工企业必须缴纳或计取，应计入建筑安装工程造价的费用。规费主要包括社会保险费和住房公积金。

（1）社会保险费。

① 养老保险费：是指企业按照规定标准为职工缴纳的基本养老保险费。

② 失业保险费：是指企业按照国家规定标准为职工缴纳的失业保险费。

③ 医疗保险费：是指企业按照规定标准为职工缴纳的基本医疗保险费。

④ 生育保险费：是指企业按照国家规定为职工缴纳的生育保险费。

⑤ 工伤保险费：是指企业按照国务院制定的行业费率为职工缴纳的工伤保险费。

（2）住房公积金：是指企业按规定标准为职工缴纳的住房公积金。

注：根据《财政部 国家发展和改革委员会 环境保护部 国家海洋局关于停征排污费等行政事业性收费有关事项的通知》（财税〔2018〕4 号），原列入规费的工程排污费已经于 2018 年 1 月停止征收。

其他应列而未列入的规费，按实际发生计取。

2）规费计算

社会保险费和住房公积金应以定额人工费为计算基础，根据工程所在地省、自治区、直辖市或行业建设主管部门规定的费率，按式（2-21）计算。

$$社会保险费和住房公积金 = \sum（工程定额人工费 \times 社会保险费和住房公积金费率） \qquad (2\text{-}21)$$

式中，社会保险费和住房公积金费率可以每万元发承包价的生产工人人工费和管理人员工资含量与工程所在地规定的缴纳标准综合分析取定。

7. 税金

1）税金的概念、内容

按照马克思主义价值理论和再生产理论，在社会主义市场经济条件下，工程的价格应以价值为基础，价格是价值总和的货币体现。价值的三个组成部分：一是物资消耗的支出，即转移价值的货币表现；二是为劳动者支付的报酬部分，即工资，这是劳动所创造价值的货币体现；三是劳动者为社会的劳动（剩余劳动）所创造价值的货币体现。前两部分构成工程的成本，后一部分是工程中的盈利。这种盈利表现在建筑安装工程费用中，就是建筑安装工程费用中的利润和税金。

税收是国家财政收入的主要来源。它与其他收入相比，具有强制性、固定性和无偿性等特点。通常建筑施工企业也要像其他企业一样，按国家规定缴纳税金。根据建筑安装工程施工生产的特点，建筑施工企业应向国家缴纳的税金包括城市维护建设税、房产税、车船税、城镇土地使用税、印花税、教育费附加、地方教育附加和增值税。

按照国家规定，建筑安装工程费用中的税金就是增值税。

2）税金计算

（1）采用一般计税方法时增值税的计算。建筑安装工程计价依据，按照“价税分离”的原则已进行了相应的调整，在实际计算和征收税金时，为简化计算，以税前工程造价作为计税基础，按式（2-22）计算。

$$\begin{aligned}税金 &= 税前工程造价 \times 增值税税率 \\ &= 含税造价 \times 增值税税率 /（1+增值税税率）\end{aligned} \qquad (2\text{-}22)$$

式中，税前工程造价为人工费、材料费、施工机具使用费、企业管理费、利润和规费之和，各费用项目均以不包含增值税可抵扣进项税额的价格计算。

当采用一般计税方法时，建筑业增值税税率为 9%。

（2）采用简易计税方法时增值税的计算。

① 根据《营业税改征增值税试点实施办法》《营业税改征增值税试点有关事项的规定》及《关于建筑服务等营改增试点政策的通知》的规定，简易计税方法主要适用于以下几种情况。

a. 小规模纳税人发生应税行为适用简易计税方法计税。小规模纳税人通常是指纳税人提供建筑服务的年应征增值税销售额未超过 500 万元，并且会计核算不健全，不能按规定报送有关税务资料的增值税纳税人。年应税销售额超过 500 万元但不经常发生应税行为的单位也可选择按照小规模纳税人计税。

b. 一般纳税人以清包工方式提供的建筑服务，可以选择适用简易计税方法计税。以清包工方式提供建筑服务，是指施工方不采购建筑工程所需的材料或只采购辅助材料，并收取人工费、管理费或者其他费用的建筑服务。

c. 一般纳税人为甲供工程提供的建筑服务，可以选择适用简易计税方法计税。甲供工程是指全部或部分设备、材料、动力由工程发包方自行采购的建筑工程。其中，建筑工程总承包单位为房屋建筑的地基与基础、主体结构提供工程服务，建设单位自行采购全部或部分钢材、混凝土、砌体材料、预制构件的，适用简易计税方法计税。

② 简易计税的计算方法。当采用简易计税方法时，仍然可以按式（2-22）计算，且式中的税前造价为人工费、材料费、施工机具使用费、企业管理费、利润和规费之和，但各费用项目均以包含增值税进项税额的含税价格计算。

当采用简易计税方法时，建筑业增值税税率为 3%。

2.3.2 按工程造价形成划分

建筑安装工程费用按照工程造价形成划分，可分为分部分项工程费、措施项目费、其他项目费、规费、税金。其中，分部分项工程费、措施项目费、其他项目费包含人工费、材料费、施工机具使用费、企业管理费和利润，如图 2.3 所示。

1. 分部分项工程费

1）分部分项工程费的概念

分部分项工程费是指各类专业工程的分部分项工程应予列支的各项费用。各类专业工程的分部分项工程划分应遵循国家或行业工程量计算规范的规定。

（1）专业工程：是指按现行国家计量规范划分的房屋建筑与装饰工程、仿古建筑工程、通用安装工程、市政工程、园林绿化工程、矿山工程、构筑物工程、城市轨道交通工程、爆破工程等各类工程。

（2）分部分项工程：是指按现行国家计量规范对各专业工程划分的项目，如房屋建筑与装饰工程划分的土石方工程、桩基工程、地基处理与边坡支护工程、砌筑工程、钢筋及钢筋混凝土工程等。

2）分部分项工程费计算

分部分项工程费可按式（2-23）计算。

$$\text{分部分项工程费}=\sum(\text{分部分项工程量}\times\text{综合单价}) \tag{2-23}$$

式中，综合单价包括人工费、材料费、施工机具使用费、企业管理费、利润，以及一定范围的风险费用。

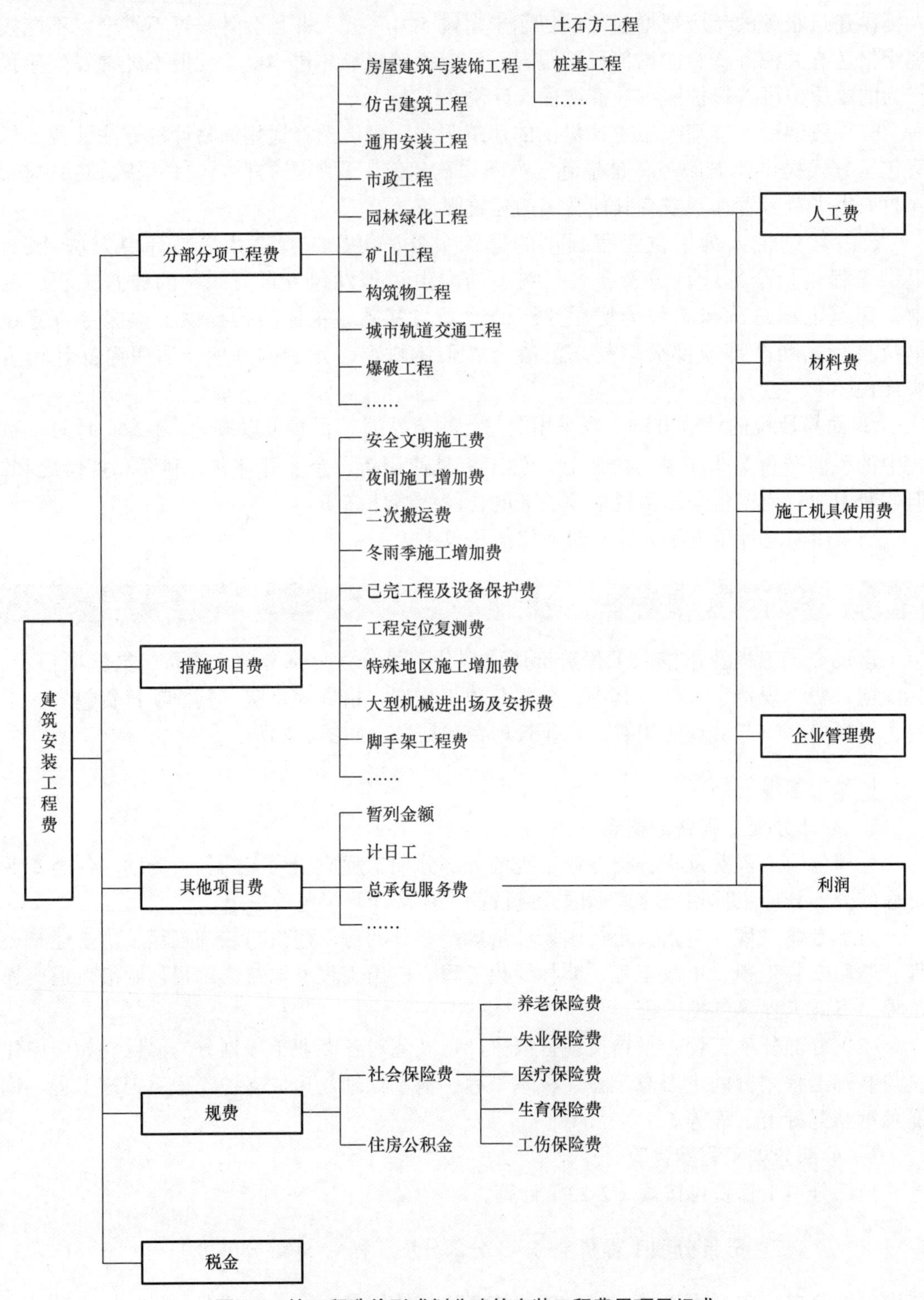

图 2.3　按工程造价形成划分建筑安装工程费用项目组成

2. 措施项目费

1）措施项目费的概念、内容

措施项目费是指为完成建设工程施工，发生于该工程施工准备和施工过程中的技术、生活、安全、环境保护等方面的费用。

措施项目费包括以下内容。

（1）安全文明施工费：是指工程项目施工期间，施工单位为保证安全施工、文明施工和保护现场内外环境等所发生的措施项目费，通常由环境保护费、文明施工费、安全施工费、临时设施费组成。

① 环境保护费：是指施工现场为达到环保部门要求所需要的各项费用。

② 文明施工费：是指施工现场文明施工所需要的各项费用。

③ 安全施工费：是指施工现场安全施工所需要的各项费用。

④ 临时设施费：是指施工企业为进行建设工程施工所必须搭设的生活和生产用的临时建筑物、构筑物和其他临时设施费用。

a. 临时设施包括临时宿舍、文化福利及公用事业房屋与构筑物，仓库、办公室、加工厂，以及规定范围内的道路、水、电、管线等临时设施和小型临时设施。

b. 临时设施费用包括临时设施的搭设、维修、拆除、清理费或摊销费等。

（2）夜间施工增加费：是指因夜间施工所发生的夜班补助费、夜间施工降效、夜间施工照明设备摊销及照明用电等费用。夜间施工增加费由以下各项组成。

① 夜间固定照明灯具和临时可移动照明灯具的设置、拆除费用。

② 夜间施工时，施工现场交通标志、安全标牌、警示灯的设置、移动、拆除费用。

③ 夜间照明设备摊销及照明用电、施工人员夜班补助、夜间施工劳动效率降低等费用。

（3）二次搬运费：是指因施工管理需要或因场地狭小等原因，导致建筑材料、设备等一次运输不能到达堆放地点，必须进行二次或多次搬运所发生的费用。

（4）冬雨季施工增加费：是指因冬雨季天气原因导致施工效率降低加大投入而增加的费用，以及为确保冬雨季施工质量和安全而采取的保温、防雨等措施所需的费用。该费用包括以下部分。

① 冬雨（风）季施工增加的临时设施（防寒保温、防雨、防风设施）的搭设、拆除费用。

② 冬雨（风）季施工时，对砌体、混凝土等采取的特殊加温、保温和养护措施所需要的费用。

③ 冬雨（风）季施工时，施工现场的防滑处理、对影响施工的雨雪的清除费用。

④ 冬雨（风）季施工时，增加的临时设施、施工人员的劳动保护用品、冬雨（风）季施工劳动效率降低等费用。

（5）已完工程及设备保护费：是指竣工验收前，对已完工程及设备采取的覆盖、包裹、封闭、隔离等必要保护措施所发生的费用。

（6）工程定位复测费：是指工程施工过程中进行全部施工测量放线和复测工作的费用。

（7）特殊地区施工增加费：是指工程在沙漠或其边缘地区、高海拔、高寒、原始森林等特殊地区施工增加的费用。

（8）大型机械设备进出场及安拆费：是指机械整体或分体自停放场地运至施工现场或由一个施工地点运至另一个施工地点，所发生的机械进出场运输和转移费用，以及机械在施工现场进行安装、拆卸所需的人工费、材料费、机械费、试运转费和安装所需的辅助设施的费用。该费用由安拆费和进出场费组成。

（9）脚手架工程费：是指施工需要的各种脚手架搭、拆、运输费用以及脚手架购置费的摊销（或租赁）费用。该费用通常包括以下部分。

① 施工时可能发生的场内、场外材料搬运费用。

② 搭、拆脚手架、斜道、上料平台的费用。

③ 安全网的铺设费用。

④ 拆除脚手架后材料的堆放费用。

（10）非夜间施工照明费：是指为保证工程施工正常进行，在地下室等特殊施工部位施工时所采用的照明设备的安拆、维护及照明用电等费用。

（11）地上、地下设施、建筑物的临时保护设施费：是指在工程施工过程中，对已建成的地上、地下设施和建筑物进行的遮盖、封闭、隔离等必要保护措施所发生的费用。

（12）混凝土模板及支撑（架）费：是指混凝土施工过程中需要的各种钢模板、木模板、支架等的支拆、运输费用以及模板、支架的摊销（或租赁）费用。该费用一般包括以下部分。

① 混凝土施工过程中需要的各种模板制作费用。

② 模板安装、拆除、整理堆放及场内外运输费用。

③ 清理模板黏结物及模内杂物、刷隔离剂等费用。

（13）垂直运输费：是指现场所用材料、机具从地面运至相应高度以及职工人员上下工作面等所发生的运输费用。该费用包括以下部分。

① 垂直运输机械的固定装置、基础制作、安装费。

② 行走式垂直运输机械轨道的铺设、拆除、摊销费。

（14）超高施工增加费：是指当单层建筑物檐口高度超过 20m，多层建筑物超过 6 层时，可计算超高施工增加费，包括建筑物超高引起的人机降效费，高层施工用水加压水泵的安装、拆除及工作台班费，以及通信联络设备的使用和摊销费等。

（15）施工排水、降水费：是指将施工期间有碍施工作业和影响工程质量的水排到施工场地以外，以及防止在地下水位较高的地区开挖深基坑出现基坑浸水，地基承载力下降，在动力压力作用下，还可能引起流砂、管涌和边坡失稳等现象而必须采取有效的降水和排水措施费用。该费用由成井和排水、降水两个独立的费用项目组成。

① 成井。成井的费用主要包括：准备钻孔机械、埋设护筒、钻机就位，泥浆制作、固壁，成孔、出渣、清孔等费用；对接上、下管井（滤管），焊接，安防，下滤料，洗井，连接试抽等费用。

② 排水、降水。排水、降水的费用主要包括：管道安装、拆除，场内搬运等费用；抽水、值班、降水设备维修等费用。

2）措施项目费计算

前面所述措施项目费用，按照相关规定，可以分为单价措施项目和总价措施项目两类。单价措施项目一般是指可以按照相应工程量计算规范进行工程量计算的措施项目，如脚手架工程费，混凝土模板及支撑（架）费，垂直运输费，超高施工增加费，大型机械设备进出场及安拆费，施工排水、降水费，等等；总价措施项目是指不能按照相应工程量计算规范进行工程量计算，而只能根据实际情况进行分摊计取的措施项目，如安全文明施工费，夜间施工增加费，非夜间施工照明费，二次搬运费，地上、地下设施、建筑物的临时保护设施费，等等。

按照有关工程专业工程量计算规范规定，措施项目分为应予计量的措施项目和不宜计量的措施项目两类。

（1）规范规定应予计量的措施项目，可按式（2-24）计算措施项目费。

$$措施项目费 = \sum（措施项目工程量 \times 综合单价） \tag{2-24}$$

（2）规范规定不宜计量的措施项目，其费用计算方法如下。

① 安全文明施工费。安全文明施工费的计算，可分以下三种情况。

a. 以定额分部分项工程费与定额中可以计量的措施项目费之和作为计算基础，可按式（2-25）计算。

$$安全文明施工费 =（定额分部分项工程费 + 定额中可以计量的措施项目费）\times 安全文明施工费费率（\%） \tag{2-25}$$

b. 以定额人工费作为计算基础，可按式（2-26）计算。

$$安全文明施工费 = 定额人工费 \times 安全文明施工费费率（\%） \tag{2-26}$$

c. 以定额人工费与定额机械费之和作为计算基础，可按式（2-27）计算。

$$安全文明施工费 =（定额人工费 + 定额机械费）\times 安全文明施工费费率（\%） \tag{2-27}$$

上述安全文明施工费计算中，其费率由工程造价管理机构根据各专业工程的特点综合确定。

② 其余不宜计量的措施项目费，包括夜间施工增加费，非夜间施工照明费，二次搬运费，冬雨季施工增加费，地上、地下设施、建筑物的临时保护设施费，已完工程及设备保护费，工程定位复测费。其具体计算，分以下两种情况。

a. 以定额人工费作为计算基础，可按式（2-28）计算。

$$措施项目费 = 定额人工费 \times 措施项目费费率（\%） \tag{2-28}$$

b. 以定额人工费与定额机械费之和作为计算基础，可按式（2-29）计算。

$$措施项目费 =（定额人工费 + 定额机械费）\times 措施项目费费率（\%） \tag{2-29}$$

式（2-28）、式（2-29）中措施项目费费率，由工程造价管理机构根据各专业工程特点和调查资料综合分析后确定。

3. 其他项目费

1）暂列金额

暂列金额是指建设单位在工程量清单中暂定并包括在工程合同价款中的一笔款项。它是用于施工合同签订时尚未确定或者不可预见的所需材料、工程设备、服务的采购，施工中可能发生的工程变更、合同约定调整因素出现时的工程价款调整，以及发生的索赔、现场签证确认等的费用。

暂列金额由建设单位根据工程特点，按有关计价规定估算，施工过程中由建设单位掌握使用、扣除合同价款调整后如有余额，归建设单位。

2）暂估价

暂估价是指招标人在工程量清单中提供的用于支付必然发生但暂时不能确定价格的材料、工程设备的单价以及专业工程的金额。

暂估价中的材料、工程设备暂估单价根据工程造价信息或参考市场价格估算，计入综合单价；专业工程暂估价分不同专业，按有关计价规定估算。暂估价在施工中对不同类型的材料、工程设备与专业工程采用不同的计价方法。

（1）招标人在工程量清单中提供了暂估单价的材料、工程设备和专业工程属于依法必须招标的，由中标人和招标人共同通过招标确定材料、工程设备单价与专业工程中标价。

（2）若材料、工程设备不属于依法必须招标的，经发承包双方协商在合同中确认单价后计价。

（3）若专业工程不属于依法必须招标的，由发包人、总承包人与分包人按有关计价依据进行计价。

3）计日工

计日工是指在施工过程中，施工企业完成建设单位提出的工程合同范围以外的零星项目或工作，按照合同中约定的单价计价所形成的费用。

计日工由建设单位和施工企业按施工过程中形成的有效签证来计价。

4）总承包服务费

总承包服务费是指总承包人为配合、协调建设单位进行的专业工程发包，对建设单位自行采购的材料、工程设备等进行保管，以及施工现场管理、竣工资料汇总整理等服务所需的费用。

总承包服务费由建设单位在最高招标限价中根据总承包服务范围和有关计价规定编制，施工企业投标时自主报价，施工过程中按签约合同价执行。

4. 规费和税金

规费和税金见“2.3.1 按费用构成要素划分”相关内容。建设单位和施工企业均应按照国家、省、自治区、直辖市或行业建设主管部门发布的标准计算规费和税金，不得作为竞争性费用。

2.4 设备及工器具购置费

设备及工器具购置费由设备购置费和工器具及生产家具购置费组成。它是固定资产投资中的组成部分。在生产性工程建设中，设备及工器具购置费占工程造价的比重较大，意味着生产技术的进步和资本有机构成的提高。

2.4.1 设备购置费的组成和计算

设备购置费是指为工程建设项目购置或自制的达到固定资产标准的各种机械和电气设备等所需的全部费用。它由设备原价和设备运杂费组成。

机械设备一般包括各种工艺设备、动力设备、起重运输设备、试验设备及其他机械设备等。

电气设备包括各种变电、配电和整流电气设备，电气传动设备和控制设备，弱电系统设备及各种单独的电器仪表等。

设备分为需要安装的设备和不需要安装的设备两类。需要安装的设备是指其整个或个别部分装配起来，安装在基础或支架上才能动用的设备，如机床、锅炉等。不需要安装的设备是指不需要固定于一定的基础上或支架上就可以使用的设备，如汽车、电瓶车、电焊车等。

设备购置费可按式（2-30）计算。

$$设备购置费=设备原价（含备品备件费）+设备运杂费 \tag{2-30}$$

式中，设备原价按设备来源不同，可分为国产设备原价和进口设备原价两大类。设备原价通常包含备品备件费在内，备品备件费是指设备购置时随设备同时订货的首套备品备件所发生的费用。设备运杂费是指除设备原价以外的关于设备采购、运输、途中包装及仓库保管等方面支出费用的总和。

1. 国产设备原价的组成和计算

国产设备原价一般是指设备生产厂的交货价或订货合同价，即出厂（场）价格。它一般根据生产厂家或供应商的询价、报价、合同价确定，或采用一定的方法计算确定。国产设备原价分为国产标准设备原价和国产非标准设备原价。

1）国产标准设备原价

国产标准设备是指按照主管部门颁布的标准图纸和技术要求，由国内设备生产厂批量生产的、符合国家质量检测标准的设备。

国产标准设备原价有两种，即带有备件的原价和不带有备件的原价。在计算时，一般采用带有备件的原价。

国产标准设备一般有完善的设备交易市场，因此可通过查询相关交易市场价格或向设备生产厂询价得到国产标准设备原价。

2）国产非标准设备原价

国产非标准设备是指国家尚无定型标准，各设备生产厂不可能在工艺过程中批量生产，只能按订货要求并根据具体的设计图纸制造的设备。非标准设备由于单件生产、无定型标准，所以无法获取市场交易价格，只能按其成本构成或相关技术参数估算其价格。

非标准设备原价有多种不同的计算方法，如成本计算估价法、系列设备插入估价法、分部组合估价法、定额估价法等。但无论采用哪种方法都应该使非标准设备计价接近实际出厂价，并且计算方法要简便。在众多计算方法中，成本计算估价法是一种比较常用的估算非标准设备原价的方法。按成本计算估价法，非标准设备原价的组成如下。

（1）材料费。一般按式（2-31）计算。

$$材料费 = 材料净重 \times (1+ 加工损耗系数) \times 每吨材料综合价 \tag{2-31}$$

（2）加工费。加工费包括生产工人工资和工资附加费、燃料动力费、设备折旧费、车间经费等，一般按式（2-32）计算。

$$加工费 = 材料总用量 \times 材料加工单价 \tag{2-32}$$

（3）辅助材料费。辅助材料费简称辅材费，包括焊条、焊丝、氧气、氩气、氮气、油漆、电石等费用，一般按式（2-33）计算。

$$辅助材料费 = 材料费 \times 辅助材料费指标 \tag{2-33}$$

（4）专用工具费。按上述（1）～（3）项之和乘以一定百分比计算。

（5）废品损失费。按上述（1）～（4）项之和乘以一定百分比计算。

（6）外购配套件费。按设备设计图纸所列的外购配套件的名称、型号、规格、数量、质量，根据相应的价格加运杂费计算。

（7）包装费。按上述（1）～（6）项之和乘以一定百分比计算。

（8）利润。按上述（1）～（5）项之和加第（7）项，再乘以一定利润率计算。

（9）税金。主要指增值税，通常是指设备生产厂销售设备时向购入设备方收取的销项税额，一般按式（2-34）、式（2-35）计算。

$$增值税 = 当期销项税额 - 进项税额 \tag{2-34}$$

$$当期销项税额 = 销售额 \times 适用增值税税率 \tag{2-35}$$

式中，销售额为（1）～（8）项之和。

（10）非标准设备设计费。按国家规定的设计费收费标准计算。

综上所述，单台非标准设备原价可用式（2-36）表达。

$$\begin{aligned}单台非标准设备原价 = &\{[(材料费 + 加工费 + 辅助材料费) \times (1+ 专用工具费率) \times \\ &(1+ 废品损失费率) + 外购配套件费] \times (1+ 包装费率) - \\ &外购配套件费\} \times (1+ 利润率) + 销项税额 + \\ &非标准设备设计费 + 外购配套件费\end{aligned} \tag{2-36}$$

【例 2-1】某单位采购一台国产非标准设备，生产厂商生产该台设备所用材料费为 20 万元、加工费为 2 万元、辅助材料费为 0.4 万元；为制造该设备，在材料采购过程中发生进项增值税额 3.5 万元。已知专用工具费率为 1.5%、废品损失费率为 10%、外购配套件费为 5 万元、包装费率为 1%、利润率为 7%、增值税税率为 13%、非标准设备设计费为 2 万元。计算该国产非标准设备的原价。

【解】 专用工具费 =（20+2+0.4）× 1.5%=0.336（万元）

废品损失费 =（20+2+0.4+0.336）× 10% ≈ 2.274（万元）

包装费 =（20+2+0.4+0.336+2.274+5）× 1% ≈ 0.300（万元）

利润 =（20+2+0.4+0.336+2.274+0.300）× 7% ≈ 1.772（万元）

销项税额 =（20+2+0.4+0.336+2.274+5+0.300+1.772）× 13% ≈ 4.171（万元）

该国产非标准设备的原价 =20+2+0.4+0.336+2.274+5+0.300+1.772+4.171+2

=38.253（万元）

2. 进口设备原价的组成和计算

进口设备原价是指进口设备的抵岸价，即设备抵达买方边境、港口或车站，缴纳完各种手续费、税费后形成的价格。进口设备抵岸价通常由进口设备到岸价和进口从属费构成。进口设备到岸价，即进口设备抵达买方边境港口或边境车站所形成的价格。在国际贸易中，交易双方所使用的交货类别不同，交易价格的构成内容也有所差异。进口从属费是指进口设备在办理进口手续过程中发生的应计入进口设备原价的银行财务费、外贸手续费、关税、消费税、进口环节增值税等，进口车辆的还需缴纳车辆购置税。

进口设备购置费，按式（2-37）～式（2-41）计算。

$$\text{进口设备购置费} = \sum(\text{进口设备数量} \times \text{进口设备单价}) \tag{2-37}$$

$$\text{进口设备单价} = \text{进口设备抵岸价} + \text{进口设备国内运杂费} + \text{备品备件费} \tag{2-38}$$

$$\text{进口设备抵岸价} = \text{进口设备到岸价} + \text{进口从属费} \tag{2-39}$$

$$\text{进口设备到岸价} = \text{进口设备离岸价} + \text{国际运费} + \text{运输保险费} \tag{2-40}$$

$$\text{进口从属费} = \text{银行财务费} + \text{外贸手续费} + \text{关税} + \text{消费税} + \text{进口环节增值税} + \text{车辆购置税} \tag{2-41}$$

1）进口设备的交易价格术语

在国际贸易中，较为广泛使用的交易价格术语有 FOB、CFR 和 CIF。

（1）FOB（free on board）。FOB 意为装运港船上交货，也称进口设备离岸价。

FOB 是指当货物在指定的装运港越过船舷，卖方即完成交货义务。风险转移，以在指定的装运港货物越过船舷时为分界点。费用划分与风险转移的分界点相一致。

在 FOB 交货方式下，卖方的基本义务包括：办理出口清关手续，自负风险和费用，领取出口许可证及其他官方文件；在约定的日期或期限内，在合同规定的装运港，按港口惯常的方式，把货物装上买方指定的船只，并及时通知买方；承担货物在装运港越过船舷之前的一切费用和风险；向买方提供商业发票和证明货物已交至船上的装运单据或具有同等效力的电子单证。买方的基本义务包括：负责租船订舱，按时派船到合同约定的装运港接运货物，支付运费，并将船期、船名及装船地点及时通知卖方；负担货物在装运港越过船舷后的各种费用以及货物灭失或损坏的一切风险；负责获取进口许可证或其他官方文件，以及办理货物入境手续；受领卖方提供的各种单证，按合同规定支付货款。

（2）CFR（cost and freight）。CFR 意为成本加运费，或称为运费在内价。

CFR 是指在装运港货物被装上指定船时卖方即完成交货，卖方必须支付将货物运至指定的目的港所需的运费和费用，但交货后货物灭失或损坏的风险，以及由于各种事件造成的任何额外费用，即由卖方转移到买方。与 FOB 相比，CFR 的费用划分与风险转移的分界点是不一致的。

在 CFR 交货方式下，卖方的基本义务包括：提供合同规定的货物，负责订立运输合同，并租船订舱，在合同规定的装运港和规定的期限内，将货物装上船并及时通知买方，支付运至目的港的运费；负责办理出口清关手续，提供出口许可证或其他官方批准的文件；承担货物在装运港越过船舷之前的一切费用和风险；按合同规定提供正式有效的运输单据、发票或具有同等效力的电子单证。买方的基本义务包括：承担货物在装运港越过船舷以后的一切风险及运输途中因遭遇风险所引起的额外费用；在合同规定的目的港受领货物，办理进口清关手续，交纳进口税；受领卖方提供的各种约定的单证，并按合同规定支付货款。

（3）CIF（cost insurance and freight）。CIF 意为成本加保险费、运费，习惯称进口设备到岸价。

在 CIF 交货方式下，卖方除负有与 CFR 相同的义务外，还应办理货物在运输途中最低险别的海运保险，并应支付保险费。如买方需要更高的保险险别，则需要与卖方明确地达成协议，或者自行做出额外的保险安排。除保险这项义务外，买方的义务与 CFR 相同。

2）进口设备到岸价的组成及计算

进口设备到岸价的计算，可按式（2-42）进行。

进口设备到岸价（CIF）= 进口设备离岸价（FOB）+ 国际运费 + 运输保险费
= 运费在内价（CFR）+ 运输保险费 （2-42）

（1）进口设备货价。进口设备货价一般是指装运港船上的交货价，即进口设备离岸价（FOB）。进口设备货价分为原币货价和人民币货价，原币货价一律折算为美元表示，人民币货价按原币货价乘以外汇市场美元兑换人民币汇率中间价确定。进口设备货价按有关生产厂商询价、报价、订货合同价计算。

（2）国际运费。国际运费即从装运港（站）到达我国目的港（站）的运费。我国进口设备大部分采用海洋运输，小部分采用铁路运输，个别采用航空运输。国际运费可按式（2-43）、式（2-44）计算。

国际运费（海、陆、空）= 原币货价（FOB）× 运费率 （2-43）

国际运费（海、陆、空）= 单位运价 × 运量 （2-44）

其中，运费率或单位运价参照有关部门或进出口公司的规定执行。

（3）运输保险费。对外贸易货物运输保险是由保险人（保险公司）与被保险人（出口人或进口人）订立保险契约，在被保险人交付议定的保险费后，保险人根据保险契约的规定对货物在运输过程中发生的承保责任范围内的损失给予经济上的补偿。这是一种财产保险。运输保险费可按式（2-45）计算。

$$运输保险费=\frac{进口设备离岸价（FOB）+国际运费}{1-保险费率}\times 保险费率 \quad (2\text{-}45)$$

其中，保险费率按保险公司规定的进口货物保险费率计算。

3）进口从属费的构成及计算

进口从属费可按式（2-46）计算。

$$进口从属费=银行财务费+外贸手续费+关税+消费税+进口环节增值税+车辆购置税 \quad (2\text{-}46)$$

（1）银行财务费。银行财务费一般是指在国际贸易结算中，金融机构为进出口商提供金融结算服务所收取的费用。银行财务费可按式（2-47）简化计算。

$$银行财务费=进口设备离岸价（FOB）\times 人民币外汇汇率\times 银行财务费率 \quad (2\text{-}47)$$

（2）外贸手续费。外贸手续费是指按规定的外贸手续费率计取的费用，外贸手续费率一般取1.5%。外贸手续费可按式（2-48）计算。

$$外贸手续费=进口设备到岸价（CIF）\times 人民币外汇汇率\times 外贸手续费率 \quad (2\text{-}48)$$

（3）关税。关税是由海关对进出国境或关境的货物和物品征收的一种税。关税可按式（2-49）计算。

$$关税=进口设备到岸价（CIF）\times 人民币外汇汇率\times 关税税率 \quad (2\text{-}49)$$

进口设备到岸价作为关税的计征基数时，通常又可称为关税完税价。关税税率分为优惠和普通两种。优惠税率适用于与我国签订关税互惠条款的贸易条约或协定的国家的进口设备，普通税率适用于与我国未签订关税互惠条款的贸易条约或协定的国家的进口设备。关税税率按我国海关总署发布的关税税率计算。

（4）消费税。消费税仅对部分进口设备（如轿车、摩托车等）征收。消费税可按式（2-50）计算。

$$消费税=\frac{进口设备到岸价（CIF）\times 人民币外汇汇率+关税}{1-消费税税率}\times 消费税税率 \quad (2\text{-}50)$$

其中，消费税税率根据规定的税率计算。

（5）进口环节增值税。进口环节增值税是对从事进口贸易的单位和个人，在进口商品报关进口后征收的税种。《中华人民共和国增值税暂行条例》规定，进口应税产品均按组成计税价格和增值税税率直接计算应纳税额。进口环节增值税额可按式（2-51）、式（2-52）计算。

$$进口环节增值税额=组成计税价格\times 增值税税率 \quad (2\text{-}51)$$

$$组成计税价格=进口设备到岸价+关税+消费税 \quad (2\text{-}52)$$

其中，增值税税率根据规定的税率计算。

（6）车辆购置税。进口车辆需缴车辆购置税。车辆购置税可按式（2-53）计算。

车辆购置税 =（进口设备到岸价 + 关税 + 消费税）× 车辆购置税税率　（2-53）

【例 2-2】 从国外进口某设备，其质量为 1000 吨，装运港船上交货价为 400 万美元，工程建设项目位于国内某省会城市。如果国际运费标准为 300 美元 / 吨，海上运输保险费率为 3‰，银行财务费率为 5‰，外贸手续费率为 1.5%，关税税率为 20%，增值税税率为 13%，消费税税率为 10%，银行外汇牌价为 1 美元 = 6.9 元人民币。试对该进口设备原价进行估算。

【解】

$$\text{FOB}=400\times6.9=2760（万元）$$

$$国际运费=300\times1000\times6.9=2070000（元）=207（万元）$$

$$运输保险费=\frac{2760+207}{1-3‰}\times3‰\approx8.93（万元）$$

$$\text{CIF}=2760+207+8.93=2975.93（万元）$$

$$银行财务费=2760\times5‰=13.8（万元）$$

$$外贸手续费=2975.93\times1.5\%\approx44.64（万元）$$

$$关税=2975.93\times20\%\approx595.19（万元）$$

$$消费税=\frac{2975.93+595.19}{1-10\%}\times10\%\approx396.79（万元）$$

$$进口环节增值税=（2975.93+595.19+396.79）\times13\%\approx515.83（万元）$$

$$进口从属费=13.8+44.64+595.19+396.79+515.83=1566.25（万元）$$

$$进口设备原价=2975.93+1566.25=4542.18（万元）$$

3. 设备运杂费的组成和计算

1）设备运杂费的组成

设备运杂费是指国内采购设备自来源地、国外采购设备自到岸港运至工地仓库或指定堆放地点发生的采购、运输、运输保险、保管、装卸等费用。通常由下列各项组成。

（1）运费和装卸费：国产设备由设备生产厂交货地点起至工地仓库（或施工组织设计指定的需要安装设备的堆放地点）止所发生的运费和装卸费；进口设备则由我国到岸港口或边境车站起至工地仓库（或施工组织设计指定的需安装设备的堆放地点）止所发生的运费和装卸费。

（2）包装费：是指在设备原价中没有包含的，为运输而进行的包装支出的各种费用。

（3）设备供销部门的手续费：按有关部门规定的统一费率计算。

（4）采购与仓库保管费：是指采购、验收、保管和收发设备所发生的各种费用，包括设备采购人员、保管人员和管理人员的工资、工资附加费、办公费、差旅交通费，设备供应部门办公和仓库所占固定资产使用费、工具用具使用费、劳动保护费、检验试验费等。这些费用可按主管部门规定的采购与保管费率计算。

2）设备运杂费的计算

设备运杂费可按式（2-54）计算。

设备运杂费 = 设备原价 × 设备运杂费率 （2-54）

其中，设备运杂费率按各部门及省、市有关规定计取。

4. 备品备件费

对于备品备件费，应根据采购设备时是否包含区别对待：对设备原价中已经包含备品备件费的，不必再单独计算；只有当设备原价中没有包含备品备件费时，才应按照式（2-55）计算。

备品备件费 = 设备原价 × 备品备件费率 （2-55）

2.4.2 工器具及生产家具购置费的组成和计算

工器具及生产家具购置费是指新建或扩建项目初步设计规定的，保证初期正常生产必须购置的没有达到固定资产标准的设备、仪器、工卡模具、器具、生产家具和备品备件等的购置费用。一般以设备购置费为计算基础，按照部门或行业规定的工器具及生产家具费率（定额费率），按式（2-56）计算。

工器具及生产家具购置费 = 设备购置费 × 定额费率 （2-56）

2.5 工程建设其他费用

工程建设其他费用，是指从工程筹建起到工程竣工验收交付使用止的整个建设期间，根据设计文件要求和国家有关规定，为保证工程建设顺利完成和交付使用后能够正常发挥效用而发生的，与土地使用权取得、整个工程项目建设以及未来生产经营有关的，除工程费用、预备费、建设期利息、流动资金等以外的费用。

政府有关部门对建设项目管理监督所发生的，并由其部门财政支出的费用，不得列入相应建设项目的工程造价。

工程建设其他费用分为三类：第一类指土地使用权购置或取得的费用；第二类指与整个工程建设有关的各类其他费用；第三类指与未来企业生产经营有关的其他费用。工程建设其他费用主要包括项目建设管理费、建设用地费、工程准备费、配套设施费、工程咨询服务费、建设期计列的生产经营费、工程保险费、税金等。

工程建设其他费用是项目的建设投资中较常发生的费用项目，但并非每个项目都会发生这些费用项目，项目不发生的其他费用项目不计取。所以，它的特点是不属于建设项目中的任何一个工程项目，而是属于建设项目范围内的工程相关费用。

2.5.1 项目建设管理费

1. 项目建设管理费的概念和组成

项目建设管理费是指项目建设单位从项目筹建之日起至办理竣工财务决算之日止发生的管理性质的支出。

项目建设管理费内容包括：不在原单位发工资的工作人员工资及相关费用、办公费、办公场地租用费、差旅交通费、劳动保护费、工具用具使用费、固定资产使用费、招募生产工人费、技术图书资料费（含软件）、业务招待费、施工现场津贴、竣工验收费和其他管理性质开支等。

2. 项目建设管理费的计算

项目建设管理费一般按照工程费用之和（包括设备及工器具购置费和建筑安装工程费用）乘以项目建设管理费费率，按式（2-57）计算。

$$项目建设管理费=工程费用\times项目建设管理费费率 \tag{2-57}$$

实行代建制管理的项目，建设单位委托代建机构开展工程代建工作会发生代建管理费。建设项目一般不得同时列支代建管理费和项目建设管理费，确需同时发生的，两项费用之和不得高于项目建设管理费限额。

建设单位委托咨询机构进行施工项目管理服务会发生施工项目管理费。施工项目管理费从项目建设管理费中列支。

委托咨询机构行使部分管理职能的，相应费用列入工程咨询服务费项下。

2.5.2 建设用地费与工程准备费

建设用地费与工程准备费是指取得土地与工程建设施工准备所发生的费用。

1. 建设用地费

1）建设用地费的概念

建设用地费是指为获得工程项目建设用地的土地使用权所发生的费用。

土地使用权包括长期使用权和临时使用权。获取国有土地使用权的基本方法有两种：一是出让方式，二是划拨方式。建设用地取得的基本方式还可能包括转让和租赁方式。

土地使用权出让是指国家以土地所有者的身份将土地使用权在一定年限内让与土地使用者，并由土地使用者向国家支付土地使用权出让金的行为；土地使用权转让是指土地使用者将土地使用权再转移的行为，包括出售、交换和赠与；土地使用权租赁是指国家将国有土地出租给使用者使用，使用者支付金的行为，是土地使用权出让方式的补充，但对于经营性房地产开发用地，不实行租赁。

建设用地如通过行政划拨方式取得，则须承担征地补偿费或对原用地单位或个人的拆迁补偿费；若通过市场机制取得，则不但须承担以上费用，还须向土地所有者支付有偿使用费，即土地使用权出让金。

2）建设用地费的组成

（1）征地补偿费。征地补偿费由以下几个部分构成。

① 土地补偿费。土地补偿费是对农村集体经济组织因土地被征用而造成的经济损失的一种补偿。征收农用地的土地补偿费标准，由省、自治区、直辖市通过制定公布区片综合地价确定，并至少每三年调整或者重新公布一次。大中型水利、水电工程建设征

收土地的补偿费标准和移民安置办法，由国务院另行规定。土地补偿费归农村集体经济组织所有。

② 青苗补偿费和地上附着物补偿费。青苗补偿费是因征地时对其上正在生长的农作物受到损害而做出的一种赔偿。在农村实行承包责任制后，农民自行承包土地的青苗补偿费应付给本人，属于集体种植的青苗补偿费可纳入当年集体收益。凡在协商征地方案后抢种的农作物、树木等，一律不予补偿。地上附着物是指房屋、水井、树木、涵洞、桥梁、公路、水利设施、林木等地面建筑物、构筑物、附着物等。如附着物产权属于个人，则该项补助费付给个人。地上附着物和青苗等的补偿标准由省、自治区、直辖市制定。对其中的农村村民住宅，应当按照先补偿后搬迁、居住条件有改善的原则，尊重农村村民意愿，采取重新安排宅基地建房、提供安置房或者货币补偿等方式给予公平、合理的补偿，并对因征收造成的搬迁、临时安置等费用予以补偿，保障农村村民居住的权利和合法的住房财产权益。

③ 安置补助费。安置补助费应支付给被征地单位和安置劳动力的单位，作为劳动安置与培训的支出，以及作为不能就业人员的生活补助。征收农用地的安置补助费标准，由省、自治区、直辖市通过制定公布区片综合地价确定，并至少每三年调整或者重新公布一次。县级以上地方人民政府，应当将被征地农民纳入相应的养老等社会保障体系。被征地农民的社会保障费用，主要用于符合条件的被征地农民的养老保险等社会保险缴费补贴，依据省、自治区、直辖市规定的标准单独列支。

④ 耕地开垦费和森林植被恢复费。国家实行占用耕地补偿制度。非农业建设经批准占用耕地的，按照“占多少，垦多少”的原则，由占用耕地的单位负责开垦与所占用耕地的数量和质量相当的耕地；没有条件开垦或者开垦的耕地不符合要求的，应当按照省、自治区、直辖市的规定缴纳耕地开垦费，专款用于开垦新的耕地。涉及占用森林草原的还应列支森林植被恢复费。

⑤ 生态补偿与压覆矿产资源补偿费。生态补偿费是指建设项目对水土保持等生态造成影响所发生的除工程费用外的补救或者补偿费用；压覆矿产资源补偿费是指建设项目对被其压覆的矿产资源利用造成影响所发生的补偿费用。

⑥ 其他补偿费。其他补偿费是指建设项目涉及的对房屋、市政、铁路、公路、管道、通信、电力、河道、水利、厂区、林区、保护区、矿区等不附属于建设用地但与建设项目相关的建筑物、构筑物或设施的拆除、迁建补偿、搬迁运输补偿等费用。

（2）拆迁补偿费。在城镇规划区内国有土地上实施房屋拆迁，拆迁人应当对被拆迁人给予补偿、安置。

① 拆迁补偿金。补偿方式可以实行货币补偿，也可以实行房屋产权调换。

货币补偿的金额，根据被拆迁房屋的区位、用途、建筑面积等因素，以房地产市场评估价格确定，具体办法由省、自治区、直辖市人民政府制定。

实行房屋产权调换的，拆迁人与被拆迁人按照计算得到的被拆迁房屋的补偿金额和所调换房屋的价格，结清产权调换的差价。

② 迁移补偿费。迁移补偿费包括征用土地上的房屋及附属构筑物、城市公共设施等拆除、迁建的补偿费和搬迁运输费，企业单位因搬迁造成的减产、停工损失补贴费，

拆迁管理费等。

拆迁人应当对被拆迁人或者房屋承租人支付搬迁补助费，对于在规定的搬迁期限届满前搬迁的，拆迁人可以对这部分使用人支付一定的提前搬家奖励费；在过渡期限内，被拆迁人或者房屋承租人自行安排住处的，拆迁人应当支付临时安置补助费，被拆迁人或者房屋承租人使用拆迁人提供的周转房的，拆迁人不支付临时安置补助费。

迁移补偿费的标准，由省、自治区、直辖市人民政府制定。

（3）土地使用权出让金。以出让等有偿使用方式取得国有土地使用权的建设单位，按照国务院规定的标准和办法，缴纳土地使用权出让金等土地有偿使用费和其他费用后，方可使用土地。土地使用权出让金为用地单位向国家支付的土地所有权收益，出让金标准一般参考城市基准地价并结合其他因素制定。基准地价是指在城镇规划区范围内，对不同级别的土地或者土地条件相当的均质地域，按照商业、居住、工业等用途分别评估，并由市、县及以上人民政府公布的国有土地使用权的平均价格。

在有偿出让和转让土地时，政府对地价不做统一规定，但应坚持以下原则：地价对目前的投资环境不产生大的影响；地价与当地的社会经济承受能力相适应；地价要考虑已投入的土地开发费用、土地市场供求关系、土地用途、所在区类、容积率和使用年限等。有偿出让和转让使用权，要向土地受让者征收契税；转让土地如有增值，要向转让者征收土地增值税；土地使用者每年应按规定的标准缴纳土地使用费。土地使用权出让或转让，应先由地价评估机构进行价格评估后，再签订土地使用权出让和转让合同。

土地使用权出让合同约定的使用年限届满，土地使用者需要继续使用土地的，应当至迟于届满前一年申请续期，除根据社会公共利益需要收回该幅土地的，应当予以批准。经批准准予续期的，应当重新签订土地使用权出让合同，依照规定支付土地使用权出让金。

2. 工程准备费

工程准备费是指建设单位为工程施工准备所发生的费用，包括场地准备费及临时设施费等。

1）场地准备费及临时设施费的概念和内容

（1）场地准备费。场地准备费是指为使工程项目的建设场地达到开工条件，由建设单位组织进行的场地平整和地上余留设施拆除清理等准备工作而发生的费用。

（2）临时设施费。临时设施费是指建设单位为满足施工建设需要而提供的未列入工程费用的临时水、电、路、信、气、热等工程和临时仓库等建（构）筑物的建设、维修、拆除摊销费用或租赁费用，以及货场、码头租赁等费用。

2）场地准备及临时设施费的计算

（1）场地准备及临时设施，应尽量与永久性工程统一考虑。建设场地的大型土石方工程应计入工程费用中的总图运输费用中。

（2）新建项目的场地准备及临时设施费，应根据实际工程量估算，或按工程费用的比例计算；改扩建项目一般只计拆除清理费。

$$场地准备及临时设施费 = 工程费用 \times 费率 + 拆除清理费 \tag{2-58}$$

（3）发生拆除清理费时，可按新建同类工程造价或主材费、设备费的比例计算。凡可回收材料的拆除工程，采用以料抵工方式冲抵拆除清理费。

（4）此项费用不包括已列入建筑安装工程费用中的施工单位临时设施费用。

2.5.3 配套设施费

1. 城市基础设施配套费

城市基础设施配套费是指建设单位向政府有关部门缴纳的，用于城市基础设施和城市公用设施建设的专项费用。

2. 人防易地建设费

人防易地建设费是指建设单位因地质、地形、施工等客观条件限制，无法修建防空地下室的，按照规定标准向人民防空主管部门缴纳的人防易地建设费。

2.5.4 工程咨询服务费

工程咨询服务费是指建设单位在项目建设全过程中委托咨询机构提供经济、技术、法律等服务所需的费用。工程咨询服务费包括可行性研究费、专项评价费、勘察设计费、监理费、研究试验费、特殊设备安全监督检验费、招标代理费、设计评审费、技术经济标准使用费、工程造价咨询费、竣工图编制费等。

按照《国家发展改革委关于进一步放开建设项目专业服务价格的通知》（发改价格〔2015〕299号）的规定，工程咨询服务费应实行市场调节价。

1. 可行性研究费

可行性研究费是指在工程项目投资决策阶段，对有关建设方案、技术方案或生产经营方案进行的技术经济论证，以及编制、评审可行性研究报告等所需的费用。可行性研究费包括项目建议书、预可行性研究、可行性研究费等。

2. 专项评价费

专项评价费是指建设单位按照国家规定委托相关单位开展专项评价及有关验收工作发生的费用。专项评价费包括环境影响评价费、安全预评价费、职业病危害预评价费、地质灾害危险性评价费、水土保持评价费、压覆矿产资源评价费、节能评估费、危险与可操作性分析及安全完整性评价费，以及其他专项评价费。

（1）环境影响评价费。环境影响评价费是指在工程项目投资决策过程中，为全面、详细评价建设项目对环境可能产生的污染或造成的重大影响，对其进行环境污染或影响评价所需的费用。环境影响评价费包括编制环境影响报告书（含大纲）、环境影响报告表和评估等所需的费用，以及建设项目竣工验收阶段环境保护验收监测与调查、编制环境保护验收报告的费用。

（2）安全预评价费。安全预评价费是指为预测和分析建设项目存在的危害因素种类和危险危害程度，提出先进、科学、合理可行的安全技术和管理对策，而编制评价大纲、编写安全评价报告书和评估等所需的费用。

（3）职业病危害预评价费。职业病危害预评价费是指建设项目因可能产生职业病危害，而编制职业病危害预评价书、职业病危害控制效果评价书和评估所需的费用。

（4）地质灾害危险性评价费。地质灾害危险性评价费是指在地质灾害易发区对建设项目可能诱发的地质灾害和建设项目本身可能遭受的地质灾害危险程度的预测评价，编制评价报告书和评估所需的费用。

（5）水土保持评价费。水土保持评价费是指对建设项目在生产建设过程中可能造成的水土流失进行预测，编制水土保持方案和评估所需的费用。

（6）压覆矿产资源评价费。压覆矿产资源评价费是指对需要压覆重要矿产资源的建设项目，编制压覆重要矿床评价和评估所需的费用。

（7）节能评估费。节能评估费是指对建设项目的能源利用是否科学合理进行分析评估，并编制节能评估报告以及评估所发生的费用。

（8）危险与可操作性分析及安全完整性评价费。危险与可操作性分析及安全完整性评价费是指对应用于生产具有流程性工艺特征的新建、改建、扩建项目进行工艺危害分析，对安全仪表系统的设置水平及可靠性进行定量评估所发生的费用。

（9）其他专项评价费。其他专项评价费是指除上述费用外，根据国家法律、法规，建设项目所在省、自治区、直辖市人民政府有关规定，以及行业规定，需进行的其他专项评价、评估、咨询所需的费用，如重大投资项目社会稳定风险评估、防洪评价、交通影响评价费等。

3. 勘察设计费

勘察设计费是指建设单位委托勘察设计单位进行工程水文地质勘察、设计所发生的各项费用。勘察设计费包括勘察费和设计费。

（1）勘察费。勘察费是指勘察单位根据建设单位的委托，收集已有资料、现场踏勘、制订勘察纲要，进行测绘、勘探、取样、试验、测试、检测、监测作业，以及编制工程勘察文件和岩土工程设计文件等收取的费用。

（2）设计费。设计费是指设计单位根据建设单位的委托，提供编制建设项目方案设计、初步设计、施工图设计、非标准设备设计文件等服务所收取的费用。

4. 监理费

监理费是指建设单位委托监理机构开展工程建设监理工作或设备监造服务所需的费用。

5. 研究试验费

研究试验费是指为建设项目提供或验证设计参数、数据、资料等进行必要的研究试验，以及设计规定在建设过程中必须进行试验、验证所需的费用。研究试验费包括自行或委托其他部门研究试验所需的人工费、材料费、试验设备及仪器使用费等。

这项费用按照设计单位根据本工程项目的需要提出的研究试验内容和要求计算。在计算时要注意不应包括以下项目。

（1）应由科技三项费用（即新产品试制费、中间试验费和重要科学研究补助费）开支的项目。

（2）应在建筑安装费用中列支的施工企业对建筑材料、构件和建筑物进行一般鉴定、检查所发生的费用及技术革新的研究试验费。

（3）应由勘察设计费或工程费用中开支的项目。

6. 特殊设备安全监督检验费

特殊设备安全监督检验费是指安全监督部门对在施工现场安装的列入国家特种设备范围内的设备（设施）检验检测和监督检查所发生的应列入项目开支的费用。特殊设备安全监督检验费包括在施工现场安（组）装的锅炉及压力容器、压力管道、消防设备、燃气设备、电梯、安全阀等特殊设备和设施。

特殊设备安全监督检验费按照建设项目所在省、自治区、直辖市安全监督部门的规定标准计算。无具体规定的，在编制投资估算和概算时可按受检设备现场安装费的比例估算。

7. 招标代理费

招标代理费是指建设单位委托招标代理机构进行招标服务工作所需的费用。

8. 设计评审费

设计评审费是指建设单位委托相关机构对设计文件进行评审所需的费用。设计评审费包括初步设计文件和施工图设计文件等的评审费用。

9. 技术经济标准使用费

技术经济标准使用费是指建设项目投资确定与计价、费用控制过程中使用相关技术经济标准时所发生的费用。

10. 工程造价咨询费

工程造价咨询费是指建设单位委托工程造价咨询机构开展造价咨询工作所需的费用。

11. 竣工图编制费

竣工图编制费是指建设单位委托相关机构编制竣工图所需的费用。

2.5.5 建设期计列的生产经营费

建设期计列的生产经营费是指为达到生产经营条件在建设期发生或将要发生的费用。建设期计列的生产经营费包括专利及专有技术使用费、联合试运转费、生产准备费等。

1. 专利及专有技术使用费

专利及专有技术使用费是指在建设期内为取得专利、专有技术、商标权、商誉、特许经营权等发生的费用。

1）专利及专有技术使用费的主要内容

（1）工艺包费、设计及技术资料费、有效专利使用费、专有技术使用费、技术保密费和技术服务费等。

（2）商标权、商誉和特许经营权费。

（3）软件费等。

2）专利及专有技术使用费的计算

在专利及专有技术使用费的计算时应注意以下问题。

（1）按专利使用许可协议和专有技术使用合同的规定计列。

（2）专有技术的界定应以省、部级鉴定批准为依据。

（3）项目投资中只计需在建设期支付的专利及专有技术使用费。协议或合同规定在生产期支付的使用费应在生产成本中核算。

（4）一次性支付的商标权、商誉和特许经营权费按协议或合同规定计列。协议或合同规定在生产期支付的商标权或特许经营权费应在生产成本中核算。

（5）为项目配套的专用设施投资，包括专用铁路线、专用公路、专用通信设施、送变电站、地下管道、专用码头等，如由项目建设单位负责投资但产权不归属本单位的，应作为无形资产处理。

2. 联合试运转费

联合试运转费是指新建或新增加生产能力的工程项目，在交付生产前按照设计文件规定的工程质量标准和技术要求，对整个生产线或装置进行负荷联合试运转所发生的费用净支出（试运转支出大于收入的差额部分费用）。

试运转支出包括试运转所需原材料、燃料及动力消耗、低值易耗品、其他物料消耗、工具用具使用费、机械使用费、联合试运转人员工资、施工单位参加试运转人员工资、专家指导费，以及必要的工业炉烘炉费等；试运转收入包括试运转期间的产品销售收入和其他收入。

联合试运转费不包括应由设备安装工程费开支的调试及试车费用，以及在试运转中暴露出来的因施工原因或设备缺陷等发生的处理费用。

3. 生产准备费

1）生产准备费的概念和内容

生产准备费是指在建设期内，建设单位为保证项目正常生产而发生的人员培训费、提前进厂费，以及投产使用必需的办公、生活家具用具及工器具等的购置费用。生产准备费包括以下内容。

（1）人员培训费及提前进厂费：包括自行组织培训或委托其他单位培训的人员工资、工资性补贴、职工福利费、差旅费、劳动保护费、学习资料费等。

（2）为保证初期正常生产（或营业、使用）必需的办公、生活家具用具购置费。

（3）为保证初期正常生产（或营业、使用）必需的第一套不够固定资产标准的生产工具、器具、用具购置费（不包括应计入设备购置费中的备品备件费）。

2）生产准备费的计算方法

（1）新建项目以设计定员为基数计算，改扩建项目以新增设计定员为基数计算，具体可按式（2-59）计算。

$$生产准备费 = 设计定员 \times 生产准备费指标（元/人） \quad (2-59)$$

（2）可采用综合的生产准备费指标进行计算，也可以按上述费用内容分类计算。

2.5.6 工程保险费

工程保险费是指在建设期内对建筑工程、安装工程和设备，以及工程质量潜在缺陷等进行投保所需的费用。工程保险费包括建筑安装工程一切险、进口设备财产险和工程质量潜在缺陷险等。工程保险费是为转移工程建设的意外风险而发生的费用，不同的建设项目可根据工程特点选择投保险种。

工程保险费根据工程类别的不同，分别以其建筑、安装工程费乘以建筑、安装工程保险费率计算，具体如下。

（1）民用建筑，包括住宅楼、综合性大楼、商场、旅馆、医院、学校等，按照建筑工程费的 2‰ ～ 4‰ 计算。

（2）其他建筑，包括工业厂房、仓库、道路、码头、水坝、隧道、桥梁、管道等，按照建筑工程费的 3‰ ～ 6‰ 计算。

（3）安装工程，包括农业、工业、机械、电子、电器、纺织、矿山、石油、化学及钢铁工业、钢结构桥梁等，按照建筑工程费的 3‰ ～ 6‰ 计算。

2.5.7 税金

税金是指按财政部发布的《基本建设项目建设成本管理规定》，统一归纳计列的城镇土地使用税、耕地占用税、契税、车船税、印花税等除增值税外的税金。

2.5.8 补充说明

一般建设项目很少发生或一些具有较明显行业特征的工程建设其他费用项目，如移民安置费、水资源费、水土保持补偿费、地震安全性评价费、地质灾害危险性评价费、河道占用补偿费、超限设备运输特殊措施费、航道维护费、植被恢复费、种质检测费、引种测试费等，各省（自治区、直辖市）、各部门可在实施办法中补充，或当具体项目发生时依据有关政策规定计取。

2.6 预备费和建设期利息

2.6.1 预备费

预备费又称不可预见费，是指在建设期内因各种不可预见因素的变化而预留的可能增加的费用。我国现行规定的预备费包括基本预备费和价差预备费。

1. 基本预备费

1）基本预备费的概念和组成

基本预备费是指投资估算或工程概算阶段预留的，由于工程项目实施过程中发生难以预料的事件可能增加的费用，也称工程建设不可预见费。基本预备费一般由以下四部分组成。

（1）工程变更及洽商的费用：在批准的初步设计范围内，技术设计、施工图设计及施工过程中所增加的工程费用；设计变更、工程变更、材料代用、局部地基处理等增加的费用。

（2）一般自然灾害处理的费用：一般自然灾害造成的损失和预防自然灾害所采取的措施费用。实行工程保险的工程项目，该费用应适当降低。

（3）不可预见的地下障碍物处理的费用。

（4）超规超限设备运输增加的费用。

2）基本预备费的计算

基本预备费以工程费用和工程建设其他费用二者之和为计取基础，乘以基本预备费费率，按式（2-60）进行计算。

基本预备费 =（工程费用 + 工程建设其他费用）× 基本预备费费率　　（2-60）

基本预备费费率的取值应执行国家及部门的有关规定。

2. 价差预备费

1）价差预备费的概念和组成

价差预备费是指为在建设期内利率、汇率或价格等因素的变化而预留的可能增加的费用，也称价格变动不可预见费。价差预备费的内容包括人工、设备、材料、施工机具的价差费，利率、汇率调整等增加的费用。

2）价差预备费的测算方法

价差预备费一般根据国家规定的投资综合价格指数，以估算年份价格水平的投资额为基数，采用复利方法计算。价差预备费一般按式（2-61）计算。

$$P=\sum_{t=1}^{n} I_t[(1+f)^m(1+f)^{0.5}(1+f)^{t-1}-1] \tag{2-61}$$

式中，P——价差预备费；

n——建设期年份数；

I_t——建设期第 t 年的静态投资计划额，包括工程费用、工程建设其他费用及基本预备费；

f——投资价格指数；

t——建设期第 t 年；

m——建设前期年限（从编制估算到开工建设），年。

价差预备费中的投资价格指数按国家颁布的计取，当前暂时为零，计算式中（1+f）$^{0.5}$表示建设期第 t 年当年投资分期均匀投入考虑涨价的幅度，对设计建设周期较短的项目价差预备费计算公式可简化处理。特殊项目或必要时可进行项目未来价差分析预测，确定各时期投资价格指数。

【例 2-3】某项目建筑安装工程费用为 5000 万元，设备购置费为 3000 万元，工程建设其他费用为 2000 万元。已知基本预备费率为 5%，项目建设前期年限为 1 年，建设期为 3 年，各年投资计划额为：第一年完成投资 20%，第二年完成投资 60%，第三年完成投资 20%。年均投资价格上涨率为 6%，求该项目建设期的价差预备费。

【解】 基本预备费 =（5000+3000+2000）× 5%=500（万元）

静态投资 =5000+3000+2000+500=10500（万元）

建设期第一年完成的投资 =10500 × 20%=2100（万元）

第一年的价差预备费：$P_1 = I_1\left[(1+f)\ (1+f)^{0.5}-1\right] \approx 191.8$（万元）

第二年完成的投资 =10500 × 60%=6300（万元）

第二年的价差预备费：$P_2 = I_2\left[(1+f)(1+f)^{0.5}(1+f)-1\right] \approx 987.9$（万元）

第三年完成的投资 =10500 × 20%=2100（万元）

第三年的价差预备费：$P_3 = I_3\left[(1+f)\ (1+f)^{0.5}(1+f)^2-1\right] \approx 475.1$（万元）

所以，建设期的价差预备费：

P=191.8+987.9+475.1=1654.8（万元）

2.6.2 建设期利息

建设期利息主要是指在建设期内发生的为工程项目筹措资金的融资费用及债务资金利息。

建设期利息的计算，根据建设期资金用款计划、不同资金来源及利率分别计算。当总贷款分年均衡发放时，建设期利息的计算可按当年借款在年中支用考虑，即当年贷款按半年计息，上年贷款按全年计息，一般可按式（2-62）计算。

$$Q = \sum_{j=1}^{n}(P_{j-1} + A_j / 2)i \tag{2-62}$$

式中，Q——建设期利息；

P_{j-1}——建设期第（j–1）年年末贷款累计金额与利息累计金额之和；

A_j——建设期第 j 年贷款金额；

i——贷款年利率；

n——建设期年数。

在国外贷款利息的计算中，年利率还应包括国外贷款银行根据贷款协议向贷款方加收的手续费、管理费、承诺费，以及国内代理机构经国家主管部门批准的以年利率的方式向贷款单位收取的转贷费、担保费、管理费等。

【例 2-4】某新建项目，建设期 3 年，分年均衡进行贷款，第一年贷款 300 万元，第二年贷款 600 万元，第三年贷款 400 万元，年利率为 12%，建设期内利息只计息不支付，计算建设期利息。

【解】在建设期，各年利息计算如下。

$$Q_1=\frac{1}{2}A_1\times i=\frac{1}{2}\times 300\times 12\%=18\text{（万元）}$$

$$Q_2=\left(P_2+\frac{1}{2}A_2\right)\times i=\left(300+18+\frac{1}{2}\times 600\right)\times 12\%=74.16\text{（万元）}$$

$$Q_3=\left(P_3+\frac{1}{2}A_3\right)\times i=\left(300+18+600+74.16+\frac{1}{2}\times 400\right)\times 12\%\approx 143.06\text{（万元）}$$

所以，建设期利息 $=Q_1+Q_2+Q_3=18+74.16+143.06=235.22$（万元）

以上工程项目的投资可分为静态投资和动态投资两部分。

（1）静态投资是指以编制投资计划或概预算造价时的社会整体物价水平和银行利率、汇率、税率等为基本参数，按照有关文件规定计算得出的建设工程投资额。其内容包括建筑工程费、设备及工器具购置费、安装工程费、工程建设其他费用和基本预备费。

（2）动态投资是指在建设期内，因建设工程贷款利息、汇率变动及建设期间由于物价变动等引起的建设工程投资增加额。

2.7 建筑安装工程计价程序

建筑安装工程各项费用之间存在着密切的内在联系，因此，费用计算必须按照一定的程序进行，避免重项或漏项，做到计算清晰、结果准确。在进行建筑安装工程费用计算时，要按照当地当时的费用项目构成、费用计算方法等，遵照一定的程序进行。

2.7.1 采用工程量清单计价时，单位工程费用计算程序

1. 分部分项工程（单价措施项目）综合单价计算程序

采用工程量清单计价时，分部分项工程（单价措施项目）综合单价计算程序，见表 2-1。

表 2-1 分部分项工程（单价措施项目）综合单价计算程序

序号	费用名称	计算方法
（1）	人工费	$\sum$工日消耗量 × 人工单价

续表

序号	费用名称	计算方法
(2)	人工费价差	∑工日消耗量 ×（合同约定或建设行政主管部门最新发布的人工单价 – 原人工单价）
(3)	材料费	∑（材料消耗量 × 除税材料单价）
(4)	材料风险费	∑（相应除税材料单价 × 费率 × 材料消耗量）
(5)	机械费	∑（机械消耗量 × 除税台班单价）
(6)	机械风险费	∑（相应除税台班单价 × 费率 × 机械消耗量）
(7)	企业管理费	(1) × 费率
(8)	利润	(1) × 费率
(9)	综合单价	(1) + (2) + (3) + (4) + (5) + (6) + (7) + (8)

2. 单位工程费用计算程序

采用工程量清单计价时，单位工程费用计算程序，见表 2-2。

表 2-2 单位工程费用计算程序

序号	费用名称	计算方法
(一)	分部分项工程费	∑（分部分项工程量 × 相应综合单价）
(A)	其中：人工费	∑工日消耗量 × 人工单价
(二)	措施项目费	(1) + (2)
(1)	单价措施项目费	∑（措施项目工程量 × 相应综合单价）
(B)	其中：人工费	∑工日消耗量 × 人工单价
(2)	总价措施项目费	① + ② + ③
①	安全文明施工费	[(一) + (1) – 除税工程设备金额] × 费率
②	其他措施项目费	[(A) + (B)] × 费率
③	专业工程措施项目费	根据工程情况确定
(三)	其他项目费	(3) + (4) + (5) + (6)
(3)	暂列金额	[(一) – 工程设备金额] × 费率（投标报价时按招标工程量清单中列出的金额填写）

续表

序号	费用名称	计算方法
(4)	专业工程暂估价	根据工程情况确定（投标报价时按招标工程量清单中列出的金额填写）
(5)	计日工	根据工程情况确定
(6)	总承包服务费	供应材料费用、设备安装费用或发包人发包的专业工程的（分部分项工程费 + 措施项目费）× 费率
(四)	规费	[(A) + (B) + 人工费价差] × 费率
(五)	税金	[(一) + (二) + (三) + (四)] × 税率
(六)	含税工程造价	(一) + (二) + (三) + (四) + (五)

2.7.2 采用定额计价时，单位工程费用计算程序

采用定额计价时，单位工程费用计算程序，见表 2-3。

表 2-3 采用定额计价时，单位工程费用计算程序

序号	费用名称	计算方法
(一)	分部分项工程费	按计价定额实体项目计算的基价之和
(A)	其中：人工费	$\sum$工日消耗量 × 人工单价
(二)	措施项目费	(1) + (2)
(1)	单价措施项目费	按计价定额措施项目计算的基价之和
(B)	其中：人工费	$\sum$工日消耗量 × 人工单价
(2)	总价措施项目费	① + ② + ③
①	安全文明施工费	[(一) + (三) + (四) + (1) + (7) + (8) + (9) − 除税工程设备金额] × 费率
②	其他措施项目费	[(A) + (B)] × 费率
③	专业工程措施项目费	根据工程情况确定
(三)	企业管理费	[(A) + (B)] × 费率
(四)	利润	[(A) + (B)] × 利润率
(五)	其他项目费	(3) + (4) + (5) + (6) + (7) + (8) + (9)
(3)	暂列金额	[(一) − 工程设备金额] × 费率（投标报价时按招标工程量清单中列出的金额填写）
(4)	专业工程暂估价	根据工程情况确定（投标报价时按招标工程量清单中列出的金额填写）
(5)	计日工	根据工程情况确定
(6)	总承包服务费	供应材料费用、设备安装费用或发包人发包的专业工程的（分部分项工程费 + 措施项目费 + 企业管理费 + 利润）× 费率

续表

序号	费用名称	计算方法
（7）	人工费价差	合同约定或［省建设行政主管部门最新发布的人工单价 – 人工单价］× $\sum$ 工日消耗量
（8）	材料费价差	$\sum$［除税材料实际价格（或信息价格、价差系数）与省计价定额中除税材料价格的（±）差价 × 材料消耗量］
（9）	机械费价差	$\sum$［省建设行政主管部门发布的除税机具费价格与省计价定额中除税机具费价格的（±）差价 × 机械消耗量］
（六）	规费	［（A）+（B）+（7）］× 费率
（七）	税金	［（一）+（二）+（三）+（四）+（五）+（六）］× 税率
（八）	含税工程造价	（一）+（二）+（三）+（四）+（五）+（六）+（七）

需要说明的是，在对实际工程项目进行费用计算时，一定要按照工程所在省、自治区、直辖市正在执行的相关造价文件规定进行。

一、单项选择题

1. 我国现行建设项目工程造价构成中，工程建设其他费用包括（　　）。

A. 基本预备费　　B. 增值税

C. 资金筹措费　　D. 与未来生产经营有关的其他费用

2. 根据我国现行建筑安装工程费用构成的相关规定，下列费用中属于安装工程费用的是（　　）。

A. 设备基础的砌筑工程或金属结构工程费用

B. 房屋建筑工程供水、供暖等设备费用

C. 对系统设备进行系统联运无负荷试运转工作的调试费

D. 对整个生产线负荷联合试运转所发生的费用

3. 根据我国现行建筑安装工程费用项目组成的规定，下列有关费用的表述不正确的是（　　）。

A. 人工费是指支付给直接从事建筑安装工程施工作业的生产工人的各项费用

B. 材料费中的材料单价由材料原价、材料运杂费、材料损耗费、采购及保管费组成

C. 材料费包含构成或计划构成永久工程一部分的工程设备费

D. 施工机具使用费包含仪器仪表使用费

4. 下列费用中，不属于建筑安装工程人工费的是（　　）。

A. 生产工人的流动施工津贴

B. 生产工人的增收节支奖金
C. 生产工人的技能培训费
D. 生产工人在法定节假日的加班工资
5. 下列费用中，(　　) 属于规费的项目。

A. 税金　　B. 工会经费
C. 劳动保险和职工福利费　　D. 住房公积金

二、填空题

1. 构成永久工程的工程设备应计入________。
2. 施工机械在运转作业中所消耗的各种燃料及水、电等燃料动力费属于________。
3. 采用一般计税方法计算增值税时，建筑业增值税的税率为________。
4. 设备购置费由________和________组成。
5. 在建设期内因各种不可预见因素的变化而预留的可能增加的费用称为预备费，包括________和________。

三、名词解释

1. 人工费
2. 措施项目费
3. 设备购置费
4. 计日工

四、简答题

1. 按工程造价形成划分，建筑安装工程费用由哪些费用组成？
2. 措施项目费包含哪些费用？
3. 施工机械台班单价由哪些费用组成？
4. 安全文明施工费包括哪些内容？
5. 设备购置费包括哪些内容？

五、计算题

1. 某项目总投资 1300 万元，分三年均衡发放，第一年投资 300 万元，第二年投资 600 万元，第三年投资 400 万元，建设期内年利率为 6%，则建设期应付利息是多少？

2. 某公司拟从国外进口一套设备，设备 FOB 为 830 万元，国外运费为 160 万元，海上运输保险费率为 0.05%，银行财务费率为 0.5%，外贸手续费率为 1.5%，关税税率为 10%，增值税税率为 13%，设备国内运杂费率为 2.5%，则该进口设备报价为多少？

第3章 工程计量与计价依据

知识结构图

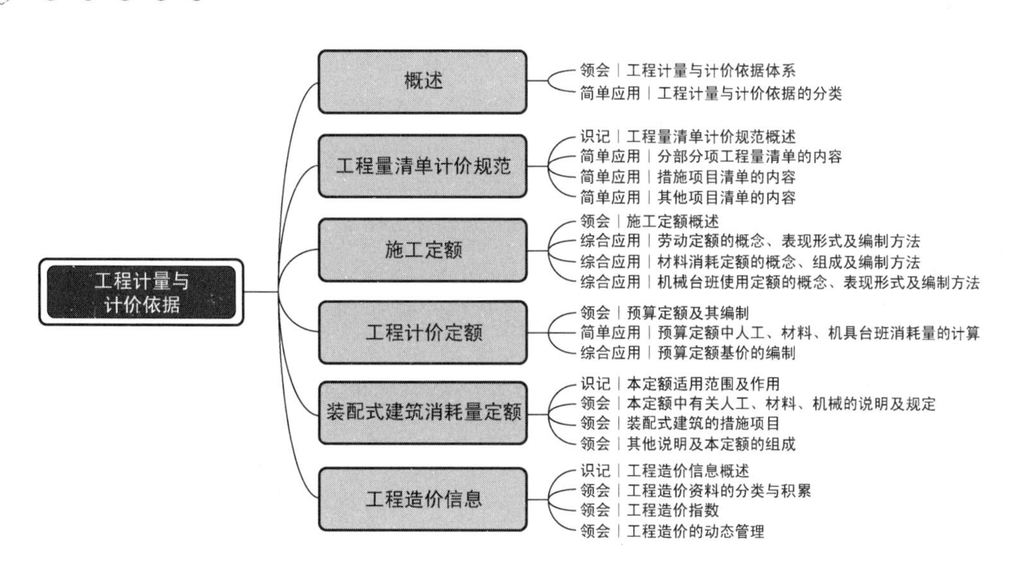

3.1 概　　述

3.1.1 工程计量与计价依据体系

按照我国工程计量与计价依据的编制和管理权限的规定，目前我国已经形成了由国家法律法规、标准、定额，国务院有关建设主管部门的规章、相关政策文件，各省（自治区、直辖市）以及协会的标准等相互支持、互为补充的工程计量与计价依据体系，如图 3.1 所示。

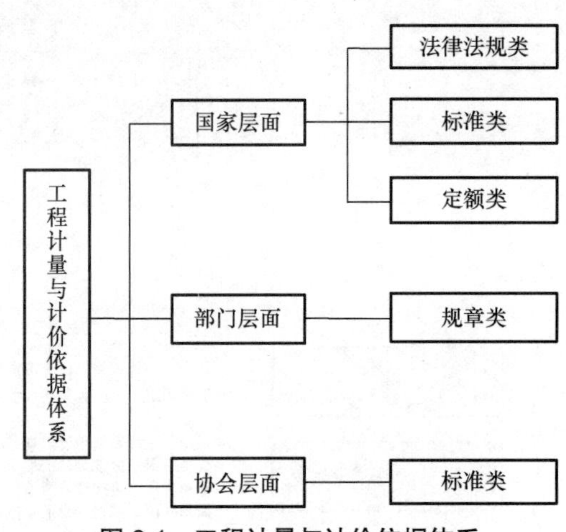

图 3.1　工程计量与计价依据体系

3.1.2 工程计量与计价依据的分类

工程计量与计价依据是计算工程造价各类基础资料的总称。由于影响工程造价的因素很多，每一个工程的造价都要根据工程的用途、类别、结构特征、建设标准、所在地区和坐落地点、市场价格信息，以及政府的产业政策、税收政策和金融政策等做具体计算，因此就需要把确定上述因素相关的各种量化定额或指标等作为计量与计价的基础。工程计量与计价依据除法律法规规定的以外，一般以合同形式加以确定。

工程计量与计价依据必须满足以下要求。

（1）准确可靠，符合实际。

（2）可信度高，具有权威。

（3）数据化表达，便于计算。

（4）定性描述清晰，便于正确利用。

1. 按用途分类

工程造价的计价依据按用途分类，概括起来有七大类 20 小类。

1）规范类的工程计价依据

（1）国家标准《建设工程工程量清单计价规范》（GB 50500—2013）、《房屋建筑与装饰工程工程量计算规范》（GB 50854—2013）、《通用安装工程工程量计算规范》（GB 50856—2013）（各专业工程工程量计算规范以下简称为“计量规范”）、《建筑工程建筑面积计算规范》（GB/T 50353—2013）等。

（2）有关行业主管部门发布的规章、规范。

（3）行业协会推荐性规程，如中国建设工程造价管理协会发布的《建设项目投资估算编审规程》（CECA/GC 1—2015）、《建设项目设计概算编审规程》（CECA/GC 2—2015）、《建设项目工程结算编审规程》（CECA/GC 3—2010）、《建设项目全过程造价咨询规程》（CECA/GC 4—2017）等。

2）计算设备数量和工程量的依据

（1）可行性研究资料。

（2）初步设计、扩大初步设计、施工图设计图纸和资料。

（3）工程变更及施工现场签证。

3）计算分部分项工程人工、材料、施工机具台班消耗量及费用的依据

（1）概算指标、概算定额、预算定额。

（2）人工单价。

（3）材料预算单价。

（4）施工机具台班单价。

（5）工程造价信息。

4）计算建筑安装工程费用的依据

（1）费用定额。

（2）价格指数。

5）计算设备费的依据

包括设备价格、运杂费率等。

6）计算工程建设其他费用的依据

（1）用地指标。

（2）各项工程建设其他费用定额等。

7）相关的法规和政策

（1）包含在工程造价内的税种、税率。

（2）与产业政策、能源政策、环境政策、技术政策和土地等资源利用政策有关的取费标准。

（3）利率和汇率。

（4）其他计价依据。

2. 按使用对象分类

（1）规范建设单位计价行为的依据：可行性研究资料、用地指标、工程建设其他费用定额等。

（2）规范建设单位和承包商双方计价行为的依据：包括国家标准《建设工程工程量清单计价规范》（GB 50500—2013）、“计量规范”和《建筑工程建筑面积计算规范》（GB/T 50353—2013）；行业标准和中国建设工程造价管理协会发布的建设项目投资估算、设计概算、工程结算、全过程造价咨询等规程；初步设计、扩大初步设计、施工图设计；工程变更及施工现场签证；概算指标、概算定额、预算定额；人工单价；材料预算单价；施工机具台班单价；工程造价信息；费用定额；设备价格、运杂费率等；包含在工程造价内的税种、税率；利率和汇率；经批准的前期造价文件；其他计价依据。

3.2 工程量清单计价规范

3.2.1 工程量清单计价规范概述

1. 工程量清单计价规范的组成

工程量清单计价规范是《建设工程工程量清单计价规范》（GB 50500—2013）（简称《计价规范》），“计量规范”共 9 本，包括：《房屋建筑与装饰工程工程量计算规范》（GB 50854—2013）、《仿古建筑工程工程量计算规范》（GB 50855—2013）、《通用安装工程工程量计算规范》（GB 50856—2013）、《市政工程工程量计算规范》（GB 50857—2013）、《园林绿化工程工程量计算规范》（GB 50858—2013）、《矿山工程工程量计算规范》（GB 50859—2013）、《构筑物工程工程量计算规范》（GB 50860—2013）、《城市轨道交通工程工程量计算规范》（GB 50861—2013）、《爆破工程工程量计算规范》（GB 50862—2013）。

我国目前使用的工程量清单计价规范主要用于施工图完成后进行发承包的阶段，故工程量清单的项目设置分为分部分项工程项目、措施项目、其他项目以及规费和税金项目几大类。

2. 工程量清单的概念

工程量清单是指载明建设工程分部分项工程项目、措施项目、其他项目的名称和相应数量，以及规费、税金项目等内容的明细清单。在建设工程发承包及实施过程的不同阶段，工程量清单又可分别称为招标工程量清单和已标价工程量清单。招标工程量清单是指招标人依据国家标准、招标文件、设计文件以及施工现场实际情况编制的，随招标文件发布供投标报价的工程量清单，包括其说明和表格。已标价工程量清单是指构成合同文件组成部分的投标文件中已标明价格，经算术性错误修正（如有）且承包人已确认的工程量清单，包括其说明和表格。

招标工程量清单应由招标人或招标人委托的具有相应资质的造价咨询人员编制。招标工程量清单为招标文件的组成部分，招标人应对其编制的准确性和完整性负责。投标人必须按招标工程量清单填报，不得修改和调整。招标工程量清单是工程量清单计价的基础，应作为编制招标控制价、投标报价、计算或调整工程量、索赔等的依据之一。

3.2.2 分部分项工程量清单

分部分项工程量清单必须载明项目编码、项目名称、项目特征、计量单位和工程量。分部分项工程量清单必须根据“计量规范”规定的项目编码、项目名称、项目特征、计量单位和工程量计算规则进行编制。分部分项工程量清单与计价表可按照表 3-1 的格式编制，在分部分项工程量清单的编制过程中，由招标人负责表格前六项内容的填列，金额部分在编制招标控制价或投标报价时填列。

表 3-1　分部分项工程量清单与计价表

工程名称：　　　　　　　　标段：　　　　　　　　　　　　　　　　　第　　页　共　　页

序号	项目编码	项目名称	项目特征	计量单位	工程量	金额 / 元		
						综合单价	合价	其中
								暂估价
本页小计								
合计								

1. 项目编码

项目编码是分部分项工程和措施项目清单名称的阿拉伯数字标识。分部分项工程量清单项目编码分五级设置，用十二位阿拉伯数字表示。其中一、二位为相关专业工程计量规范代码，三、四位为专业工程顺序码，五、六位为分部工程顺序码，七至九位为分项工程项目名称顺序码，这九位应按《计价规范》附录的规定设置；十至十二位为清单项目名称顺序码，应根据拟建工程的清单项目特征分别编码，由招标人针对招标工程项目具体编制，并应自 001 起顺序编制。当同一标段（或合同段）有多个单位工程，并且工程量清单以单位工程为编制对象时，这几个单位工程不能出现重码的项目。

项目编码结构如图 3.2 所示（以《房屋建筑与装饰工程工程量计算规范》（GB 50854—2013）为例）。

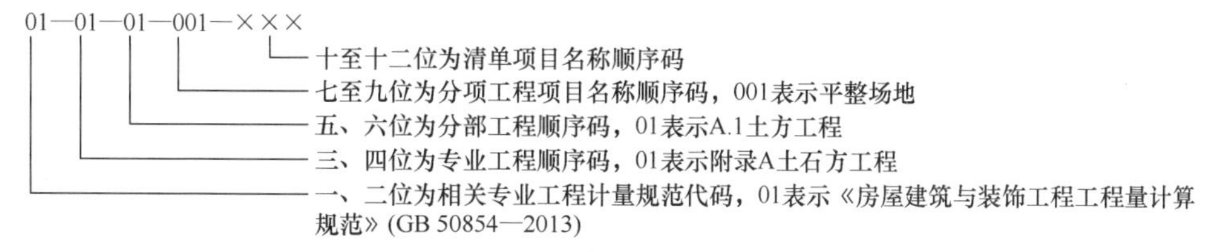

图 3.2　项目编码结构

2. 项目名称

分部分项工程量清单的项目名称应按“计量规范”附录中的项目名称结合拟建工程

的实际确定。附录中的“项目名称”为分项工程项目名称，是形成分部分项工程量清单项目名称的基础。即在编制分部分项工程量清单时，以附录中的分项工程项目名称为基础，考虑该项目的规格、型号、材质等特征要求，结合拟建工程的实际情况，使其工程量清单项目名称具体化、细化，以反映影响工程造价的主要因素。例如，“墙面一般抹灰”这一分项工程在形成工程量清单项目名称时可以细化为“外墙面抹灰”“内墙面抹灰”等。分部分项工程量清单项目名称应表达详细、准确，“计量规范”中的分项工程项目名称如有缺陷，招标人可做补充，并报当地工程造价管理机构（省级）备案。

3. 项目特征

项目特征是指构成分部分项工程项目、措施项目自身价值的本质特征。项目特征是对项目的准确描述，是确定一个清单项目综合单价不可缺少的重要依据，是区分清单项目的依据，也是履行合同义务的基础。分部分项工程量清单的项目特征应按“计量规范”附录中规定的项目特征，结合技术规范、标准图集、施工图纸，按照工程结构、使用材质及规格或安装位置等，予以详细而准确的表述和说明。凡项目特征中未描述到的其他独有特征，由清单编制人视项目具体情况确定，以准确描述清单项目为准。

在“计量规范”附录中还有关于各清单项目“工作内容”的描述。工作内容是指完成清单项目可能发生的具体工作和操作程序。但应注意的是，在编制分部分项工程量清单时，工作内容通常无须描述，因为在《计价规范》中，工程量清单项目与工程量计算规则、工作内容有一一对应关系，所以当采用《计价规范》这一标准时，工作内容按相应规定执行即可。

4. 计量单位

计量单位应采用基本单位，除各专业另有特殊规定外均按下面规定的单位计量。

（1）以质量计算的项目——吨或千克（t 或 kg）。

（2）以体积计算的项目——立方米（m^3）。

（3）以面积计算的项目——平方米（m^2）。

（4）以长度计算的项目——米（m）。

（5）以自然计量单位计算的项目——个、套、块、樘、组、台等。

（6）没有具体数量的项目——系统、项等。

各专业有特殊计量单位的，另外加以说明。当计量单位有两个或两个以上时，应根据所编工程量清单项目的特征要求，选择最适宜表现该项目特征并方便计量的单位。

计量单位的有效位数应遵守下列规定。

（1）以“t”为单位，结果应保留三位小数，第四位小数四舍五入。

（2）以“m”“m^2”“m^3”“kg”为单位，结果应保留两位小数，第三位小数四舍五入。

（3）以“个”“件”“根”“组”“系统”等为单位，结果应取整数。

5. 工程量的计算

工程量主要通过工程量计算规则计算得到。工程量计算规则是指对清单项目工程量的计算规定。除另有说明外，所有清单项目的工程量应以实体工程量为准，并以完成后的净值计算；投标人投标报价时，应在单价中考虑施工中的各种损耗和需要增加的工程量。

随着工程建设中新材料、新技术、新工艺等的不断涌现，“计量规范”附录所列的工程量清单项目不可能包含所有项目。在编制工程量清单时，当出现“计量规范”附录中未包括的清单项目时，编制人应做补充。在编制补充项目时应注意以下三个方面。

（1）补充项目的编码应按“计量规范”的规定确定。具体做法是：补充项目的编码由“计量规范”的代码与 B 和三位阿拉伯数字组成，并应从 001 起顺序编制（如房屋建筑与装饰工程如需补充项目，则其编码应从 01B001 起顺序编制），且同一招标工程的项目编码不得重复。

（2）在工程量清单中，还应附有补充项目的项目名称、项目特征、计量单位、工程量计算规则和工作内容。

（3）编制的补充项目应报省级或行业工程造价管理机构备案。

3.2.3 措施项目清单

1. 措施项目列项

措施项目是指为完成工程项目施工，发生于该工程施工准备和施工过程中的技术、生活、安全、环境保护等方面的项目。

措施项目清单应根据相关工程现行“计量规范”的规定编制，根据拟建工程的实际情况列项。例如，《房屋建筑与装饰工程工程量计算规范》（GB 50854—2013）中规定的措施项目包括脚手架工程，混凝土模板及支架（撑），垂直运输，超高施工增加，大型机械设备进出场及安拆，施工排水、降水，安全文明施工及其他措施项目。

2. 措施项目清单的标准格式

1）措施项目清单的类别

措施项目费用的发生与使用时间、施工方法或者两个以上的工序相关，并大多与实际完成的实体工程量的大小关系不大，如安全文明施工，夜间施工，非夜间施工照明，二次搬运，冬雨季施工，地上、地下设施、建筑物的临时保护设施，已完工程及设备保护，等等。但是有些非实体项目则是可以计算工程量的项目，如脚手架工程，混凝土模板及支架（撑），垂直运输，超高施工增加，大型机械设备进出场及安拆，施工排水、降水等，与完成的工程实体具有直接关系，并且是可以精确计算的项目，用分部分项工程量清单的方式采用综合单价，更有利于措施费的确定和调整。措施项目清单可以分为两类：一类是不能计算工程量的措施项目清单，为总价措施项目清单；另一类是可以计算工程量的措施项目清单，为单价措施项目清单。总价措施项目清单通常以“项”为计量单位进行编制，总价措施项目清单与计价表可按照表 3-2 的格式编制；单价措施项目清单宜采用分部分项工程量清单的方式编制，列出项目编码、项目名称、项目特征、计量单位和工程量，单价措施项目清单与计价表可按照表 3-3 的格式编制。

表 3-2　总价措施项目清单与计价表

工程名称：　　　　　　　　标段：　　　　　　　　　　　　　　　　　　　　第　页　共　页

序号	项目编码	项目名称	计算基础	费率 / (%)	金额 / 元
		安全文明施工			
		夜间施工			
		二次搬运			
		冬雨季施工			
		已完工程及设备保护			
		……			
合计					

注：1. 本表适用于以“项”计算的措施项目。

2. 投标人可根据施工组织设计采取的措施增减项目。

表 3-3　单价措施项目清单与计价表

工程名称：　　　　　　　　标段：　　　　　　　　　　　　　　　　　　　　第　页　共　页

序号	项目编码	项目名称	项目特征	计量单位	工程量	金额 / 元		
						综合单价	合价	其中
								暂估价
本页小计								
合计								

注：本表适用于以综合单价形式计价的措施项目。

2）措施项目清单的编制

措施项目清单的编制需考虑多种因素，除工程本身的因素外，还涉及水文、气象、环境、安全等因素。措施项目清单应根据拟建工程的实际情况列项。若出现《计价规范》中未列的项目，可根据工程实际情况补充。

措施项目清单的编制依据主要有以下内容。

（1）施工现场情况、地勘水文资料、工程特点。

（2）常规施工方案。

（3）与建设工程有关的标准、规范、技术资料。

（4）拟定的招标文件。

（5）建设工程设计文件及相关资料。

3.2.4 其他项目清单

其他项目清单是指分部分项工程量清单、措施项目清单所包含的内容以外，因招标人的特殊要求而发生的与拟建工程有关的其他费用项目和相应数量的清单。工程建设标准的高低、工程的复杂程度、工程的工期长短、工程的组成内容、发包人对工程的管理要求等都会直接影响其他项目清单的具体内容。其他项目清单包括暂列金额、暂估价（包括材料暂估单价、工程设备暂估单价、专业工程暂估价）、计日工、总承包服务费。其中暂列金额应根据工程特点，按有关计价规定估算；暂估价中的材料暂估单价、工程设备暂估单价应根据工程造价信息或参照市场价格估算；专业工程暂估价应分不同专业，按有关计价规定估算；计日工应列出项目和数量。

其他项目清单与计价汇总表可按照表 3-4 的格式编制，出现未包含在表格中内容的项目，可根据工程实际情况补充。

表 3-4 其他项目清单与计价汇总表

工程名称：　　　　标段：　　　　第　页　共　页

序号	项目名称	计算单位	金额 / 元	备注
1	暂列金额			
2	暂估价			
2.1	材料（工程设备）暂估单价			
2.2	专业工程暂估价			
3	计日工			
4	总承包服务费			
合计				

注：材料暂估单价计入清单项目综合单价的，此处不汇总。

1. 暂列金额

暂列金额是指招标人在工程量清单中暂定并包括在合同价款中的一笔款项，是用于施工合同签订时尚未确定或者不可预见的所需材料、工程设备、服务的采购，施工中可能发生的工程变更、合同约定调整因素出现时的合同价款调整，以及发生的索赔、现场签证确认等的费用。在工程建设过程中，不管采用何种合同形式，工程建设自身的特性都决定了工程的设计需要根据工程进展不断地进行优化和调整，业主需求可能会随工程建设进展发生变化，工程建设过程中还会出现一些不能预见、不能确定的因素，这些因素必然会影响合同价格的调整，暂列金额正是因这类不可避免的价格调整而设立的，以便达到合理确定和有效控制工程造价的目标。暂列金额应由招标人根据工程特点，按有关计价规定估算，一般可按分部分项工程费的 10% ～ 15% 考虑。暂列金额应按照合同约定的程序使用，当合同约定事项发生时，才能纳入合同结算价款中，否则仍属于招标人所有。暂列金额明细表可按照表 3-5 的格式编制。

表 3-5　暂列金额明细表

工程名称：　　　　　　　标段：　　　　　　　　　　　　　　　　　第　页　共　页

序号	项目名称	计量单位	暂定金额 / 元	备注
1				
2				
合计				

注：此表由招标人填写，如不能详列，也可只列暂定金额总额，投标人应将上述暂列金额计入投标总价中。

2. 暂估价

暂估价是指招标人在工程量清单中提供的用于支付必然发生但暂时不能确定价格的材料、工程设备的单价以及专业工程的金额，包括材料暂估单价、工程设备暂估单价和专业工程暂估价。暂估价数量和拟用项目应当结合工程量清单中的“暂估价表”予以补充说明。为方便合同管理，需要纳入分部分项工程量清单项目综合单价中的暂估价应只是材料（工程设备）暂估单价，以方便投标人组价。

专业工程暂估价一般应是综合暂估价，包括除规费和税金外的管理费、利润等取费。暂估价中的材料暂估单价、工程设备暂估单价应根据工程造价信息或参照市场价格估算，列出明细表，材料（工程设备）暂估单价表可按照表 3-6 的格式编制；专业工程暂估价应分不同专业，按有关计价规定估算，列出明细表，专业工程暂估价表可按照表 3-7 的格式编制。

表 3-6　材料（工程设备）暂估单价表

工程名称：　　　　　　　标段：　　　　　　　　　　　　　　　　　第　页　共　页

序号	材料（工程设备）名称、规格、型号	计量单位	数量	暂估价 / 元	备注
1					
2					
3					

注：此表由招标人填写，并在备注栏说明暂估价的材料、工程设备拟用在哪些清单项目上，投标人应将上述材料暂估单价、工程设备暂估单价计入工程量清单综合单价报价中。

表 3-7 专业工程暂估价表

工程名称：　　　　　　标段：　　　　　　　　　　　　第　页　共　页

序号	工程名称	工程内容	金额 / 元	备注
1				
2				
3				

注：此表由招标人填写，投标人应将上述专业工程暂估价计入投标总价中。

3. 计日工

计日工是指在施工过程中，承包人完成发包人提出的工程合同范围以外的零星项目或工作，按合同中约定的单价计价的一种方式。它是为了解决现场发生零星工作的计价而设立的。计日工对完成零星工作所消耗的人工工时、材料数量、施工机具台班进行计量，并按照计日工表中填报的适用项目的单价进行计价支付。计日工适用的所谓零星项目或工作一般是指合同约定之外的或者因变更而产生的、工程量清单中没有相应项目的额外工作，尤其是那些难以事先商定价格的额外工作。

计日工表应列出项目名称、计量单位和暂定数量，可按照表 3-8 的格式编制。

表 3-8 计日工表

工程名称：　　　　　　标段：　　　　　　　　　　　　第　页　共　页

编号	项目名称	计量单位	暂定数量	综合单价	合价
一	人工				
1					
2					
…					
人工小计					
二	材料				
1					
2					
…					
材料小计					
三	施工机具				
1					
2					
…					
施工机具小计					
总计					

注：此表项目名称、暂定数量由招标人填写，编制招标控制价时，单价由招标人按有关规定确定；投标时，单价由投标人自主报价，计入投标总价中。

4. 总承包服务费

总承包服务费是指总承包人为配合、协调发包人进行的专业工程发包，对发包人自行采购的材料、工程设备等进行保管，以及施工现场管理、竣工资料整理等服务所需的费用。招标人应预计该项费用并按投标人的投标报价向投标人支付该项费用。

总承包服务费应列出服务项目及其内容等。总承包服务费计价表可按照表 3-9 的格式编制。

表 3-9　总承包服务费计价表

工程名称：　　　　标段：　　　　第　页　共　页

序号	项目名称	项目价值 / 元	服务内容	计算基础	费率 /（%）	金额 / 元
1	发包人发包专业工程					
2	发包人提供材料					
合计						

注：此表项目名称、服务内容由招标人填写，编制招标控制价时，费率及金额由招标人按有关计价规定确定；投标时，费率及金额由投标人自主报价，计入投标总价中。

3.2.5 规费、税金项目清单

规费项目清单应按照 2.3.1 节中规费的内容列项。出现《计价规范》中未列的项目，应根据省级政府或省级有关权力部门的规定列项。

税金项目清单应包括增值税。出现《计价规范》中未列的项目，应根据税务部门的规定列项。

规费、税金项目清单与计价表可按照表 3-10 的格式编制。

表 3-10　规费、税金项目清单与计价表

工程名称：　　　　标段：　　　　第　页　共　页

序号	项目名称	计算基础	计算基础	计算费率 /（%）	金额 / 元
1	规费	定额人工费			
1.1	社会保险费	定额人工费			
（1）	养老保险费	定额人工费			
（2）	失业保险费	定额人工费			
（3）	医疗保险费	定额人工费			
（4）	工伤保险费	定额人工费			
（5）	生育保险费	定额人工费			
1.2	住房公积金	定额人工费			
2	税金	分部分项工程费 + 措施项目费 + 其他项目费 + 规费 – 按规定不计税的工程设备金额			
合计					

编制人（造价人员）：　　　　复核人（造价工程师）：

3.3 施工定额

3.3.1 施工定额概述

1. 施工定额的概念

施工定额是指在正常的施工条件下，以同一性质的施工过程为测定对象而规定的完成单位合格产品所需消耗的劳动力、材料、机械台班使用的数量标准。施工定额是直接用于施工管理中的一种定额，也是建筑安装企业的生产定额，还是施工企业组织生产和加强管理，在企业内部使用的一种定额。

2. 施工定额的组成

为了适应组织施工生产和管理的需要，施工定额的项目划分很细，是建筑工程定额中分项最细、定额子目最多的一种定额，也是建筑工程定额中的基础性定额。施工定额的人工、材料、机械台班消耗的数量标准是编制预算定额的重要依据。施工定额由劳动定额、材料消耗定额和机械台班使用定额三个相对独立的部分组成。

3.3.2 劳动定额

1. 劳动定额的概念和表现形式

劳动定额又称人工定额，是指在正常施工技术和合理劳动组织条件下，完成单位合格产品所必需的劳动消耗量标准。这个标准是国家和企业对工人在单位时间内完成产品的数量和质量的综合要求。

按其表现形式的不同，劳动定额可以分为时间定额和产量定额两种。当劳动定额采用分式表示时，其分子为时间定额，分母为产量定额。

1）时间定额

时间定额是指在一定的生产技术和生产组织条件下，某工种、某种技术等级的工人班组或个人，完成符合质量要求的单位产品所必需的工作时间，包括工人的有效工作时间（准备与结束时间、基本工作时间、辅助工作时间）、工人必需的休息时间和不可避免的中断时间。

时间定额以工日为单位，每个工日工作时间按现行制度规定为8h，可按式（3-1）或式（3-2）计算。

单位产品时间定额（工日）=1/每工日产量　　（3-1）

或

单位产品时间定额（工日）= 小组成员工日数总和 / 机械台班产量　　（3-2）

2）产量定额

产量定额是指在一定的生产技术和生产组织条件下，某工种、某种技术等级的工人班组或个人，在单位时间内（工日）应完成合格产品的数量，可按式（3-3）或式（3-4）计算。

$$每工日产量=1/单位产品时间定额（工日） \quad (3-3)$$

或

$$机械台班产量=小组成员工日数总和/单位产品时间定额（工日） \quad (3-4)$$

从时间定额和产量定额的概念和计算式可以看出，两者互为倒数关系，即

$$时间定额=1/产量定额 \quad (3-5)$$

时间定额和产量定额是劳动定额的两种不同的表现形式。但是，它们有各自的用途。时间定额，以工日为单位，便于计算分部分项工程的工日需要量，计算工期和核算工资。因此，劳动定额通常采用时间定额进行计量。产量定额是以产品的数量进行计量，用于小组分配产量任务、编制作业计划和考核生产效率。

2. 工作时间分析

工作时间分析，是指将劳动者整个生产过程中所消耗的工作时间，根据其性质、范围和具体情况进行科学划分、归类，明确规定哪些属于定额时间，哪些属于非定额时间，找出非定额时间损失的原因，以便拟定技术组织措施，消除产生非定额时间的因素，以充分利用工作时间，提高劳动生产率。

对工作时间的研究和分析，可以分为工人工作时间和机械工作时间两个系统进行。

1）工人工作时间

工人在工作班内消耗的工作时间，按其消耗的性质，基本可以分为两大类：定额时间（必需消耗的时间）和非定额时间（损失时间），如图 3.3 所示。

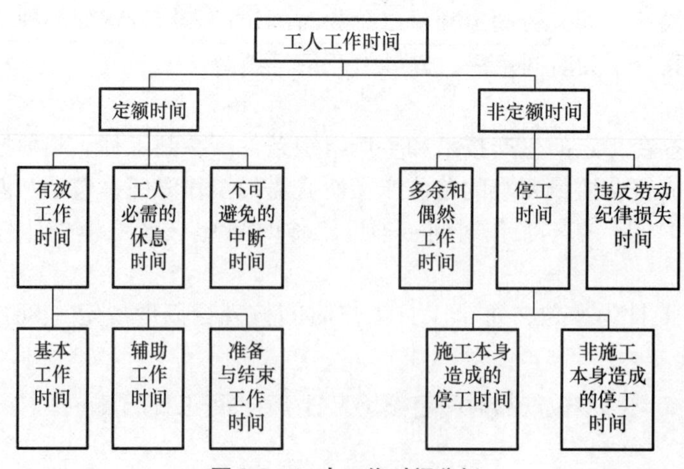

图 3.3　工人工作时间分析

（1）定额时间。定额时间是工人在正常施工条件下，为完成一定产品（工作任务）

所消耗的时间，包括有效工作时间、工人必需的休息时间和不可避免的中断时间。

① 有效工作时间：是指与产品生产直接相关的时间消耗，包括基本工作时间、辅助工作时间、准备与结束工作时间。基本工作时间是指直接与施工过程的技术操作发生关系的时间消耗，如砌砖施工过程的挂线、铺灰浆、砌砖等工作时间。基本工作时间一般与工作量的大小成正比。辅助工作时间是指为了保证基本工作顺利完成而同技术操作无直接关系的辅助工作的时间消耗，如修磨校验工具、移动工作梯、工人转移工作地点等所需的时间。辅助工作一般不改变产品的形状、位置和性能。准备与结束工作时间是指工人在执行任务前的准备工作（包括工作地点、劳动工具、劳动对象的准备）和完成任务后的整理工作的时间消耗。

② 工人必需的休息时间：是指工人在工作过程中为恢复体力所必需的短暂休息和生理需要的时间消耗。

③ 不可避免的中断时间：是指由于施工工艺特点所引起的工作中断时间，如汽车司机等候装货的时间、安装工人等候构件起吊的时间等。

（2）非定额时间。非定额时间是指和产品生产无关，而与施工组织和技术上的缺陷有关，与工人在施工过程中的个人过失或某些偶然因素有关的时间消耗，包括多余和偶然工作时间、停工时间和违反劳动纪律损失时间。

① 多余和偶然工作时间：是指在正常施工条件下不应发生的时间消耗，如重砌质量不合格的墙体及抹灰工不得不补上偶然遗留的墙洞等。

② 停工时间：是指工作班内停止工作造成的工时损失。停工时间按其性质可分为施工本身造成的停工时间和非施工本身造成的停工时间两种。施工本身造成的停工时间，是由于施工组织不善、材料供应不及时、工作面准备工作做得不好、工作地点组织不良等情况引起的停工时间。非施工本身造成的停工时间，是由于水源、电源中断引起的停工时间。

③ 违反劳动纪律损失时间：是指在工作班内由工人迟到、早退、闲谈、办私事等原因造成的工时损失。

2）机械工作时间

机械工作时间的分类与工人工作时间的分类基本相同，也分为定额时间和非定额时间，如图 3.4 所示。

（1）定额时间。定额时间包括有效工作时间、不可避免无负荷工作时间和不可避免中断时间。

① 有效工作时间：包括正常负荷下的工作时间、有根据地降低负荷下的工作时间、低负荷下的工作时间。正常负荷下的工作时间，是机械在与机械说明书规定的计算负荷相符的情况下进行工作的时间。有根据地降低负荷下的工作时间，是在个别情况下由于技术上的原因，机械在低于其计算负荷的情况下工作的时间。例如，汽车运输质量轻而体积大的货物时，不能充分利用汽车的载重吨位而不得不降低其计算负荷。低负荷下的工作时间，是由于工人或技术人员的过错所造成的机械在降低负荷的情况下工作的时间。例如，工人装车的砂石数量不足引起的汽车在降低负荷的情况下工作所延续的时间。

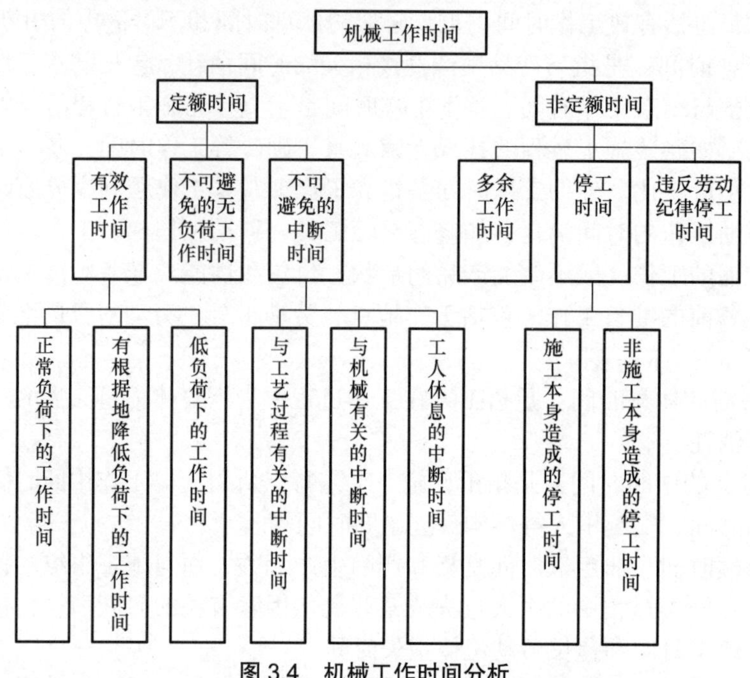

图 3.4　机械工作时间分析

② 不可避免的无负荷工作时间：是指由于施工过程的特点和机械结构的特点造成的机械无负荷工作时间，如筑路机在工作区末端调头所花的时间等。

③ 不可避免的中断时间：是指与工艺过程的特点、机械使用中的保养、工人休息等有关的中断时间，如汽车装卸货物的停车时间、给机械加油的时间、工人休息时的停机时间。

（2）非定额时间。非定额时间包括多余工作时间、停工时间和违反劳动纪律停工时间。

① 多余工作时间：是指机械完成任务时无须包括的工作占用时间，如砂浆搅拌机搅拌时多运转的时间和工人没有及时供料而使机械空运转的延续时间。

② 停工时间：是指由于施工组织得不好及由于气候条件影响所引起的停工时间，如未及时给机械加油而引起的停工时间、暴雨时引起的停工时间。

③ 违反劳动纪律停工时间：由于工人迟到、早退等原因引起的机械停工时间。

3. 定额测定方法

劳动定额是根据国家的政策、劳动制度、有关技术文件及资料制定的。定额测定是制定定额的一个主要步骤。定额测定是用科学的方法观察、记录、整理、分析施工过程，为制定定额提供可靠依据。定额测定常用的方法有四种：计时观察法、比较类推法、统计分析法、经验估计法。

1）计时观察法

计时观察法是研究工作时间消耗的一种技术测定方法。计时观察法是根据生产技术和施工组织条件，对施工过程中各工序，采用测时法、写实记录法、工作日写实法等，测出各工序的工时消耗等资料，再对所获得的资料进行科学的分析，并制定出劳动定额的方法。

（1）测时法。测时法主要适用于测定那些定时重复的循环工作的工时消耗，是精确度比较高的一种计时观察法。测时法有选择法和接续法两种。

（2）写实记录法。写实记录法是一种研究各种性质的工作时间消耗的方法。采用这种方法，可以获得分析工作时间消耗的全部资料。

写实记录法的观察对象，可以是一个工人，也可以是一个工人小组。写实记录法按记录时间方法的不同分为数示法、图示法和混合法三种。

① 数示法是三种写实记录法中精确度较高的一种，它可以同时对两个工人进行观察，观察到的工时消耗，记录在专门的数示法写实记录表中。数示法一般用来对整个工作班或半个工作班进行长时间观察，因此能反映工人或机器工作日的全部情况。

② 图示法可以同时对三个以内的工人进行观察，观察资料记入图示法写实记录表中。

③ 混合法可以同时对三个以上的工人进行观察，记录观察资料的表格仍采用图示法写实记录表。填写表格时，各组成部分延续时间用图示法填写，完成每一组成部分的工人人数则用数字填写在该组成部分时间线段的上面。

（3）工作日写实法。工作日写实法是研究整个工作班内的各种工时消耗，包括基本工作时间、准备与结束工作时间、不可避免的中断时间及各种损失时间等的一种测定方法。

工作日写实法既可以用来观察、分析定额时间消耗的合理利用情况，又可以研究、分析工时损失的原因，与测时法、写实记录法比较，其具有技术简便、费力不多、应用面广和资料全面的优点，在我国是一种采用较广的编制定额的方法。

工作日写实法利用写实记录表记录观察资料，记录方法也同图示法或混合法。采用工作日写实法记录时间时，不需要将有效工作时间分为各个组成部分，而只需将其划分为适合于技术水平和不适合于技术水平两类，但是工时消耗还需按性质分类记录。

2）比较类推法

对于同类型产品规格多、工序重复、工作量小的施工过程，常采用比较类推法制定定额。采用此法制定定额是以同类型工序和同类型产品的实耗工时为标准，类推出相似项目的定额水平。采用此方法时必须掌握项目类似的程度和各种影响因素的异同程度。

3）统计分析法

统计分析法是把过去施工生产中的同类工程或同类产品的工时消耗的统计资料，与当前生产技术和施工组织条件的变化因素结合起来，进行统计分析的方法。这种方法简单易行，适用于施工条件正常、产品稳定、工序重复量大和统计工作制度健全的施工过程。但是，过去的记录，只是实耗工时，不反映生产组织和技术的状况。所以，在这种条件下求出的定额水平，只是已达到的劳动生产率水平，而不是平均水平。在实际工作中，必须分析研究各种变化因素，使定额能真实地反映施工生产平均水平。

4）经验估计法

根据定额专业人员、经验丰富的工人和施工技术人员的实际工作经验，参考有关定额资料，对施工管理组织和现场技术条件进行调查、讨论和分析制定定额的方法，叫作经验估计法。采用经验估计法制定的定额通常作为一次性定额使用。

3.3.3 材料消耗定额

1. 材料消耗定额的概念

材料消耗定额是指在合理和节约使用材料的条件下，生产质量合格的单位产品所必须消耗的一定品种、规格的材料、半成品、构配件及周转性材料的摊销等的数量标准。

2. 材料消耗定额的组成

材料消耗定额由两大部分组成：一部分是直接用于建筑安装工程的材料的用量，称为材料净用量；另一部分则是操作过程中不可避免产生的废料和施工现场因运输、装卸中不可避免出现的一些损耗，称为材料损耗量。材料损耗量可用材料损耗率来表示。

材料损耗率是指材料损耗量与材料净用量的比值，可按式（3-6）计算。

$$\text{材料损耗率} = \text{材料损耗量} / \text{材料净用量} \times 100\% \tag{3-6}$$

材料消耗定额可按式（3-7）或式（3-8）计算。

$$\text{材料消耗量} = \text{材料净用量} + \text{材料损耗量} \tag{3-7}$$

或

$$\text{材料消耗量} = \text{材料净用量} \times (1+ \text{材料损耗率}) \tag{3-8}$$

现场施工中，各种建筑材料的消耗主要取决于材料消耗定额。用科学的方法正确地规定材料净用量指标及材料损耗率，对降低工程成本、节约投资具有十分重要的意义。

3. 材料消耗定额的编制方法

1）主要材料消耗定额的编制方法

主要材料消耗定额的编制方法有四种：观测法、试验法、统计法和计算法。

（1）观测法。观测法是指在现场对施工过程进行观察，记录产品的完成数量、材料的消耗数量及作业方法等具体情况，通过分析与计算，来确定材料消耗定额的方法。

观测法通常用于测定材料的损耗量。通过现场观测，获得必要的现场资料，才能测定出哪些材料是施工过程中不可避免的损耗，应该计入定额内；哪些材料是施工过程中可以避免的损耗，不应计入定额内。在现场观测中，同时测出合理的材料损耗量，即可据此制定出相应的材料消耗定额。

（2）试验法。试验法是指在实验室里，用专门的设备和仪器进行模拟试验来测定材料消耗量的一种方法。如混凝土、砂浆、钢筋等材料，适合在实验室条件下进行试验。

试验法的优点是能在材料用于施工前就测定出材料的用量和性能，如混凝土、钢筋的强度和硬度，砂、石料粒径的级配和混合比等。其缺点是由于脱离施工现场，实际施工中某些对材料消耗量影响的因素难以估计到。

（3）统计法。统计法是指以长期现场积累的分部分项工程的拨付材料数量、完成产品数量及完工后剩余材料数量的统计资料为基础，经过分析、计算得出单位产品材料消耗量的方法。

统计法准确程度较差，应该结合实际施工过程，经过分析研究后，确定材料消耗指标。

（4）计算法。有些建筑材料，可以根据施工图中所标明的材料及构造，结合理论公式计算消耗量。例如，砌砖工程中砖和砂浆的消耗量可按式（3-9）和式（3-10）计算。

$$A=\frac{2K}{\text{墙厚}\times(\text{砖长}+\text{灰缝})\times(\text{砖厚}+\text{灰缝})} \tag{3-9}$$

$$B=1-A\times\text{标准砖体积} \tag{3-10}$$

式中，A——砖的净用量；

B——砂浆的净用量；

K——墙厚砖数（0.5、1、1.5、2…）。

【例3-1】 用标准砖砌筑一砖墙体，求每立方米砖砌体所用砖和砂浆的消耗量。已知标准砖的尺寸为240mm×115mm×53mm，一砖墙墙厚为240mm，砖的损耗率为1%，砂浆的损耗率为1%，灰缝宽0.01m。

【解】 砖的净用量 $=\dfrac{2\times1}{0.24\times(0.24+0.01)\times(0.053+0.01)}\approx529.101$（块）

例3-1讲解

砂浆的净用量 $=1-529.101\times0.24\times0.115\times0.053\approx0.226$（$m^3$）

砖的消耗量 $=529.101\times(1+1\%)\approx534.392$（块），取535块

砂浆的消耗量 $=0.226\times(1+1\%)\approx0.228$（$m^3$）

2）周转性材料消耗量的确定

周转性材料是指在施工过程中多次使用、周转的工具性材料，如挡土板、脚手架等。这类材料在施工中不是一次消耗完，而是多次使用、逐渐消耗，并在使用过程中不断补充的。周转性材料用摊销量表示。下面介绍模板摊销量的计算。

（1）现浇结构模板摊销量的计算。

$$\text{摊销量}=\text{周转使用量}-\text{回收量} \tag{3-11}$$

式中

$$\begin{aligned}\text{周转使用量}&=\frac{\text{一次使用量}+[\text{一次使用量}\times(\text{周转次数}-1)\times\text{损耗率}]}{\text{周转次数}}\\&=\text{一次使用量}\times\frac{1+(\text{周转次数}-1)\times\text{损耗率}}{\text{周转次数}}\end{aligned} \tag{3-12}$$

$$\begin{aligned}\text{回收量}&=\frac{\text{一次使用量}-\text{一次使用量}\times\text{损耗率}}{\text{周转次数}}\\&=\text{一次使用量}\times\frac{1-\text{损耗率}}{\text{周转次数}}\end{aligned} \tag{3-13}$$

其中，一次使用量是指周转性材料在不重复使用条件下的一次性使用量。周转次数是指新的周转性材料从第一次使用（假定不补充新料）起，到材料不能再使用时的使用次数。

（2）预制构件模板摊销量的计算。

预制构件模板，由于损耗很少，可以不考虑每次周转的损耗率，按多次使用平均分摊的办法计算，可按式（3-14）计算。

$$摊销量=\frac{一次使用量}{周转次数} \tag{3-14}$$

3.3.4 机械台班使用定额

1. 机械台班使用定额的概念及表现形式

机械台班使用定额，简称机械台班定额，它反映了在正常施工条件下，合理均衡地组织劳动和使用机械时，该机械在单位时间内的生产效率。

机械台班定额按其表现形式，可分为机械时间定额和机械产量定额两种。机械台班定额一般采用分式形式表示：分子为机械时间定额，分母为机械产量定额。

1）机械时间定额

机械时间定额是指在合理劳动组织和合理使用机械正常施工的条件下，完成单位合格产品所必须消耗的机械工作时间。其计量单位用“台班”或“台时”表示。

单位产品的机械时间定额（台班）=1/ 机械台班产量　（3-15）

2）机械产量定额

机械产量定额是指在合理劳动组织与合理使用机械正常施工的条件下，机械在单位时间（如每个台班）内应完成的合格产品数量。其计量单位用 m^2、m^3、块等表示。

由于机械必须由工人小组操作，因此台班内小组成员总工日内应完成合格产品的数量也就是机械的产量。单位产品人工时间定额为：

单位产品人工时间定额（工日）= 小组成员工日数总和 / 机械台班产量　（3-16）

《建筑安装工程统一劳动定额》是以一个单机作业的定员人数（台班工日）核定的。机械台班定额既是对工人班组签发施工任务书、下达施工任务、实行计件奖励的依据，也是编制机械需用量计划和作业计划、考核机械效率、核定企业机械调度和维修计划的依据，还是编制预算定额的基础资料。其内容是以机械作业为主体划分项目，列出完成各种分项工程或施工过程的机械台班产量标准；此外，还包括机械性能、作业条件和劳动组合等说明。

2. 机械台班定额的编制方法

1）拟定机械工作正常的施工条件

拟定机械工作正常的施工条件，主要是拟定工作地点的合理组织和合理的工人编制。

拟定工作地点的合理组织，就是对施工地点机械和材料的放置位置、工人从事操作的场所，做出科学合理的平面布置和空间安排。拟定合理的工人编制，就是根据机械的性能和设计能力，工人的专业分工和劳动功效，合理地确定操纵机械及配合施工的工人数量。

2）确定机械纯工作一小时的正常生产率

确定机械正常生产率必须先确定机械纯工作一小时的正常生产率。确定机械纯工作一小时的正常生产率可以分三步进行。

第一步，计算机械一次循环的正常延续时间。它等于这次循环中各组成部分延续时间之和。其计算公式为：

$$\text{机械一次循环的正常延续时间} = \sum \text{循环内各组成部分的延续时间} \tag{3-17}$$

第二步，计算机械纯工作一小时的正常循环次数。其计算公式为：

$$\text{机械纯工作一小时的正常循环次数} = \frac{60 \times 60\ (\mathrm{s})}{\text{机械一次循环的正常延续时间}} \tag{3-18}$$

第三步，求机械纯工作一小时的正常生产率。其计算公式为：

$$\text{机械纯工作一小时的正常生产率} = \text{机械纯工作一小时的正常循环次数} \times \text{一次循环生产的产品数量} \tag{3-19}$$

3）确定机械的正常利用系数

机械的正常利用系数是指机械在工作班内工作时间的利用率。其计算公式为：

$$\text{机械的正常利用系数} = \frac{\text{工作班内机械的纯工作时间}}{\text{机械的工作班延续时间}} \tag{3-20}$$

4）计算机械台班定额

计算机械台班定额是编制机械台班定额的最后一步。在确定了拟定机械工作正常的施工条件、机械纯工作一小时的正常生产率和机械的正常利用系数后，就可以确定机械台班的定额指标了。其计算公式为：

$$\text{机械台班定额} = \text{机械纯工作一小时的正常生产率} \times \text{机械的工作班延续时间} \times \text{机械的正常利用系数} \tag{3-21}$$

3.4 工程计价定额

工程计价定额是指工程定额中直接用于工程计价的定额或指标，包括预算定额、概算定额和估算指标等。工程计价定额主要是用来在建设项目的不同阶段确定和计算工程造价。本节主要介绍预算定额。

3.4.1 预算定额概述

1. 预算定额的概念

预算定额是指在正常的施工条件下，完成一定计量单位合格分项工程和结构构件所需消耗的人工、材料、机具台班数量及其相应的费用标准。预算定额是工程建设中一项重要的技术经济文件，是编制施工图预算的主要依据，也是确定和控制工程造价的基础。

2. 预算定额的用途和作用

（1）预算定额是编制施工图预算、确定建筑安装工程造价的基础。施工图设计一经确定，工程预算造价就取决于预算定额水平和人工、材料及机具台班的价格。预算定额起着控制劳动消耗、材料消耗和机具台班使用的作用，进而起着控制建筑产品价格的作用。

（2）预算定额是编制施工组织设计的依据。施工组织设计的重要任务之一是确定施工中所需人力、物力的供求量，并做出最佳安排。施工单位在缺乏本企业的施工定额的情况下，根据预算定额，也能够比较精确地计算出施工中各项资源的需要量，为有计划地组织材料采购、预制件加工、劳动力和机具调配等，提供可靠的计算依据。

（3）预算定额是工程结算的依据。工程结算是建设单位和施工单位按照工程进度对已完成的分部分项工程实现货币支付的行为。按进度支付工程款，需要根据预算定额将已完分项工程的造价算出。单位工程验收后，再按竣工工程量、预算定额和施工合同规定进行结算，以保证建设单位建设资金的合理使用和施工单位的经济收入。

（4）预算定额是施工单位进行经济活动分析的依据。预算定额规定的物化劳动和劳动消耗指标，是施工单位在生产经营中允许消耗的最高标准。施工单位必须以预算定额作为评价企业工作的重要标准，作为努力实现的目标。施工单位可根据预算定额对施工中的人工、材料、机具的消耗情况进行具体分析，以便找出并克服低功效、高消耗的薄弱环节，提高竞争能力。只有在施工中尽量降低劳动消耗、采用新技术、提高劳动者素质、提高劳动生产率，才能取得较好的经济效益。

（5）预算定额是编制概算定额的基础。概算定额是在预算定额基础上综合扩大编制的。利用预算定额作为编制依据，不但可以节省编制工作的大量人力、物力和时间，收到事半功倍的效果，还可以使概算定额在水平上与预算定额保持一致，以免造成执行中的不一致。

（6）预算定额是合理编制招标控制价（最高投标限价）、投标报价的基础。在深化改革过程中，预算定额的指令性作用将日益削弱，而对施工单位按照工程个别成本报价的指导性作用仍然存在，因此预算定额作为编制招标控制价（最高投标限价）的依据和施工单位报价的基础性作用仍将存在，这也是由预算定额本身的科学性和指导性决定的。

3.4.2 预算定额的编制

1. 编制依据

（1）现行的设计规范、施工质量验收规范及安全技术操作规程等。

（2）现行的劳动定额、材料消耗定额、机具台班定额。

（3）有关标准图集和有代表性的典型工程设计图纸。

（4）新技术、新结构、新材料和先进施工经验等资料。

（5）有关技术测定和统计资料。

（6）地区的人工工资标准、材料预算价格和机具台班价格。

2. 编制原则

为保证预算定额的质量，充分发挥预算定额的作用，使之在实际使用中简便、合理、有效，在编制工作中应遵循以下原则。

（1）按社会平均水平确定预算定额的原则。预算定额是确定和控制建筑安装工程造价的主要依据，因此它必须遵照价值规律的客观要求，即按照生产过程中所消耗的社会必要劳动时间确定定额水平。所谓预算定额的平均水平，是在正常的施工条件下，按照合理的施工组织和工艺条件、平均劳动熟练程度和劳动强度，完成单位分项工程基本构造单元所需要的劳动时间。

（2）简明适用的原则。

① 在编制预算定额时，对于那些主要的、常用的、价值量大的项目，分项工程划分宜细；对于次要的、不常用的、价值量相对较小的项目，分项工程划分则可以粗些。

② 预算定额项目要齐全，要注意补充那些因采用新技术、新结构、新材料而出现的新的定额项目。如果项目不全、缺项多，就会使计价工作缺少充足的、可靠的依据。

③ 要求合理确定预算定额的计量单位，简化工程量的计算，尽可能地避免同一种材料用不同的计量单位和一量多用，尽量减少定额附注和换算系数。

3.4.3 预算定额消耗量的编制方法

确定预算定额人工、材料、机具台班消耗量指标时，必须先按施工定额的分项逐项计算出消耗量指标，再按预算定额的项目加以综合。但是，这种综合不是简单的合并和相加，而需要在综合过程中增加两种定额之间适当的水平差。预算定额的水平，首先取决于这些消耗量的合理确定。

人工、材料和机具台班消耗量指标，应根据定额编制原则和要求，采用理论与实际相结合、图纸计算与施工现场测算相结合、编制人员与现场工作人员相结合等方法进行计算和确定，使定额既符合政策要求，又与客观情况一致，以便贯彻执行。

1. 预算定额中人工工日消耗量的计算

预算定额中人工工日消耗量有两种确定方法：一种是以劳动定额为基础确定；另一种是以现场观察测定资料为基础计算，主要用于遇到劳动定额缺项时，采用工作日写实法等测定和计算定额的人工耗用量。

预算定额中人工工日消耗量是指在正常施工条件下，生产单位合格产品所必须消耗的人工工日数量，是由分项工程所综合的各个工序劳动定额包括的基本用工、其他用工两部分组成的。

（1）基本用工。基本用工是指完成一定计量单位的分项工程或结构构件的各项工作过程的施工任务所必须消耗的技术工种用工。按技术工种相应劳动定额工时定额计算，以不同工种列出定额工日。基本用工包括以下内容。

① 完成定额计量单位的主要用工。按综合取定的工程量和相应劳动定额进行确定，可按式（3-22）计算。

$$基本用工 = \sum（综合取定的工程量 \times 劳动定额） \quad（3-22）$$

② 按劳动定额规定应增（减）计算的用工量。例如在砖墙项目中，分项工程的工作内容包括了附墙烟囱孔、垃圾道、壁橱等零星组合部分的内容，其人工消耗量相应增加附加人工消耗。由于预算定额是在施工定额子目的基础上综合扩大的，包括的工作内容较多，施工的工效视具体部位而有所不同，所以需要另外增加人工消耗，而这种人工消耗也可以列入基本用工内。

（2）其他用工。其他用工是辅助基本用工消耗的工日，包括超运距用工、辅助用工和人工幅度差。

① 超运距用工。超运距是指劳动定额中已包括的材料、半成品场内水平搬运距离与预算定额所考虑的现场材料、半成品堆放地点到操作地点的水平运输距离之差，可按式（3-23）计算。超运距用工可按式（3-24）计算。

$$超运距 = 预算定额取定运距 - 劳动定额已包括的运距 \quad（3-23）$$

$$超运距用工 = \sum（超运距材料数量 \times 时间定额） \quad（3-24）$$

需要指出，当实际工程现场运距超过预算定额取定运距时，可另行计算现场二次搬运费等。

② 辅助用工。辅助用工是指在技术工种劳动定额内不包括而在预算定额内又必须考虑的用工，如机械土方工程配合用工、材料加工（筛砂、洗石、淋化石膏）用工、电焊点火用工等，可按式（3-25）计算。

$$辅助用工 = \sum（材料加工数量 \times 相应的加工劳动定额） \quad（3-25）$$

③ 人工幅度差。人工幅度差即预算定额与劳动定额的差额，主要是指在劳动定额中未包括而在正常施工情况下不可避免但又很难准确计量的用工和各种工时损失。人工幅度差包括：各工种间的工序搭接及交叉作业相互配合或影响所发生的停歇用工；施工过程中移动临时水电线路而造成的影响工人操作的时间；工程质量检查和隐蔽工程验收工作而影响工人操作的时间；同一现场内单位工程之间因操作地点转移而影响工人操作的时间；工序交接时对前一工序不可避免的休整用工；施工中不可避免的其他零星用工。人工幅度差可按式（3-26）计算。

$$人工幅度差 =（基本用工 + 辅助用工 + 超运距用工）\times 人工幅度差系数 \quad（3-26）$$

人工幅度差系数一般为 10% ～ 15%。在预算定额中，人工幅度差的用工量列入其他用工量中。

2. 预算定额中材料消耗量的计算

预算定额中材料消耗量的计算方法主要有以下几种。

（1）凡有标准规格的材料，按规范要求计算定额计量单位的耗用量，如砖、防水卷材、块料面层等。

（2）凡设计图纸标注尺寸及下料要求的，按设计图纸尺寸计算材料净用量。

（3）换算法。各种胶结、涂料等材料的配合比用料，可以根据要求条件换算，得出材料用量。

（4）测定法。测定法包括试验法和观测法。试验法适用于各种强度等级的混凝土及砌筑砂浆配合比的耗用原材料数量的计算（须按照规范要求试配，经过试压合格以后并经过必要的调整后得出水泥、砂、石、水的用量）。对新材料、新结构且不能用其他方法计算定额消耗量时，须用观测法来确定，根据不同条件可以采用写实记录法等得出定额消耗量。

预算定额中材料损耗量是指在正常条件下不可避免的材料损耗，如现场内材料运输及施工操作过程中的损耗等，可按式（3-27）、式（3-28）计算。

$$材料损耗率=\frac{材料损耗量}{材料净用量}\times 100\% \tag{3-27}$$

$$材料损耗量=材料净用量\times 材料损耗率（\%） \tag{3-28}$$

故材料消耗量可按式（3-29）或式（3-30）计算。

$$材料消耗量=材料净用量+材料损耗量 \tag{3-29}$$

或

$$材料消耗量=材料净用量\times[1+材料损耗率（\%）] \tag{3-30}$$

3. 预算定额中机具台班消耗量的计算

预算定额中机具台班消耗量是指在正常施工条件下，生产单位合格产品（分部分项工程或结构构件）所必须消耗的某种型号机具的台班数量，包括机械台班消耗量与仪器仪表台班消耗量。仪器仪表台班消耗量与机械台班消耗量的表现形式与计算方法相类似，下面主要介绍机械台班消耗量的计算。

（1）根据施工定额确定机械台班消耗量的计算。这种方法是指用施工定额中机械台班产量加机械幅度差计算预算定额的机械台班消耗量。

机械幅度差是指在施工定额中所规定的范围内没有包括，而在实际施工中又不可避免产生的影响机械或使机械停歇的时间。其包括以下内容。

① 机械转移工作面及配套机械相互影响损失的时间；

② 在正常施工条件下，机械在施工中不可避免的工序间歇；

③ 工程开工或收尾时工作量不饱满所损失的时间；

④ 检查工程质量影响机械操作的时间；

⑤ 临时停机、停电影响机械操作的时间；

⑥ 机械维修引起的停歇时间。

综上所述，预算定额的机械台班消耗量可按式（3-31）计算。

$$机械台班消耗量=施工定额机械耗用台班\times（1+机械幅度差系数） \tag{3-31}$$

（2）以现场测定资料为基础确定机械台班消耗量。如遇到施工定额缺项者，则需要依据单位时间完成的产量测定机械台班消耗量。

3.4.4 预算定额基价的编制

预算定额基价就是预算定额分项工程或结构构件的单价，只包括人工费、材料费和机具使用费，也称工料单价。

预算定额基价一般通过编制单位估价表、地区单位估价表及设备安装价目表确定，用于编制施工图预算。在预算定额中列出的“预算价值”或“基价”，应视作该定额编制时的工程单价。

预算定额基价的编制方法，简单来说就是人工、材料、机具的消耗量和人工、材料、机具单价的结合过程。其中，人工费是由预算定额中每一分项工程各种人工工日消耗量，乘以地区人工工日单价之和算出；材料费是由预算定额中每一分项工程的各种材料消耗量，乘以地区相应材料预算价格之和算出；机具使用费是由预算定额中每一分项工程的各种机械台班消耗量，乘以地区相应机械台班预算价格之和，与仪器仪表使用费汇总后算出。上述单价均为不含增值税进项税额的价格。

分项工程预算定额基价可按式（3-32）计算。

$$\text{分项工程预算定额基价} = \text{人工费} + \text{材料费} + \text{机具使用费} \tag{3-32}$$

其中：

$$\text{人工费} = \sum(\text{现行预算定额中各种人工工日消耗量} \times \text{人工日工资单价})$$

$$\text{材料费} = \sum(\text{现行预算定额中各种材料消耗量} \times \text{相应材料单价})$$

$$\text{机具使用费} = \sum(\text{现行预算定额中机械台班消耗量} \times \text{机械台班单价}) + \sum(\text{现行预算定额中仪器仪表台班用量} \times \text{仪器仪表台班单价})$$

预算定额基价是根据现行定额和当地的价格水平编制的，具有相对的稳定性。但是为了适应市场价格的变动，在编制预算时，必须根据工程造价管理部门发布的调价文件对固定的工程单价进行修正。修正后的工程单价乘以根据图纸计算出来的工程量，就可以获得符合实际市场情况的人工费、材料费、机具使用费。

3.5 装配式建筑消耗量定额

为贯彻落实《国务院办公厅关于大力发展装配式建筑的指导意见》（国办发〔2016〕71 号）“适用、经济、安全、绿色、美观”的建筑方针，推进建造方式创新，促进传统建造方式向现代建造方式转变，满足装配式建筑项目的计价需要，合理确定和有效控制其工程造价，制定《装配式建筑工程消耗量定额》[TY 01—01（01）—2016]（以下简称“本定额”）。

3.5.1 本定额适用范围及作用

本定额适用于装配式混凝土结构、钢结构、木结构建筑工程项目。

本定额为国家法定定额，是为了满足装配式建筑工程项目的计价需要，为建设单位和施工单位进行工程计价活动提供参考，是合理确定和有效控制工程造价的依据。

本定额是完成规定计量单位分部分项工程、措施项目所需的人工、材料、施工机械台班的消耗量标准，是各地区、部门工程造价管理机构编制建设工程定额确定消耗量，以及编制国有投资工程投资估算、设计概算和招标控制价（最高投标限价）的依据。

3.5.2 本定额中有关人工、材料和机械的说明及规定

1. 本定额中有关人工的说明及规定

（1）本定额的人工以合计工日表示，并分别列出普工、一般技工和高级技工的工日消耗量。

（2）本定额的人工包括基本用工、超运距用工、辅助用工和人工幅度差。

（3）本定额的人工每工日按 8 小时工作制计算。

2. 本定额中有关材料的说明及规定

（1）本定额采用的材料（包括构配件、零件、半成品、成品）均为符合国家质量标准和相应设计要求的合格产品。

（2）本定额中的材料包括施工中消耗的主要材料、辅助材料、周转材料和其他材料。

（3）本定额中材料消耗量包括净用量和损耗量。损耗量包括：从工地仓库、现场集中堆放地点（或现场加工地点）至操作（或安装）地点的施工场内运输损耗、施工操作损耗、施工现场堆放损耗等，规范（设计文件）规定的预留量、搭接量不在损耗中考虑。

（4）本定额中各类预制构配件均按成品构件现场安装进行编制。

（5）本定额中所使用的砂浆均按干混预拌砂浆编制，若实际使用现拌砂浆或湿拌预拌砂浆时，按以下方法调整。

① 使用现拌砂浆的，除将定额中的干混预拌砂浆调整为现拌砂浆外，每立方米砂浆增加一般技工 0.382 工日，同时将原定额中干混砂浆罐式搅拌机调整为 200L 灰浆搅拌机，台班含量不变。

② 使用湿拌预拌砂浆的，除将定额中的干混预拌砂浆调整为湿拌预拌砂浆外，另按相应定额中每立方米砂浆扣除一般技工 0.2 工日，并扣除干混砂浆罐式搅拌机台班数量。

（6）本定额的周转材料按摊销量进行编制，已包括回库维修的耗量。

（7）对于用量少、低值易耗的零星材料，列为其他材料。

3. 本定额中有关机械的说明及规定

（1）本定额中的机械按常用机械、合理机械配备和施工企业的机械化装备程度，并结合工程实际综合确定。

（2）本定额的机械台班消耗量按正常机械施工工效并考虑机械幅度差综合确定，每台班按 8 小时工作制计算。

（3）凡单位价值在 2000 元以内、使用年限在一年以内的不构成固定资产的施工机械，不列入机械台班消耗量，而作为工具用具在建筑安装工程费的企业管理费中考虑，其消耗的燃料动力等已列入材料内。

（4）装配式混凝土结构、装配式住宅钢结构的预制构件安装定额中，未考虑吊装机械，其费用已包括在措施项目的垂直运输费中。

3.5.3 装配式建筑的措施项目

装配式建筑的措施项目，除本定额另有说明外，应按《房屋建筑与装饰工程消耗量定额》（TY 01—31—2015）的有关规定计算，其中：

（1）装配式混凝土结构工程的综合脚手架按《房屋建筑与装饰工程消耗量定额》（TY 01—31—2015）第十七章“措施项目”相应项目乘以系数 0.85 计算；建筑物超高增加费按《房屋建筑与装饰工程消耗量定额》（TY 01—31—2015）第十七章“措施项目”相应项目计算，其中人工消耗量乘以系数 0.7。

（2）装配式钢结构工程的综合脚手架、垂直运输按本定额第五章“措施项目”的相应项目及规定执行；建筑物超高增加费按《房屋建筑与装饰工程消耗量定额》（TY 01—31—2015）第十七章“措施项目”相应项目计算，其中人工消耗量乘以系数 0.7。

（3）装配式木结构工程的综合脚手架按《房屋建筑与装饰工程消耗量定额》（TY 01—31—2015）第十七章“措施项目”相应项目乘以系数 0.85，垂直运输费乘以系数 0.6。

3.5.4 其他说明

（1）本定额的工作内容已说明了主要的施工工序，次要工序虽未一一列出，但均已包括在内。

（2）本定额中遇有两个或两个以上系数时，按连乘法计算。

（3）本定额凡注明“××以内”或“××以下”的，均包括“××”本身；注明“××以外”或“××以上”的，则不包括“××”本身。

（4）本定额中未注明或省略的尺寸单位，均为“mm”。

（5）本说明未尽事宜，详见各章说明及附注。

3.5.5 本定额的组成

本定额结构分为说明与定额子目表两大部分，其中“说明”部分包括：总说明、章节说明、工程量计算规则。从宏观到微观，从抽象到具体，它们之间既层次分明也互有交叉，所以，必须结合起来看。

本定额主体部分分为五章，分别是装配式混凝土结构工程、装配式钢结构工程、装配式木结构工程、建筑构件及部品工程、措施项目。

3.6 工程造价信息

3.6.1 工程造价信息概述

1. 工程造价信息的概念

工程造价信息是一切有关工程造价的特征、状态及其变动的消息的组合。在工程发承包市场和工程建设过程中，工程造价总是在不停地变化着的，在不同时期呈现出不同的特征。人们对工程发承包市场和工程建设过程中工程造价的变化，是通过工程造价信息来认识和掌握的。

在工程发承包市场和工程建设中，工程造价是最灵敏的调节器和指示器，无论是政府工程造价主管部门还是工程发承包双方，都要通过接收工程造价信息来了解工程建设市场动态，预测工程造价发展，决定政府的工程造价政策和工程发承包价格，因此，工程造价主管部门和工程发承包双方都要接收、加工、传递和利用工程造价信息。工程造价信息作为一种社会资源在工程建设中的地位日趋明显，特别是随着我国开始推行工程量清单计价制度，工程价格从政府计划的指令性价格向市场定价转化，而在市场定价的过程中，信息起着举足轻重的作用，因此工程造价信息资源开发的意义更为重要。

2. 工程造价信息的特点

（1）区域性。建筑材料大多质量大、体积大、产地远离消费地点，因而运输量大，费用也较高。尤其不少建筑材料本身的价值或生产价格并不高，但所需要的运输费用却很高，这都在客观上要求尽可能就近使用建筑材料。因此，这类建筑信息的交换和流通往往限制在一定的区域内。

（2）多样性。建设工程具有多样性的特点，要使工程造价管理的信息资料满足不同特点项目的需求，在信息的内容和形式上也应具有多样性的特点。

（3）专业性。工程造价信息的专业性集中反映在建设工程的专业化上，如水利、电力、铁道、公路等工程，所需的信息有其专业特殊性。

（4）系统性。工程造价信息是由若干具有特定内容和同类性质的信息在一定时间和空间内形成的一连串信息。一切工程造价的管理活动和变化总是在一定条件下受各种因素的制约和影响。工程造价管理工作也同样是多种因素相互作用的结果，并且从多方面反映出来，因而从工程造价信息源发出来的信息都不是孤立的、紊乱的，而是大量的、具有系统性的。

（5）动态性。工程造价信息需要经常不断地收集和补充新的内容，进行信息更新，真实反映工程造价的动态变化。

（6）季节性。由于建筑生产受自然条件影响大，施工内容的安排必须充分考虑季节因素，使得工程造价信息也不能完全避免季节性的影响。

3. 工程造价信息的分类

为便于对信息的管理，有必要将各种信息按一定的原则和方法进行区分和归集，并建立起一定的分类系统和排列顺序。因此，在工程造价管理领域，也应该按照不同的标准对工程造价信息进行分类。

工程造价信息的具体分类如下。

（1）按管理组织的角度划分，可分为系统化工程造价信息和非系统化工程造价信息。

（2）按形式划分，可分为文件式工程造价信息和非文件式工程造价信息。

（3）按信息来源划分，可分为横向的工程造价信息和纵向的工程造价信息。

（4）按反映经济层面划分，可分为宏观工程造价信息和微观工程造价信息。

（5）按动态性划分，可分为过去的工程造价信息、现在的工程造价信息和未来的工程造价信息。

（6）按稳定程度划分，可分为固定工程造价信息和流动工程造价信息。

4. 工程造价信息的主要内容

从广义上说，所有对工程造价的计价和控制过程起作用的资料都可以称为工程造价信息，如各种定额资料、标准规范、政策文件等。但最能体现信息动态性变化特征，并且在工程价格的市场机制中起重要作用的工程造价信息主要包括价格信息、工程造价指数和已完工程信息三类。

（1）价格信息。价格信息包括各种建筑材料、装修材料、安装材料、人工工资、机具等的最新市场价格。这些信息是比较初级的，一般没有经过系统的加工处理，也可以称其为数据。价格信息可分为人工价格信息、材料价格信息和机具价格信息。

（2）工程造价指数。工程造价指数（造价指数信息）是反映一定时期价格变化对工程造价影响程度的指数，包括各种市场价格指数、单项工程造价指数、建设工程造价综合指数。

（3）已完工程信息。已完工程信息是根据已完工程的各种造价信息，经过统一格式标准化处理后的造价数值。已完工程信息可以为拟建工程提供计价依据，也可用于对在建工程或已完工程进行造价分析。

3.6.2 工程造价资料的分类与积累

1. 工程造价资料及其分类

工程造价资料是指已竣工和在建的有关工程的可行性研究投资估算、初步设计概算、施工图预算、招投标价格、竣工结算、竣工决算、单位工程施工成本，以及新材料、新结构、新设备、新工艺等建筑安装工程分部分项的单价分析等资料。

工程造价资料可以分为以下几种类别。

（1）按照不同工程类型，工程造价资料一般分为厂房、住宅、公建、市政工程等，并分别列出其包含的单项工程和单位工程。

（2）按照不同阶段，工程造价资料一般分为项目可行性研究投资估算、初步设计概算、施工图预算、招标控制价（最高投标限价）、投标报价、竣工结算、竣工决算等。

（3）按照组成特点，工程造价资料一般分为建设项目、单项工程和单位工程造价资料，同时也包括有关新材料、新工艺、新设备、新技术的分部分项工程造价资料。

2. 工程造价资料积累的内容

工程造价资料积累的内容应包括“量”（如主要工程量、人工工日量、材料量、机具台班量等）和“价”，还要包括对工程造价有重要影响的技术经济条件，如工程的概况、建设条件等。

1）建设项目和单项工程造价资料

（1）对造价有主要影响的技术经济条件，如项目建设标准、建设工期、建设地点等。

（2）主要的工程量、主要的材料量和主要设备的名称、型号、规格、数量等。

（3）投资估算、概算、预算、竣工决算及造价指数等。

2）单位工程造价资料

单位工程造价资料包括工程的内容、建筑结构特征、主要工程量、主要材料用量和单价、人工工日用量和人工费、机具台班用量和机具使用费，以及相应的造价等。

3）其他

其他主要包括有关新材料、新工艺、新设备、新技术分部分项工程的人工工日用量、主要材料用量、机具台班用量。

3. 工程造价资料的作用

（1）作为编制固定资产投资计划的参考，用以进行建设成本分析。

（2）进行单位生产能力投资分析。

（3）作为编制投资估算的重要依据。

（4）作为编制初步设计概算和审查施工图预算的重要依据。

（5）作为确定最高投标限价和投标报价的参考资料。

（6）作为技术经济分析的基础资料。

（7）作为编制各类定额的基础资料。

（8）用以测定调价系数、编制造价指数。

（9）用以研究同类工程造价的变化规律。

3.6.3 工程造价指数

1. 工程造价指数的概念

在建筑市场供求和价格水平发生经常性波动的情况下，建设工程造价及其各组成部分也处于不断变化之中，这不仅使不同时期的工程在“量”与“价”两方面都失去可比性，也给合理确定和有效控制造价造成了困难。根据工程建设的特点，编制工程造价指数是解决这些问题的最佳途径。以合理方法编制的工程造价指数，不仅能够较好地反映工程造价的变动趋势和变化幅度，而且可用于剔除价格水平变化对工程造价的影响，正确反映建筑市场供求关系和生产力发展水平。

工程造价指数是反映一定时期由于价格变化对工程造价影响程度的一种指标，它是调整工程造价价差的依据。工程造价指数反映了报告期与基期相比的价格变动趋势，利用它来研究实际工作中的下列问题具有一定意义。

（1）可以利用工程造价指数分析价格变动趋势及其原因。

（2）工程造价指数是政府对建设市场宏观调控的依据，可以利用工程造价指数预计宏观经济变化对工程造价的影响。

（3）工程造价指数是工程发承包双方进行工程估价和结算的重要依据。

（4）工程造价指数是承包商投标报价的依据，此时的工程造价指数也可称为投标价格指数。

2. 工程造价指数的内容及其特征

工程造价指数是一定时期的建设工程造价相对于某一固定时期工程造价的比值，以某一设定值为参照得出的同比例数值。工程造价指数分为人材机市场价格指数、单项工程造价指数、建设工程造价综合指数。

（1）人材机市场价格指数：包括反映各类工程的人工费、材料费、机具使用费报告期价格对基期价格的变化程度的指标，可利用它研究主要单项价格变化的情况及其发展变化的趋势。

人工费、材料费、机具使用费等价格指数的编制，可以直接用报告期价格与基期价格相比后得到。其计算公式如式（3-33）所示。

$$\text{人工费（材料费、机具使用费）价格指数}=\frac{P_{n}}{P_{0}} \tag{3-33}$$

式中，P_0——基期人工日工资单价（材料价格、机具台班单价）;

P_n——报告期人工日工资单价（材料价格、机具台班单价）。

（2）单项工程造价指数：主要是指按照不同专业类型划分的各类单项工程造价指数。单项工程造价指数按照专业类型可分为房屋建筑与装饰工程、仿古建筑工程、通用安装工程、市政工程、园林绿化工程、矿山工程、构筑物工程、城市轨道交通工程和爆破工程等。

单项工程造价指数可使用已有的各类单项工程造价指标进行编制，通过报告期与基期相应的工程造价指标的比值计算。其计算公式如式（3-34）所示。

$$单项工程造价指数=\frac{P'_{\mathrm{n}}}{P'_{0}} \quad (3\text{-}34)$$

式中，P'_0——基期单项工程造价指标；

P'_{n}——报告期单项工程造价指标。

（3）建设工程造价综合指数：通常按照地区进行编制，即将不同专业的单项工程造价指数进行加权汇总后，反映出该地区某一时期内工程造价的综合变动情况。

建设工程造价综合指数是在单项工程造价指数编制结果的基础上，将不同专业类型的单项工程造价指数以投资额为权重加权汇总后编制完成的。其计算公式如式（3-35）所示。

$$建设工程造价综合指数=\frac{A_1X_1+A_2X_2+\cdots+A_nX_n}{X_1+X_2+\cdots+X_n} \quad (3\text{-}35)$$

式中，A_n——同期各类单项工程造价指数；

X_n——同期各类单项工程总投资额。

3.6.4 工程造价的动态管理

工程造价信息的管理是指对信息的收集、加工整理、储存、传递与应用等一系列工作的总称。其目的就是通过有组织的信息流通，使决策者能及时、准确地获得相应的信息。为了达到工程造价信息动态管理的目的，在工程造价信息管理中应遵循以下基本原则。

（1）标准化原则。要求在项目的实施过程中对有关信息的分类进行统一，对信息流程进行规范，力求做到格式化和标准化，从组织上保证信息生产过程的效率。

（2）有效性原则。工程造价信息应针对不同层次管理者的要求进行适当加工，针对不同管理层提供不同要求和浓缩程度的信息。这一原则是为了保证信息产品对于决策支持的有效性。

（3）定量化原则。工程造价信息不应只是项目实施过程中产生数据的简单记录，而应由信息处理人员采用定量工具对有关数据进行分析和比较。

（4）时效性原则。考虑到工程造价计价与控制过程的时效性，工程造价信息也应具有相应的时效性，以保证信息产品能够及时服务于决策。

（5）高效处理原则。通过采用高性能的信息处理工具（如工程造价信息管理系统），尽量缩短信息在处理过程中的延迟。

习　题

一、单项选择题

1. 工程计量与计价依据中，下列（　　）属于规范工程计价的依据。
A. 概算指标
B. 有关行业主管部门发布的规章、规范
C. 费用定额
D. 工程造价信息
2. 工程量清单内容包括分部分项工程量清单、措施项目清单和（　　）。
A. 其他项目清单
B. 单项工程清单
C. 综合单价清单
D. 零星项目清单
3. 关于分部分项工程项目清单中项目编码，下列说法正确的是（　　）。
A. 第二级编码为分项工程顺序码
B. 第一级编码为专业工程顺序码
C. 补充项目编码应采用 6 位编码
D. 同一标段内多个单位工程中项目特征完全相同的分项工程，可采用相同的编码
4. 根据《建设工程工程量清单计价规范》（GB 50500—2013）的规定，当合同约定调整因素出现时进行工程价款调整而预备的费用，应列入（　　）之中。
A. 暂列金额
B. 暂估价
C. 计日工
D. 措施项目费
5. 关于施工定额，下列说法正确的是（　　）。
A. 施工定额是以分项工程为对象编制的定额
B. 施工定额由劳动定额、材料消耗定额、机械台班定额组成
C. 施工定额广泛适用于施工企业项目管理，具有一定的社会性
D. 施工定额由行业建设行政主管部门组织有一定水平的专家编制

二、填空题

1. 在建设工程发承包阶段，由招标人编制的工程量清单可称为________。
2. 分部分项工程量清单必须载明项目编码、项目名称、________、计量单位和工程量。

3. 招标工程量清单是招标文件的组成部分，________应对其编制的准确性和完整性负责。

4. 措施项目清单包括________和________。

5. 施工定额的研究对象是同一性质的________。

三、名词解释

1. 工程量清单
2. 产量定额
3. 材料消耗定额
4. 工程造价信息

四、简答题

1. 措施项目清单编制的主要依据有哪些？
2. 劳动定额的表现形式有哪些？各有哪些用途？
3. 简述施工定额与预算定额的区别。
4. 预算定额基价包括哪些费用？各项费用应如何计算？
5. 什么是工程造价指数？工程造价指数包括哪些内容？

五、计算题

1. 某项砌筑工程，完成每立方米砌体的基本工作时间为 7.9h；辅助工作时间、准备与结束时间、不可避免的中断时间和休息时间等，分别占砌体的工作延续时间的 3%、2%、2%、16%。该砌筑工程的人工时间定额和产量定额分别是多少？

2. 完成某单位分项工程需要基本用工 4.2 工日，超运距用工 0.3 工日，辅助用工 1 工日，人工幅度差系数为 10%，该单位分项工程其他用工消耗量是多少？

第4章 土建工程计量

知识结构图

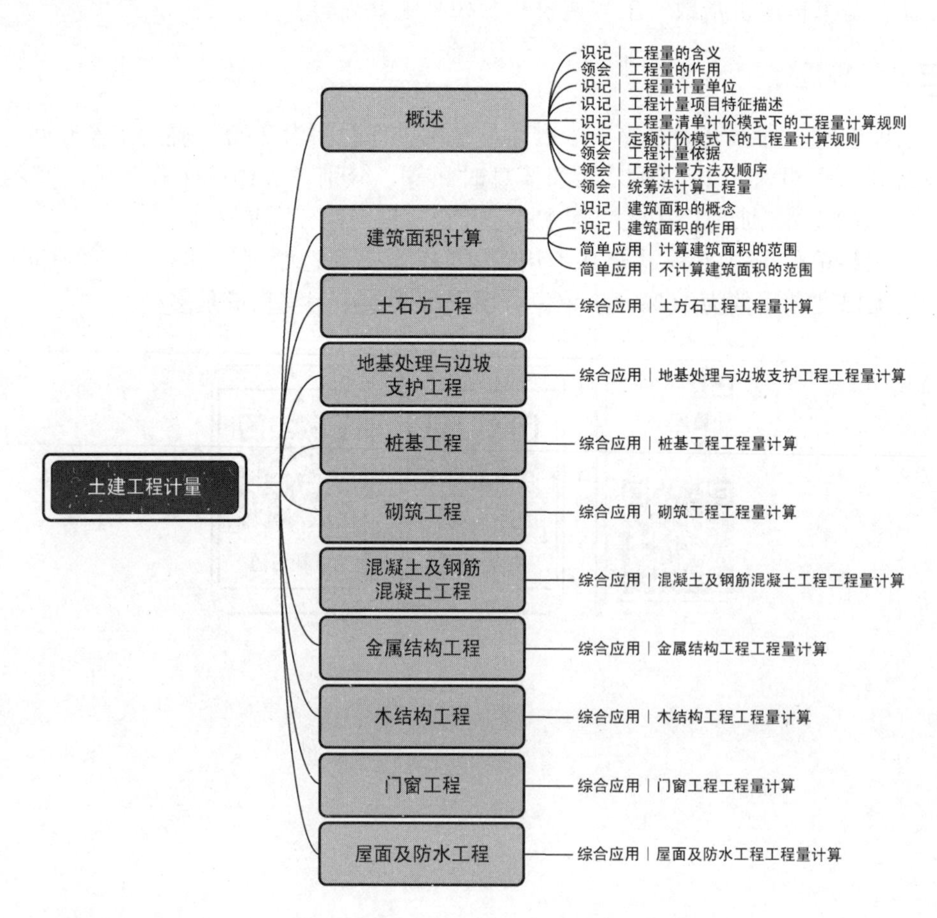

4.1 概　　述

工程造价的有效确定与控制，应以构成工程实体的分部分项工程项目以及施工前和施工过程中所需采取的措施项目的数量标准为依据。由于工程造价的多次性计价特点，故工程计量也具有阶段性和多次性，不仅包括招标阶段工程量清单编制中的工程计量，也包括投资估算、设计概算、投标报价，以及合同履约阶段的变更、索赔、支付和结算中的工程计量。

4.1.1 工程计量的基本概念

1. 工程量的含义

工程量是指按一定的工程量计算规则计算并以物理计量单位或自然计量单位表示的建设工程各分部分项工程项目、措施项目或结构构件的数量。

工程量计算是工程计价活动的重要的基础环节，是指建设工程项目以工程设计图纸、施工组织设计或施工方案及有关技术经济文件为依据，按照相关工程国家标准的计算规则、标准图集、规范等，进行工程数量的计算活动，在工程建设中简称工程计量。

工程计量工作在不同计价过程中有不同的具体内容，如在招标阶段主要依据施工图纸和工程量计算规则确定拟完分部分项工程项目和措施项目的工程数量；在施工阶段主要根据合同约定、施工图纸及工程量计算规则对已完成工程量进行计算和确认。

2. 工程量的作用

1）工程量是合理确定工程造价的重要依据

在建设工程招投标过程中，招标人按照清单工程量编制最高投标限价；投标人则依据清单工程量及企业定额计算投标报价，只有准确计算工程量，才能正确计算工程相关费用，合理确定工程造价。

2）工程量是发包方管理工程建设的重要依据

工程量是发包方编制建设计划，筹集资金，编制工程招标文件、工程量清单、建筑工程预算，安排工程价款的拨付和结算，进行投资控制的重要依据。

3）工程量是承包方进行生产经营管理的重要依据

工程量是承包方编制项目管理规划、安排工程施工进度、编制材料供应计划、进行工料分析、进行工程统计和经济核算的重要依据，也是承包方编制工程形象进度统计报表，向发包方请求结算工程价款的重要依据。

4）工程量是办理工程结算、调整工程价款、处理工程索赔的依据

在施工阶段，发包方根据承包方完成的工程量及合同单价支付工程进度款，办理工程结算；在发生工程变更和工程索赔时，发包方根据承包方实际完成的工程量并参照工程量清单中的分部分项工程或计价项目及合同单价来确定变更价款和索赔费用。

3. 工程量计量单位

工程量计量单位包括物理计量单位和自然计量单位。物理计量单位是指需经量度的具有物理属性的单位，一般是以公制度量单位表示，如长度（m）、面积（m^2）、体积（m^3）、质量（t）等；自然计量单位是指无须量度的具有自然属性的单位，如“个”“台”“组”“套”“樘”“根”“系统”等，如现浇混凝土基础梁以体积（m^3）为计量单位、预制钢筋混凝土方桩以“根”为计量单位等。

工程量的计量单位应按工程量计算规范附录中规定的计量单位确定。规范附录中有两个或两个以上计量单位的，应结合拟建工程项目的具体情况，由招标人加以选择，但在同一个建设项目（或标段、合同段）中，每一个项目其计量单位必须保持一致。

不同的计量单位汇总后的有效位数也不相同，根据工程量计算规范规定，工程计量时每一个项目汇总的有效位数应遵守下列规定。

（1）以“t”为单位，结果应保留三位小数，第四位小数四舍五入。

（2）以“m^3”“m^2”“m”“kg”为单位，结果应保留两位小数，第三位小数四舍五入。

（3）以“个”“台”“组”“套”“樘”“根”“系统”等为单位，结果应取整数。

4. 工程计量项目特征描述

项目特征是表征构成分部分项工程项目、措施项目自身价值的本质特征，是对分部分项工程量清单、措施项目清单价值的特有属性和本质特征的描述。从本质上讲，项目特征体现的是对清单项目的质量要求，是确定一个清单项目综合单价不可缺少的重要依据，因此，在工程计量时，必须同时对项目特征进行准确和全面的描述。项目特征描述的重要意义在于：项目特征是区分具体清单项目的依据；项目特征是确定综合单价的前提；项目特征是履行合同义务的基础。如实际项目实施中施工图纸显示的项目特征与分部分项工程项目特征不一致或发生变化，即可按合同约定调整该分部分项工程的综合单价。

一般来说，能够体现项目本质区别的特征和对报价有实质影响的内容都必须描述。如现浇混凝土墙，需要描述的项目特征包括混凝土种类和混凝土强度等级，其中，混凝土种类可以是清水混凝土、彩色混凝土等，或预拌（商品）混凝土、现场搅拌混凝土等。为达到规范、简洁、准确、全面描述项目特征的要求，在描述工程量清单项目特征时应按以下原则进行。

（1）项目特征描述的内容应按工程量计算规范附录中的规定，结合拟建工程的实际，以满足确定综合单价的需要。

（2）若采用标准图集或施工图纸能够全部或部分满足项目特征描述的要求，项目特征描述可直接采用详见 ×× 图集或 ×× 图号的方式。对不能满足项目特征描述要求的部分，仍需采用文字加以描述。

4.1.2 工程量计算规则

工程量计算规则是工程计量的主要依据之一，是工程量数值的取定方法。目前我国工程造价管理体制分为工程量清单计价模式和定额计价模式，不同的计价模式对应着不同的计算规则，在计算工程量时，应根据选定的计价模式采用对应的计算规则。

1. 工程量清单计价模式下的工程量计算规则

建设工程采用工程量清单计价的，其工程计量应执行清单计算规则。2012 年 12 月，住房和城乡建设部发布了《房屋建筑与装饰工程工程量计算规范》（GB 50854—2013）、《仿古建筑工程工程量计算规范》（GB 50855—2013）、《通用安装工程工程量计算规范》（GB 50856—2013）、《市政工程工程量计算规范》（GB 50857—2013）、《园林绿化工程工程量计算规范》（GB 50858—2013）、《矿山工程工程量计算规范》（GB 50859—2013）、《构筑物工程工程量计算规范》（GB 50860—2013）、《城市轨道交通工程工程量计算规范》（GB 50861—2013）和《爆破工程工程量计算规范》（GB 50862—2013）共九个专业的工程量计算规范（简称“计量规范”），并于 2013 年 7 月 1 日起实施，用于规范工程计量行为，统一各专业工程量清单的编制、项目设置和工程量计算规则。2018 年 10 月，住房和城乡建设部发布《房屋建筑与装饰工程工程量计算规范（征求意见稿）》（简称《计算规范》），本章所讲述的工程量计算规则（简称“清单规则”）均按《计算规范》执行，适用于工业与民用的房屋建筑与装饰工程发承包及实施阶段计价活动中的工程计量和工程量清单编制。

房屋建筑与装饰工程中涉及电气、给排水、消防等安装工程的项目，按现行国家标准《通用安装工程工程量计算规范》（GB 50856—2013）的相应项目执行；涉及仿古建筑工程的项目，按现行国家标准《仿古建筑工程工程量计算规范》（GB 50885—2013）的相应项目执行；涉及室外地（路）面、室外给排水等工程的项目，按现行国家标准《市政工程工程量计算规范》（GB 50857—2013）的相应项目执行；涉及采用爆破法施工石方工程的项目，按现行国家标准《爆破工程工程量计算规范》（GB 50862—2013）的相应项目执行。

2. 定额计价模式下的工程量计算规则

从 20 世纪 90 年代开始，我国工程造价管理进行了一系列的重大变革。建设部在 1995 年发布了《全国统一建筑工程基础定额（土建）》（GJD—101—95），同时还发布了《全国统一建筑工程预算工程量计算规则（土建工程）》（GJD_{GZ}—101—95），在全国范围内统一了定额的项目划分，统一了工程量的计算规则，使工程计价的基础性工作得到了统一。2015 年 3 月，住房和城乡建设部发布《房屋建筑与装饰工程消耗量定额》（TY 01—31—2015）、《通用安装工程消耗量定额》（TY 02—31—2015）、《市政工程消耗量定额》（ZYA 1—31—2015），在各消耗量定额中规定了分部分项工程和措施项目的工程量计算规则。除由住房和城乡建设部统一发布的定额外，还有各地方或行业发布的消耗量定额，其中也都规定了与之相对应的工程量计算规则。

4.1.3 工程计量依据

工程量的计算需要根据施工图纸及其相关说明，技术规范、标准、定额，有关的图集、计算手册等，按照一定的工程量计算规则逐项进行。工程计量主要依据如下。

（1）经审定的施工图纸及其相关说明。施工图纸全面反映建筑物（或构筑物）的结构构造、各部位的尺寸及工程做法，是工程量计算的基础资料和基本依据。

（2）经审定的施工组织设计（施工项目管理实施规划）或施工技术措施方案。施工图纸主要表现拟建工程的实体项目，分项工程的具体施工方法及措施则应按施工组织设计（施工项目管理实施规划）或施工技术措施方案确定。

（3）国家发布的计量规范、消耗量定额和各地方或行业发布的消耗量定额及其工程量计算规则。

（4）设计规范、平法图集、各类构件的标准图集等，如钢筋工程量计算时需用到的《混凝土结构设计规范（2015 年版）》(GB 50010—2010)、22G101 平法图集等。

（5）经审定的其他相关技术经济文件，如工程施工合同、招标文件的商务条款等。

4.1.4 工程计量方法及顺序

为了准确快速地计算工程量，避免发生多算、少算、重复计算的现象，计算中应按照一定的顺序及方法进行。

在安排各分部工程计算顺序时，可以按照工程量计算规则顺序或按照施工顺序（自下而上、由外向内）依次进行计算，通常计算顺序为：建筑面积→土石方工程→基础工程→门窗工程→混凝土及钢筋混凝土工程→墙体工程→楼地面工程→屋面工程→其他分部工程等。

而对于同一分部工程中不同分项工程工程量的计算，一般可采用以下几种顺序。

1）按顺时针顺序计算

从平面左上角开始，按顺时针方向逐步计算，绕一周后回到左上角。此顺序可用于计算外墙的挖沟槽、浇筑或砌筑基础、砌筑墙体和装饰等项目，以及以房间为单位的室内地面、天棚等工程项目。

2）按横竖顺序计算

从平面图上的横竖方向，从左到右、先外后内、先横后竖、先上后下逐步计算。此顺序可用于计算内墙的挖沟槽及砌筑基础、墙体和各种间壁墙等。

3）按编号顺序计算

按照图纸上注明的编号顺序计算，如钢筋混凝土构件、门窗、金属构件等，可按照图纸的编号进行计算。

4）按轴线顺序计算

对于复杂的分部工程，如墙体工程、装饰工程等，仅按上述顺序计算还可能发生重复或遗漏，这时可按图纸上的轴线顺序进行计算，并将其部位以轴线号表示出来。

4.1.5 统筹法计算工程量

统筹法计算工程量打破了按照工程量计算规则或按照施工顺序的工程量计算顺序，而是根据施工图纸中大量图形线、面数据之间“集中”“共需”的关系，找出工程量的变化规律，利用其几何共同性，统筹安排数据的计算。

统筹法计算工程量的基本特点是：统筹程序、合理安排；一次算出、多次使用；结合实际，灵活机动。统筹法计算工程量应根据工程量计算自身的规律，抓住共性因素，统筹安排计算顺序，使已算出的数据能为以后的分部分项工程的计算所利用，减少计算过程中的重复性，提高计算效率。

统筹法计算工程量的核心在于：根据统筹的顺序首先计算出若干工程量计算的基数，而这些基数能在以后的工程量计算中反复使用。工程量计算基数并不确定，不同的工程可以归纳出不同的基数，但对于大多数工程而言，“三线一面”是其共有的基数。

（1）外墙中心线长度（$L_{中}$）：建筑物外墙的中心线长度之和。

（2）外墙外边线长度（$L_{外}$）：建筑物外墙的外边线长度之和。

（3）内墙净长线长度（$L_{净}$）：建筑物所有内墙的净长度之和。

（4）底层建筑面积（$S_{底}$）：建筑物底层的建筑面积。

外墙偏心时，如图 4.1 所示，外墙中心线长度、外墙外边线长度可按式（4-1）计算。

$$L_{中}=L_{外轴}+8e;\ L_{外}=L_{外轴}+8b \tag{4-1}$$

式中，e——偏心距，$e=(b-a)/2$；

a——外墙轴线到外墙内边线的距离；

b——外墙轴线到外墙外边线的距离；

$L_{外轴}$——外墙轴线长度之和。

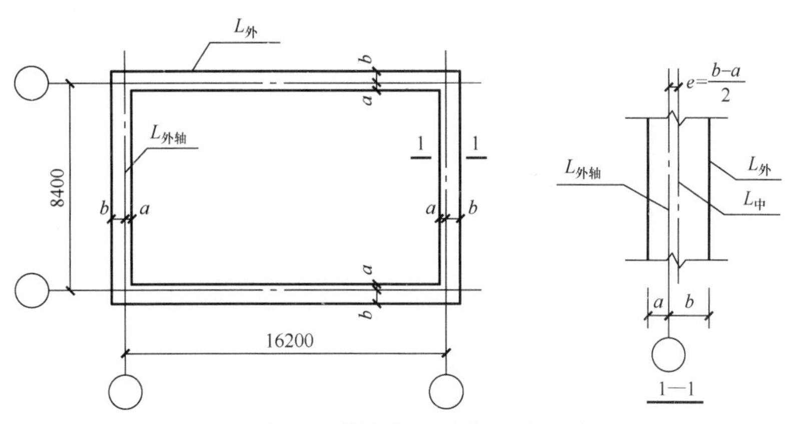

图 4.1　外墙偏心平面示意图

【例 4-1】 某建筑物，其平面图如图 4.2 所示，计算该建筑物的“三线一面”。

【解】 外墙中心线长度 $L_{中}$ =（8.800−0.365）+（0.365+2.765+0.240+2.765+0.365−0.365）+4.400+（2.765+0.365）+（4.400−0.365）+（9.630−

0.365）=35.400（m）

或外墙中心线长度 $L_{中}$ =（8.800−0.365）×2+（9.630−0.365）×2=35.400（m）

外墙外边线长度 $L_{外}$ =（8.800+9.630）×2=36.860（m）

内墙（365）净长线长度 $L_{净}$ =2.765m

内墙（240）净长线长度 $L_{净}$ =8.070+2.765=10.835（m）

底层建筑面积 $S_{底}$ =8.800×9.630−4.400×（2.765+0.365）=70.972（m²）

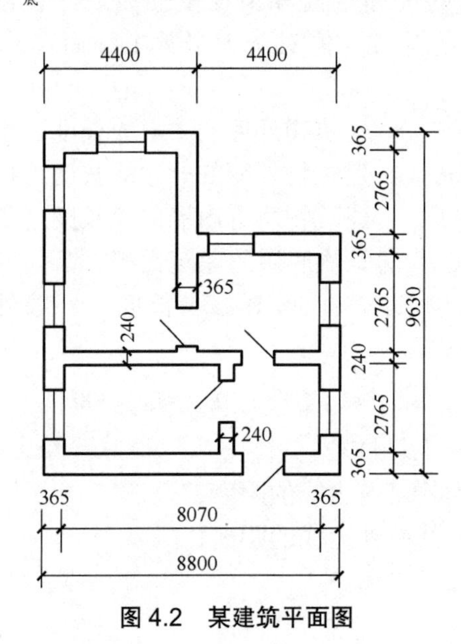

图 4.2　某建筑平面图

4.2　建筑面积计算

4.2.1　建筑面积的概念

建筑面积，也称建筑展开面积，是建筑物（包括墙体）所形成的楼地面面积，即房屋建筑的各层水平投影面积之和。建筑面积包括使用面积、辅助面积和结构面积。使用面积是指建筑物各层平面布置中可直接为生产或生活使用的净面积总和，居室净面积在民用建筑中称为居住面积；辅助面积是指建筑物各层平面布置中辅助部分（如公共楼梯、公共走廊）的面积之和，辅助面积在民用建筑中称为公共面积；结构面积是指建筑物各层平面布置中结构部分的墙体、柱体等所占面积之和。

4.2.2　建筑面积的作用

（1）建筑面积是一项重要的技术经济指标。根据建筑面积可以计算出建设项目的单方造价、单方资源消耗量、建筑设计中的有效面积率、平面系数、土地利用系数等重要的技术经济指标。

（2）建筑面积是进行建设项目投资决策、勘察设计、招投标、工程施工、竣工验收等一系列工作的重要依据。

（3）建筑面积在确定建设项目投资估算、设计概算、施工图预算、最高投标限价、投标报价、合同价、结算价等一系列工程估价工作中发挥了重要作用。

（4）建筑面积与其他分项工程工程量的计算结果有关，甚至其本身就是某些分项工程的工程量，如平整场地，脚手架工程，楼地面工程，垂直运输工程，建筑物超高增加人工、机械，等等。

4.2.3 建筑面积计算规则

由于建筑面积是一项重要的技术经济指标，起着衡量基本建设规模、投资效益、建设成本等重要尺度的作用，因此必须保证其计算结果的准确性及统一性，本书根据国家标准《建筑工程建筑面积计算规范》（GB/T 50353—2013）中的有关规定加以介绍。

工业与民用建筑工程建设全过程的建筑面积计算，总的原则应该本着凡在结构上、使用上形成具有一定使用功能的空间，并能单独计算出水平投影面积及其相应资源消耗部分的新建、扩建、改建工程可计算建筑面积，反之不应计算建筑面积。

1. 计算建筑面积的范围

（1）建筑物的建筑面积应按自然层外墙结构外围水平面积之和计算。结构层高在 2.20m 及以上的，应计算全面积；结构层高在 2.20m 以下的，应计算 1/2 面积。

（2）建筑物内设有局部楼层时，对于局部楼层的二层及以上楼层，有围护结构的应按其围护结构外围水平面积计算，无围护结构的应按其结构底板水平面积计算。结构层高在 2.20m 及以上的，应计算全面积；结构层高在 2.20m 以下的，应计算 1/2 面积。

（3）对于形成建筑空间的坡屋顶，结构净高在 2.10m 及以上的部位应计算全面积；结构净高在 1.20m 及以上至 2.10m 以下的部位应计算 1/2 面积；结构净高在 1.20m 以下的部位不应计算建筑面积。

（4）对于场馆看台下的建筑空间，结构净高在 2.10m 及以上的部位应计算全面积；结构净高在 1.20m 及以上至 2.10m 以下的部位应计算 1/2 面积；结构净高在 1.20m 以下的部位不应计算建筑面积。室内单独设置的有围护设施的悬挑看台，应按看台结构底板水平投影面积计算建筑面积。有顶盖无围护结构的场馆看台，应按其顶盖水平投影面积的 1/2 计算面积。

（5）地下室（图 4.3）、半地下室应按其结构外围水平面积计算。结构层高在 2.20m 及以上的，应计算全面积；结构层高在 2.20m 以下的，应计算 1/2 面积。

（6）出入口外墙外侧坡道有顶盖的部位，应按其外墙结构外围水平面积的 1/2 计算面积。

（7）坡地建筑物吊脚架空层（图 4.4）及建筑物架空层，应按其顶板水平投影计算建筑面积。结构层高在 2.20m 及以上的，应计算全面积；结构层高在 2.20m 以下的，应计算 1/2 面积。

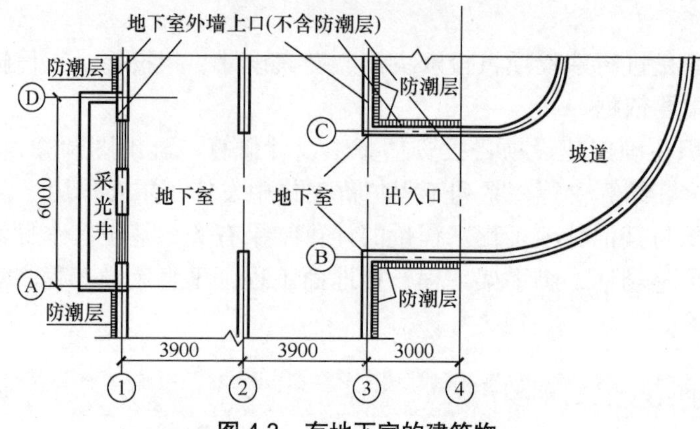

图 4.3　有地下室的建筑物

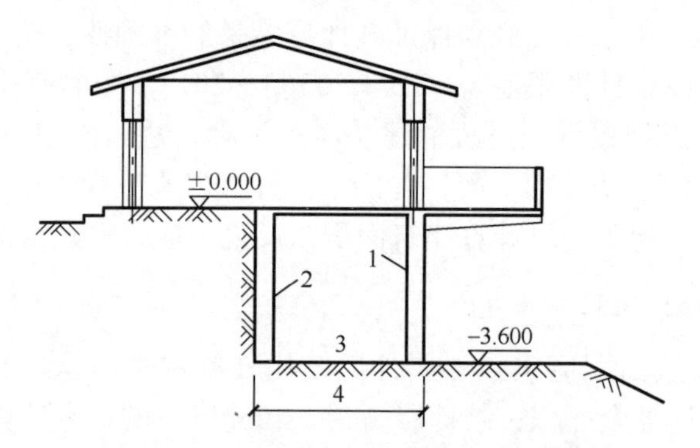

1—柱；2—墙；3—吊脚架空层；4—计算建筑面积部位。

图 4.4　坡地建筑物吊脚架空层示意图

（8）建筑物的门厅、大厅按一层计算建筑面积。门厅、大厅内设置的走廊，应按走廊结构底板水平投影面积计算建筑面积。结构层高在 2.20m 及以上的，应计算全面积；结构层高在 2.20m 以下的，应计算 1/2 面积。

（9）对于建筑物间的架空走廊，有顶盖和围护结构的，应按其围护结构外围水平面积计算全面积；无围护结构、有围护设施的，应按其结构底板水平投影面积计算 1/2 面积。

（10）对于立体书库、立体仓库、立体车库，有围护结构的，应按其围护结构外围水平面积计算建筑面积；无围护结构、有围护设施的，应按其结构底板水平投影面积计算建筑面积。无结构层的应按一层计算，有结构层的应按其结构层面积分别计算。结构层高在 2.20m 及以上的，应计算全面积；结构层高在 2.20m 以下的，应计算 1/2 面积。

（11）有围护结构的舞台灯光控制室，应按其围护结构外围水平面积计算。结构层高在 2.20m 及以上的，应计算全面积；结构层高在 2.20m 以下的，应计算 1/2 面积。

（12）附属在建筑物外墙的落地橱窗，应按其围护结构外围水平面积计算。结构层高在 2.20m 及以上的，应计算全面积；结构层高在 2.20m 以下的，应计算 1/2 面积。

（13）窗台与室内楼地面高差在 0.45m 以下且结构净高在 2.10m 及以上的凸（飘）窗，应按其围护结构外围水平面积计算 1/2 面积。

（14）门斗（图 4.5）应按其围护结构外围水平面积计算建筑面积。结构层高在 2.20m 及以上的，应计算全面积；结构层高在 2.20m 以下的，应计算 1/2 面积。

（15）有围护设施的室外走廊（挑廊）（图 4.6），应按其结构底板水平投影面积计算 1/2 面积；有围护设施（或柱）的檐廊（图 4.6），应按其围护设施（或柱）外围水平面积计算 1/2 面积。

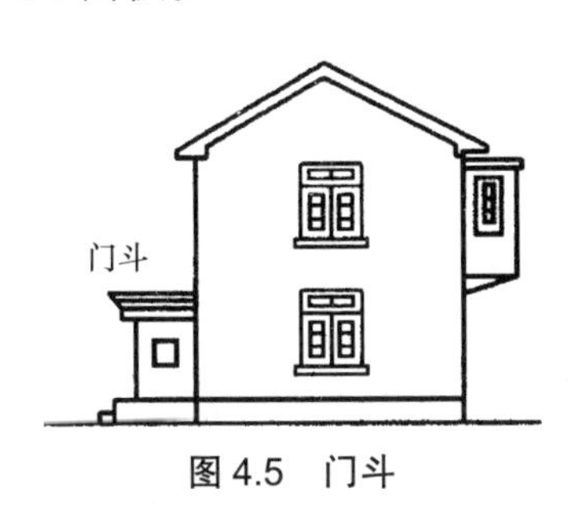

图 4.5 门斗

图 4.6 挑廊、走廊、檐廊

（16）门廊应按其顶板水平投影面积的 1/2 计算建筑面积；有柱雨篷应按其结构板水平投影面积的 1/2 计算建筑面积；无柱雨篷的结构外边线至外墙结构外边线的宽度在 2.10m 及以上的，应按雨篷结构板的水平投影面积的 1/2 计算建筑面积。

（17）设在建筑物顶部的、有围护结构的楼梯间、水箱间、电梯机房等，结构层高在 2.20m 及以上的应计算全面积；结构层高在 2.20m 以下的，应计算 1/2 面积。

（18）围护结构不垂直于水平面的楼层，应按其底板面的外墙外围水平面积计算。结构净高在 2.10m 及以上的部位，应计算全面积；结构净高在 1.20m 及以上至 2.10m 以下的部位，应计算 1/2 面积；结构净高在 1.20m 以下的部位，不应计算建筑面积。

（19）建筑物的室内楼梯、电梯井、提物井、管道井、通风排气竖井、烟道，应并入建筑物的自然层计算建筑面积。有顶盖的采光井应按一层计算面积，结构净高在 2.10m 及以上的，应计算全面积；结构净高在 2.10m 以下的，应计算 1/2 面积。

（20）室外楼梯应并入所依附建筑物自然层，并应按其水平投影面积的 1/2 计算建筑面积。

（21）在主体结构内的阳台（即凹阳台），应按其结构外围水平面积计算全面积；在主体结构外的阳台（即挑阳台），应按其结构底板水平投影面积计算 1/2 面积。图 4.7 所示为凹阳台、挑阳台示意图。

（22）有顶盖无围护结构的车棚、货棚、站台、加油站、收费站等，应按其顶盖水平投影面积的 1/2 计算建筑面积。

（23）以幕墙作为围护结构的建筑物，应按幕墙外边线计算建筑面积。

（24）建筑物的外墙外保温层，应按其保温材料的水平截面面积计算，并计入自然层建筑面积。

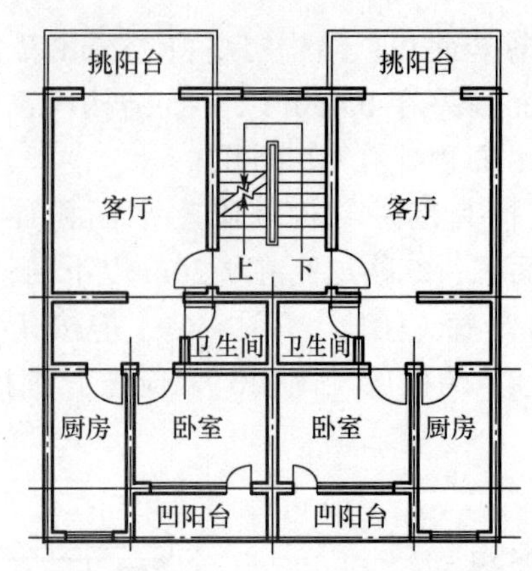

图 4.7　凹阳台、挑阳台示意图

（25）与室内相通的变形缝，应按其自然层合并在建筑物建筑面积内计算。对于高低联跨的建筑物，当高低跨内部连通时，其变形缝应计算在低跨面积内。

（26）对于建筑物内的设备层、管道层、避难层等有结构层的楼层，结构层高在 2.20m 及以上的，应计算全面积；结构层高在 2.20m 以下的，应计算 1/2 面积。

2. 不计算建筑面积的范围

（1）与建筑物内不相连通的建筑部件。

（2）骑楼、过街楼底层的开放公共空间和建筑物通道。

（3）舞台及后台悬挂幕布和布景的天桥、挑台等。

（4）露台、露天游泳池、花架、屋顶的水箱及装饰性结构构件。

（5）建筑物内的操作平台、上料平台、安装箱和罐体的平台。

（6）勒脚、附墙柱、垛、台阶、墙面抹灰、装饰面、镶贴块料面层、装饰性幕墙，主体结构外的空调室外机搁板（箱）、构件、配件，挑出宽度在 2.10m 以下的无柱雨篷和顶盖高度达到或超过两个楼层的无柱雨篷。

（7）窗台与室内地面高差在 0.45m 以下且结构净高在 2.10m 以下的凸（飘）窗，窗台与室内地面高差在 0.45m 及以上的凸（飘）窗。

（8）室外爬梯、室外专用消防钢楼梯。

（9）无围护结构的观光电梯。

（10）建筑物以外的地下人防通道，独立的烟囱、烟道、地沟、油（水）罐、气柜、水塔、贮油（水）池、贮仓、栈桥等构筑物。

4.3　土石方工程

土石方工程包括单独土石方、基础土方、基础凿石及出渣、平整场地及其他 4 节，共 20 个项目。

4.3.1 概述

1. 单独土石方项目、基础土石方项目的划分

（1）单独土石方项目：是指土地准备阶段为使施工现场达到设计室外标高所进行的（三通一平中）挖、填土石方工程。建筑、安装、市政、园林绿化、修缮等各专业工程中的单独土石方工程，均按单独土石方的相应规定编码列项。

（2）基础土石方项目（含平整场地及其他）：是指设计室外地坪以下、为实施基础施工所进行的土石方工程。

本部分内容不包括地下常水位以下的施工降水、土石方开挖过程中的地表水排除与边坡支护等，实际发生时，另按其他章节相应规定编码列项。

2. 土壤、岩石分类

根据开挖方法及难易程度，土壤分为一、二类土，三类土和四类土；岩石分为极软岩、软质岩（软岩、较软岩）和硬质岩（较硬岩、坚硬岩）。

3. 土石方的开挖、运输

土石方的开挖、运输，均按开挖前的天然密实体积计算。土石方回填，按回填后的竣工体积计算。不同状态的土石方体积可按表 4-1 换算。

表 4-1 土石方体积换算系数

名称	虚方	松填	天然密实	夯填
土方	1.00	0.83	0.77	0.67
	1.20	1.00	0.92	0.80
	1.30	1.08	1.00	0.87
	1.50	1.25	1.15	1.00
石方	1.00	0.85	0.65	—
	1.18	1.00	0.76	—
	1.54	1.31	1.00	—
块石	1.75	1.43	1.00	（码方）1.67
砂夹石	1.07	0.94	1.00	—

注：1. 天然密实体积：自然状态的土、石，未经开挖施工的体积。
2. 虚方体积：挖出的土、石自然堆放，未经碾压，堆积时间不超过 1 年的土石方体积。
3. 夯实后体积：土石方回填，经分层碾压、夯实后的土石方体积。
4. 松填体积：挖出的土、石自然堆放，未经夯实、碾压，回填在坑（槽）中的土石方体积。

4. 沟槽、地坑、一般土石方的划分

基础底宽 B（有垫层时按垫层宽度）≤3m，且基础底长 L（有垫层时按垫层长度）>3B

的土石方，为沟槽；底长 $L \leqslant 3B$，且底面积≤$20m^2$ 的土石方，为地坑；超出上述范围，又非平整场地的土石方，为一般土石方，见表 4-2。

表 4-2　沟槽、地坑、一般土石方的划分

项目	划分标准（几何尺寸）	工程量特点	清单项目
沟槽	$L>3B$，且 $B \leqslant 3m$	工程量较小	挖沟槽
地坑	$L \leqslant 3B$，且底面积≤$20m^2$		挖地坑
一般土石方	$L>3B$，且 $B>3m$	工程量大	挖一般土方、挖一般石方
	$L \leqslant 3B$，且底面积 >$20m^2$		挖一般土方、挖一般石方

5. 沟槽、地坑的施工断面形式

若施工组织设计没有说明沟槽或地坑施工需要使用支护结构，则应根据挖土深度按图 4.8（a）或图 4.8（c）确定沟槽或地坑的施工断面形式；若施工组织设计明确要使用某种类型的支护结构，则应按图 4.8（b）确定沟槽或地坑的施工断面形式。

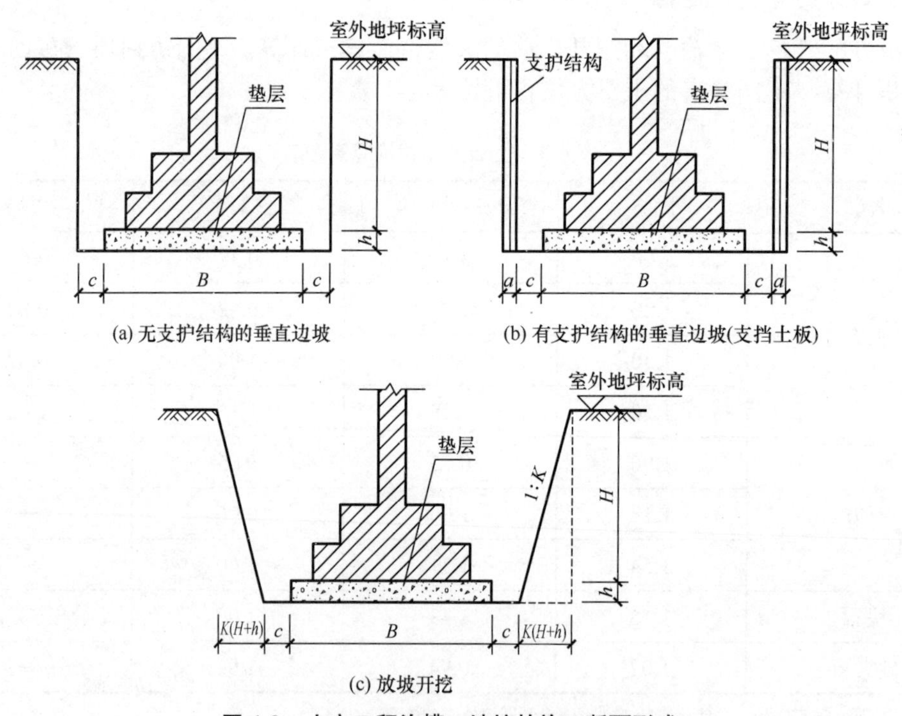

图 4.8　土方工程沟槽、地坑的施工断面形式

图 4.8 中，B 代表沟槽（地坑）基底的宽度（有垫层时按垫层尺寸）；H、h 分别代表基础高度和垫层厚度；c 代表基础工作面宽度；K 代表放坡开挖坡度系数；a 代表支护结构宽度，若采用挡土板支护，取 a=100mm。

基础土方施工时土方放坡起点深度和放坡坡度按施工组织设计计算；施工组织设计无规定时，按表 4-3 计算。

表 4-3　土方放坡起点深度和放坡坡度表

土壤类别	放坡起点深度	放坡坡度			
		人工挖土	机械挖土		
			地坑内作业	地坑上作业	沟槽上作业
一、二类土	>1.20m	1∶0.50	1∶0.33	1∶0.75	1∶0.50
三类土	>1.50m	1∶0.33	1∶0.25	1∶0.67	1∶0.33
四类土	>2.00m	1∶0.25	1∶0.10	1∶0.33	1∶0.25

注：1. 混合土质的基础土方，其放坡起点深度和放坡坡度，按不同土类厚度加权平均计算。

2. 基础土方放坡，自基础（含垫层）底标高算起。

3. 计算基础土方放坡时，不扣除放坡交叉处的重复工程量。

4. 基础土方支挡土板时，土方放坡不另计算。

6. 单独土石方工程量计算规定

（1）单独土石方的开挖深度，按自然地面测量标高至设计室外地坪间的平均厚度计算。

（2）场内运距，指施工现场范围内的运输距离，按挖土区重心至填方区（或堆放区）重心间的最短距离计算。

7. 基础土方工程量计算规定

基础土方项目包括挖一般土方、挖地坑土方、挖沟槽土方、挖桩孔土方、挖冻土、挖淤泥流砂、土方场内运输等分项工程。

（1）基础土方的开挖深度，应按设计室外地坪至基础（含垫层）底标高计算。交付施工场地标高与设计室外地坪不同时，应按交付施工场地标高计算。

（2）干土、湿土的划分，以地质勘测资料的地下常水位为准，地下常水位以上为干土，以下为湿土。地表水排出后，土壤含水率≥25% 时为湿土。

（3）基础施工的工作面宽度（c）按施工组织设计（经过批准，下同）计算；施工组织设计无规定时，按下列规定计算。

① 组成基础的材料或施工方式不同时，基础施工的工作面宽度按表 4-4 计算。

表 4-4　基础施工的工作面宽度（c）计算表

基础材料	每面各增加工作面宽度 /mm
砖基础	200
毛石、方整石基础	250
混凝土基础（支模板）	400
混凝土基础垫层（支模板）	150
基础垂直面做砂浆防潮层	400（自防潮层面）
基础垂直面做防水层或防腐层	1000（自防水层或防腐层面）
支挡土板（a）	100（另加）

② 基础施工需要搭设脚手架时，基础施工的工作面宽度，条形基础按 1.50m 计算（只计算一面），独立基础按 0.45m 计算（四面均计算）。

③ 基坑土方大开挖需做边坡支护、基坑内施工各种桩时，基础施工的工作面宽度均按 2.00m 计算。

（4）管道施工的单面工作面宽度，按表 4-5 计算。

表 4-5　管道施工的单面工作面宽度计算表

管道材质	管道基础外沿宽度（无基础时管道外径）/mm			
	≤500	≤1000	≤2500	>2500
混凝土管、水泥管	400	500	600	700
其他管道	300	400	500	600

8. 基础凿石及出渣工程量计算规定

（1）石方的开挖、运输，均按开挖前的天然密实体积计算。石方回填，按回填后的竣工体积计算。不同状态的石方体积，按表 4-1 换算。

（2）沟槽、地坑、一般石方的划分，详见表 4-2。

（3）基础石方开挖深度，应按设计室外地坪至基础（含垫层）底标高计算。交付施工场地标高与设计室外地坪不同时，应按交付施工场地标高计算。

（4）基础施工的工作面宽度按施工组织设计（经过批准，下同）计算；施工组织设计无规定时，按表 4-4 计算。

（5）场内运距，指施工现场范围内的运输距离，按挖石区重心至填方区（或堆放区）重心间的最短距离计算。

9. 平整场地及其他工程量计算规定

（1）平整场地，指建筑物（或构筑物）所在现场厚度在 ± 30cm 以内的就地挖、填及平整。

（2）竣工清理，指建筑物（或构筑物）内、外围四周 2m 范围内建筑垃圾的清理、场内运输和场内指定地点的集中堆放，建筑物（或构筑物）竣工验收前的清理、清洁等工作内容。

（3）管道沟槽回填时需扣除管道折合回填体积，管道折合回填体积按表 4-6 计算。

表 4-6　管道折合回填体积表　　单位：m^3/m

管道	公称直径 /mm					
	≤500	≤600	≤800	≤1000	≤1200	≤1500
混凝土、钢筋混凝土管道	0	0.33	0.60	0.92	1.15	1.45
其他管道	0	0.22	0.46	0.74	—	—

4.3.2 土石方工程工程量计算

1. 单独土石方

单独土石方包括挖单独土方、单独土方回填、挖单独石方、障碍物清除，其中挖单独土方、单独土方回填、挖单独石方按设计图示尺寸，以体积计算，单位：m^3；障碍物清除按障碍物的不同类别，以“项”计算，单位：项。

2. 基础土方

1）挖沟槽土方

按设计图示沟槽长度乘以沟槽断面面积（包括工作面宽度和土方放坡宽度），以体积计算，单位：m^3。

（1）无支护结构的垂直边坡［图 4.8（a）］。

$$V=(B+2c)\times(H+h)\times L \quad (4\text{-}2)$$

（2）有支护结构的垂直边坡（支挡土板）［图 4.8（b）］。

$$V=(B+2c+2a)\times(H+h)\times L \quad (4\text{-}3)$$

（3）放坡开挖［图 4.8（c）］。

$$V=[B+2c+K(H+h)]\times(H+h)\times L \quad (4\text{-}4)$$

式中，V——挖沟槽土方工程量；

L——沟槽的计算长度（沟槽长度按设计规定计算；设计无规定时，按下列规定计算）。

① 条形基础的沟槽长度。

a. 外墙沟槽，按外墙中心线长度计算。

b. 内墙（框架间墙）沟槽，按内墙（框架间墙）条形基础的垫层（基础底坪）净长度计算。

c. 凸出墙面的墙垛的沟槽，按墙垛凸出墙面的中心线长度，并入相应工程量内计算。

② 管道的沟槽长度，以设计图示管道垫层（无垫层时按管道）中心线长度（不扣除下口直径或边长≤1.5m 的井池）计算。下口直径或边长 >1.5m 的井池的土石方，另按地坑的相应规定计算。

2）挖地坑土方

按设计图示基础（含垫层）尺寸，另加工作面宽度和土方放坡宽度，乘以开挖深度，以体积计算，单位：m^3。

挖地坑土方工程量计算应按地坑开挖时的实际几何形体计算工程量，现以柱下独立基础（图 4.9）为例，对挖地坑土方工程量计算加以说明。

（1）无支护结构的垂直边坡［图 4.8（a）］。

$$V=(A+2c)\times(B+2c)\times(H+h) \quad (4\text{-}5)$$

（2）有支护结构的垂直边坡（支挡土板）［图 4.8（b）］。

$$V=(A+2c+2a)\times(B+2c+2a)\times(H+h) \tag{4-6}$$

（3）放坡开挖［图 4.8（c）]，其土方工程量应为图 4.10 所示棱台体积。

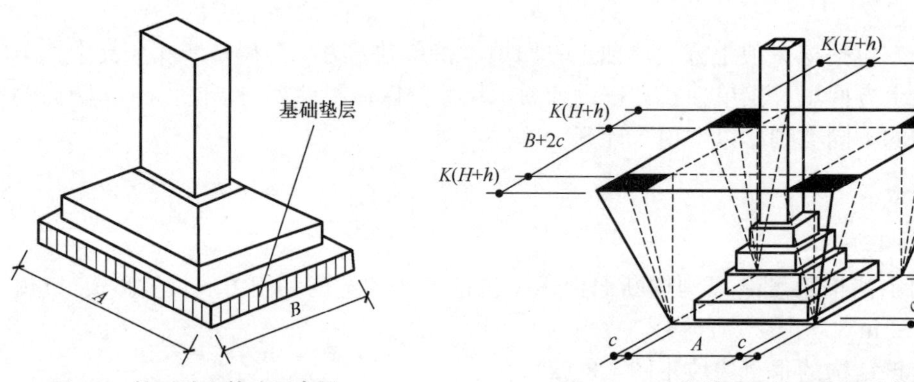

图 4.9　柱下独立基础示意图　　图 4.10　地坑放坡开挖工程量计算示意图

$$V=[A+2c+K(H+h)]\times[B+2c+K(H+h)]\times(H+h)+1/3K^2(H+h)^3 \tag{4-7}$$

以上计算式中，A、B 分别代表地坑基底的长度和宽度（有垫层时按垫层尺寸）。

3）挖一般土方

挖一般土方是指超出挖沟槽土方、挖地坑土方或平整场地范围的基础土方工程，应以设计图示尺寸按挖沟槽、挖地坑或平整场地计算相应的土方工程量，单位：m^3。

4）挖桩孔土方

按桩护壁外围设计断面面积乘以桩孔中心线深度，以体积计算，单位：m^3。

5）挖冻土、挖淤泥流砂

（1）挖冻土，按设计图示开挖面积乘以厚度，以体积计算，单位：m^3。

（2）挖淤泥流砂，按设计图示位置、界限，以体积计算，单位：m^3。

6）土方场内运输

土方场内运输应区分装车方式、运输方式和场内运距，按挖方体积（减去回填方体积），以天然密实体积计算，单位：m^3。

3. 基础凿石及出渣

1）挖一般石方、挖地坑石方

挖一般石方、挖地坑石方，按设计图示基础（含垫层）尺寸，另加工作面宽度和允许超挖量，乘以开挖深度，以体积计算，单位：m^3。

2）挖沟槽石方

挖沟槽石方，按设计图示沟槽长度乘以沟槽断面面积（包括工作面宽度和允许超挖量），以体积计算，单位：m^3。

沟槽长度，按设计规定计算；设计无规定时，同基础土方沟槽长度。

3）挖桩孔石方

挖桩孔石方，按桩护壁外围设计断面面积乘以桩孔中心线深度，以体积计算，单位：m^3。

4）石方场内运输

石方场内运输，按挖方体积，以天然密实体积计算，单位：m^3。

4. 平整场地及其他

1）平整场地

平整场地，按设计图示尺寸，按建筑物（或构筑物）首层建筑面积（结构外围内包面积）计算，单位：m^2。建筑物地下室结构外边线凸出首层结构外边线时，其凸出部分的建筑面积合并计算。

2）竣工清理

竣工清理，按设计图示结构外围内包空间体积计算，单位：m^3。

3）回填方

回填方包括基坑回填、管道沟槽回填、房心回填和场地回填，均按设图示尺寸，以体积计算，单位：m^3。图 4.11 所示为沟槽（地坑）及房心回填示意图。

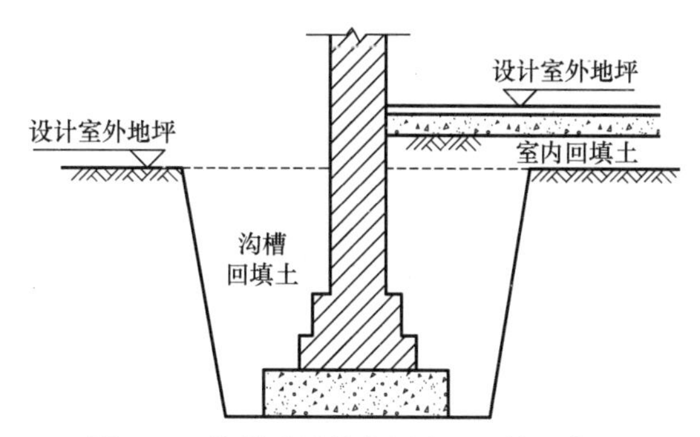

图 4.11 沟槽（地坑）及房心回填示意图

（1）基坑回填，即沟槽（地坑）回填，按沟槽（地坑）的挖方体积减去设计室外地坪以下建筑物（或构筑物）、基础（含垫层）等埋设物体积计算。

（2）管道沟槽回填，按挖方体积减去管道基础和管道折合回填体积计算。

（3）房心回填（通常情况下，房心回填是指室外地坪以上至设计室内地面垫层之间的回填，也称室内回填），按主墙间净面积（扣除单个底面积 $2m^2$ 以上的基础等）乘以回填厚度计算。

（4）场地回填，按回填面积乘以回填平均厚度计算。

4）余方弃置

余方是指在基础土方挖、填过程中剩余的土方，其数量应结合具体情况加以确定，通常应考虑以下几种情况。

（1）挖方用于回填后的剩余部分。

（2）挖方土质工程性质不良，不能用于回填，必须全部运出现场。

（3）施工现场场地狭小，施工现场不具备临时土方堆放条件。

（4）工程项目所在地有相应的法规要求，施工现场不允许堆放临时土方。

余方弃置，按实际堆积状态，以（自然方）体积计算，单位：m^3。

情况（1），余方弃置工程量 $=V_{挖}-V_{回填}$。

情况（2）、（3）、（4），余方弃置工程量 $=V_{挖}$。

例 4-2 讲解

【例 4-2】某工程基础平面布置图及基础详图如图 4.12 所示，有关工程设计、图纸说明及现场情况摘录如下。

① 土质为普通土（二类），人工开挖；②内、外普通砖墙厚度为 1 砖厚；③基础做法：100mm 厚 C10 混凝土垫层、乱毛石、M5.0 水泥砂浆砌筑砖基础，施工时每边增加工作面宽度 250mm；④回填采用夯填土；⑤设计室内地坪标高 ±0.000，做法：60mm 厚 C10 混凝土垫层，20mm 厚 1∶2 水泥砂浆找平层，20mm 厚水泥砂浆面层；⑥室内外地坪高差 300mm。

试计算该工程的“三线一面”，并完成以下工程量的计算。

① 平整场地；②挖沟槽土方；③基础工程量（设计室外地坪以下）；④ C10 混凝土垫层工程量；⑤余方弃置。

注：计算长度，外墙下、内墙下分别按 $L_{中}$、$L_{净}$计算。

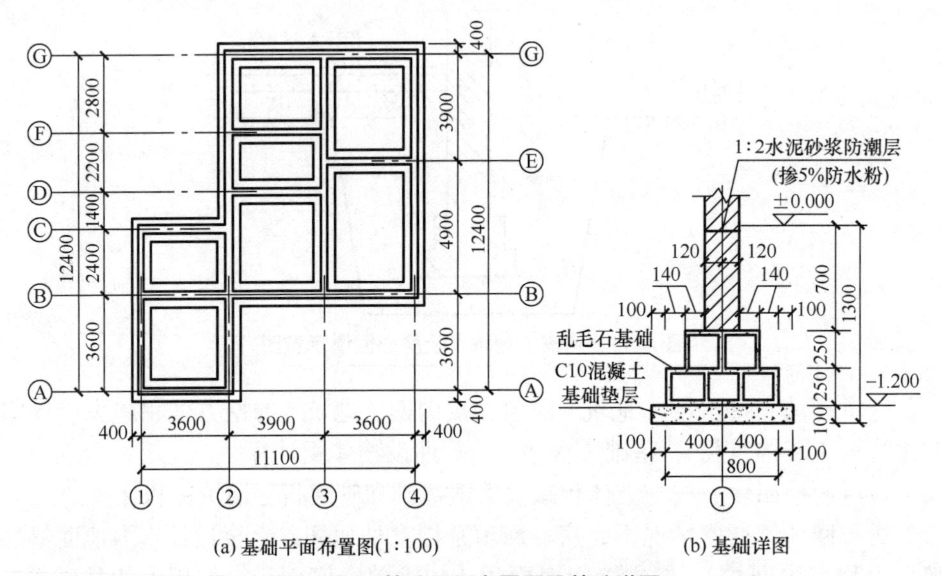

图 4.12　基础平面布置图及基础详图

【解】（1）三线一面。

外墙中心线长度 $L_{中}$=3.6+3.9+3.6+3.6+4.9+3.9+3.6+3.9+2.8+2.2+1.4+3.6+2.4+3.6
=47（m）

外墙外边线长度 $L_{外}$=47+8 × 0.12=47.96（m）

内墙净长线长度 $L_{内}$=（3.6−0.12 × 2）+（3.9−0.12 × 2）× 2+（3.6−0.12 × 2）+（3.9+4.9−0.12 × 2）+（2.4−0.12 × 2）=24.76（m）

底层建筑面积 $S_{底}$=（11.1+0.12 × 2）×（12.4+0.12 × 2）−（3.9+3.6）× 3.6−3.6 ×（1.4+2.2+2.8）≈ 93.30（m^2）

（2）平整场地。

$$S_{平整场地}=S_{底}=93.30（m^2）$$

（3）挖沟槽土方。

挖土深度 1.3−0.3=1.0（m），小于二类土放坡起点深度，故采用无支护结构的垂直边坡。

$$V_{挖沟槽土方}=（1.0+2\times0.25）\times1.0\times（47+24.76）=107.64（m^3）$$

（4）基础工程量（设计室外地坪以下）。

$$V_{砖基础}=0.24\times（0.7-0.3）\times（47+24.76）\approx6.89（m^3）$$

$$V_{乱毛石基础}=[（0.24+0.14\times2）\times0.25+（0.24+0.14\times4）\times0.25]\times（47+24.76）=23.68（m^3）$$

（5）C10 混凝土垫层工程量。

$$V_{垫层}=1.0\times0.1\times（47+24.76）\approx7.18（m^3）$$

（6）余方弃置。

设计室外地坪以下埋设物体积：6.89+23.68+7.18=37.75（m^3）

故，余方弃置工程量为 37.75m^3。

4.4 地基处理与边坡支护工程

地基处理与边坡支护工程包括地基处理和边坡支护 2 节，共 23 个项目。

4.4.1 概述

1. 地基处理

1）换填垫层

当建筑物基础下的持力层比较软弱、不能满足上部结构荷载对地基的要求时，常采用换填垫层的方法来处理软弱地基，即挖去浅层软弱土层和不均匀土层，回填坚硬、较粗粒径的材料，并夯压密实形成垫层。根据所用材料的不同，换填垫层可分为土（灰土）垫层、石（砂石）垫层等，应分别编码列项。

2）垫层加筋

垫层加筋是指在地基处理施工时，在垫层中铺设单层或多层水平向土工织物、土工膜（抗渗）、土工格栅等土工合成材料，以满足地基抗渗、加筋增强、反渗、隔离等需要。

3）预压地基、强夯地基、振冲密实地基（不填料）

（1）预压地基是指采取堆载预压、真空预压、堆载与真空联合预压方式对淤泥质土、淤泥、冲击填土等地基土预压加载，使土中水排出，以实现土的预先固结而形成饱和黏性土地基，从而减少建筑物地基后期沉降和提高地基承载力。

（2）强夯地基是指利用重锤自由下落时的冲击能来夯实浅层填土地基，使地基表面形成一层较为均匀的坚硬土层，以提高地基承载力。

（3）振冲密实地基（不填料）是指利用横向挤压设备成孔或采用振冲器水平振动和高压水共同作用，将松散土层挤压密实。根据挤密方式不同，振冲密实地基（不填料）应考虑沉管、冲击、夯扩、振冲、振动沉管的不同，分别编码列项。

4）复合地基

复合地基是指部分土体被增强或被置换，形成的由地基土和竖向增强体共同承担荷载的人工地基。根据增强体成桩方式的不同，复合地基可分为填料桩复合地基、搅拌桩复合地基、高压喷射桩复合地基、柱锤冲扩桩复合地基。其中，直径不大于 30cm 的填料桩称为微型桩复合地基，根据桩型、施工工艺的不同，其可分为树根桩法、静压桩法、注浆钢管桩法，在桩基工程中分别编码列项。

（1）填料桩复合地基。填料桩根据填料的不同分为灰土桩、砂石桩、水泥粉煤灰碎石桩等，应分别列项。

其中，水泥粉煤灰碎石桩是由碎石、石屑、砂、粉煤灰掺水泥加水拌和，用各种成桩机械制成的可变强度桩，近年来应用较多。水泥粉煤灰碎石桩和桩间土一起，通过褥垫层形成水泥粉煤灰碎石桩复合地基共同工作，桩的承载力来自桩全长产生的摩阻力及桩端承载力，桩越长承载力越高，桩、土形成的复合地基承载力提高幅度可达 4 倍以上且变形量小，适用于多层和高层建筑地基，是近年发展起来的一种地基处理技术。

（2）搅拌桩复合地基。搅拌桩复合地基是利用水泥、石灰等材料作为固化剂的主剂，通过深层搅拌机械，在地基深处就地将软土和固化剂（浆液或粉体）强制搅拌，使软土硬结形成增强体的复合地基，可按单轴、双轴和三轴不同施工做法，区分浆液搅拌法（俗称湿法）和粉体搅拌法（俗称干法）分别编码列项。

（3）高压喷射桩复合地基。高压喷射桩复合地基是利用钻机将带有喷嘴的注浆管钻入土层一定深度后，以高压旋转的喷嘴将水泥浆喷入土层与土体混合，形成连续搭接的水泥加固体。

（4）柱锤冲扩桩复合地基。柱锤冲扩桩复合地基是指反复将柱状重锤提到高处使其自由下落冲击成孔，然后分层填料夯实形成扩大桩体，与桩间土组成复合地基的处理方法。

5）注浆加固地基

注浆加固地基是工程地基加固最常用的方法之一。该方法是将胶结材料配制成的浆液，利用气压或液压方式，通过注浆管均匀地注入岩层或土层，挤出裂隙或泥土颗粒间的水分和气体，并以其自身填充，待硬化后即可将岩土固结成整体，用以改善持力层受力状态和荷载传递性能，从而使地基得到加固，防止和减少渗透或不均匀沉降。

6）垫层

垫层应区分铺设部位、材料品种、强度要求、配合比等的不同分别编码列项。

在地基处理中，褥垫层是经常采用的垫层形式，如图 4.13 所示。褥垫层通常铺设在搅拌桩复合地基的基础和桩之间，材料可选用中砂、粗砂、级配砂石等。其作用为：保证桩、土共同承担荷载；调整桩垂直荷载、水平荷载的分布；减少基础底面的应力集中；等等。

图 4.13 褥垫层示意图

2. 边坡支护

1）地下连续墙

地下连续墙是高层建筑深基坑常用的支护结构。它是采用专门的挖槽设备，沿着基坑或地下构筑物周边，采用触变泥浆护壁，按设计的宽度、长度和深度开挖沟槽，待槽段形成后，在槽内设置钢筋笼，采用导管法浇筑混凝土，筑成一个单元槽段的混凝土墙体，然后依次继续挖槽、浇筑施工，并以某种接头方式将相邻单元槽段墙体连接起来形成一道连续的地下钢筋混凝土墙或帷幕，以作为防渗、挡土、承重的地下墙体结构。

地下连续墙可以用作深基坑的支护结构，也可以既作为深基坑的支护结构又用作建筑物的地下室外墙，后者更为经济。

2）排桩

排桩是指沿基坑侧壁排列设置的支护桩及冠梁所组成的支挡式结构或悬臂式支挡结构。排桩的桩型与成桩工艺应根据桩所穿过土层的性质、地下水条件及基坑周边环境要求等，选择混凝土灌注桩、型钢桩、钢管桩、钢板桩、型钢水泥土搅拌桩等桩型。

3）锚杆（锚索）、土钉

锚杆是将锚杆（金属锚杆、水泥锚杆、树脂锚杆、木锚杆）设置于钻孔内，端部伸入稳定土层中的受拉杆体，通常对其施加预应力，以承受由土压力或外荷载产生的拉力，用以维护边坡的稳定；土钉是用来加固或同时锚固现场原位土体的细长杆件，通常采取土中钻孔、置入变形钢筋（钢管、角钢等），并沿钻孔全长注浆的方法做成。土钉依靠与土体之间的界面黏结力或摩擦力，在土体发生变形条件下被动受力，并主要承受拉力作用。

4）喷射混凝土、水泥砂浆

喷射混凝土、水泥砂浆是使用混凝土喷射机，按一定的混合程序，将掺有速凝剂的混凝土、水泥砂浆拌合物与高压水混合，经过喷嘴喷射到岩壁表面上，并迅速凝固形成一层支护结构，从而对围岩起到支护作用。

5）钢筋混凝土支撑、腰梁、冠梁

钢筋混凝土支撑是指利用混凝土和钢筋组合成为一体的结构形式，也是用于基坑施工中支撑荷载或限制护壁结构位移的一种支撑形式。

钢筋混凝土腰梁是设置在挡土构件侧面的连接锚杆或内支撑的钢筋混凝土构件。

钢筋混凝土冠梁是设置在基坑周边支护结构顶部的钢筋混凝土连续梁，其作用是把所有的桩基连为一体，防止基坑顶部边缘产生坍塌。

6）钢支撑、腰梁、冠梁

支撑、腰梁和冠梁还可以采用型钢制构件。

4.4.2 地基处理与边坡支护工程工程量计算

1. 地基处理

1）换填垫层

换填垫层，按设计图示尺寸以体积计算，单位：m^3。

2）垫层加筋

垫层加筋，按设计图示尺寸以面积计算，单位：m^2。

3）预压地基、强夯地基、振冲密实地基（不填料）

预压地基、强夯地基、振冲密实地基（不填料），均按设计图示处理范围以面积计算，单位：m^2。

4）复合地基

（1）填料桩复合地基，按设计桩截面面积乘以桩长（包括桩尖）以体积计算，单位：m^3。

（2）搅拌桩复合地基，按设计桩截面面积乘以设计桩长加 50cm 以体积计算，单位：m^3。

（3）高压喷射桩复合地基，按设计图示尺寸以桩长（包括桩尖）计算，单位：m。

（4）柱锤冲扩桩复合地基，按设计图示尺寸以桩长（包括桩尖）计算，单位：m。

5）注浆加固地基

注浆加固地基，按设计加固尺寸以体积计算，单位：m^3。

6）垫层

垫层，按设计图示尺寸以体积计算，单位：m^3。

2. 边坡支护

（1）地下连续墙，按设计图示墙中心线长乘以厚度乘以槽深以体积计算，单位：m^3。

（2）排桩。

① 混凝土灌注排桩、木制排桩、预制钢筋混凝土排桩，均按设计图示尺寸以桩长（包括桩尖）计算，单位：m。

② 钢制排桩，按设计图示尺寸以质量计算，单位：t。

（3）锚杆（锚索）、土钉，均按设计图示尺寸以钻孔深度计算，单位：m。

（4）喷射混凝土、水泥砂浆，均按设计图示尺寸以面积计算，单位：m^2。

（5）钢筋混凝土支撑、腰梁、冠梁，均按设计图示尺寸以体积计算，单位：m^3。

（6）钢支撑、腰梁、冠梁，均按设计图示尺寸以质量计算，不扣除孔眼质量，焊条、铆钉、螺栓等不另增加质量，单位：t。

例 4-3 讲解

【例 4-3】某单体别墅工程基底为可塑黏土，不能满足设计承载力要求，故采用水泥粉煤灰碎石桩进行地基处理，桩径为 400mm，桩体强度等级为 C20，设计桩长为 10m，桩端进入硬塑黏土层不少于 1.5m，桩顶在地面以下 1.5 ～ 2m，水泥粉煤灰碎石桩采用振动沉管灌注桩施工，桩顶采用 200mm 厚人工级配砂石（砂：碎石 =3：7，最大粒径 30mm）作为褥垫层，如图 4.14、图 4.15 所示。

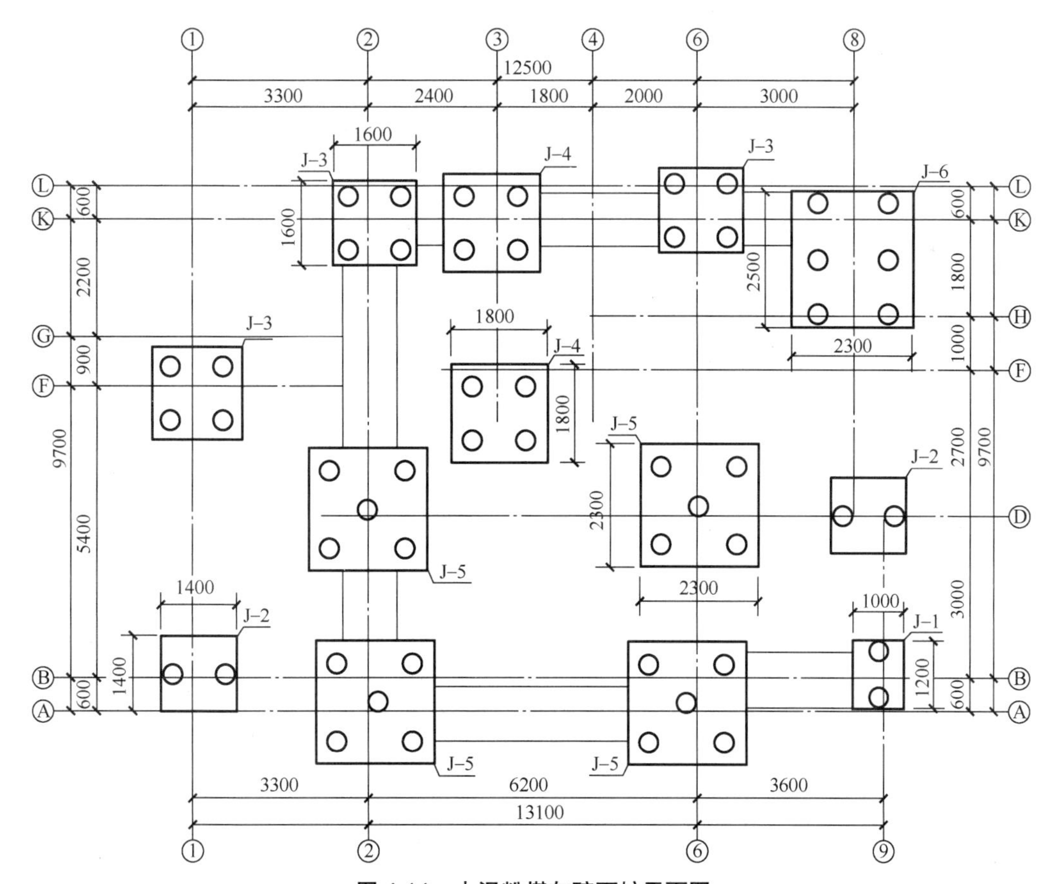

图 4.14 水泥粉煤灰碎石桩平面图

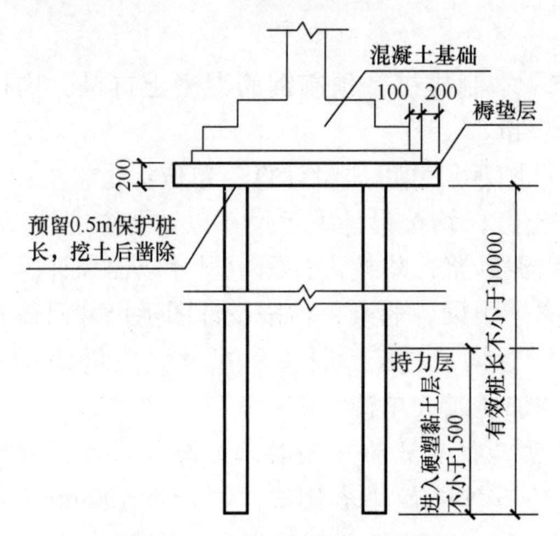

图 4.15　水泥粉煤灰碎石桩详图

根据以上背景资料及《计算规范》，列出该工程地基处理分部分项工程量清单。

【解】（1）水泥粉煤灰碎石桩。

$$V_{水泥粉煤灰碎石桩}=3.14\times0.2^2\times10\times52\approx65.31\ (m^3)$$

（2）褥垫层。

① J–1：[1.2+（0.1+0.2）×2] × [1.0+（0.1+0.2）×2] ×1=1.8×1.6×1=2.88（m^2）

② J–2：2.0×2.0×2=8.00（m^2）

③ J–3：2.2×2.2×3=14.52（m^2）

④ J–4：2.4×2.4×2=11.52（m^2）

⑤ J–5：2.9×2.9×4=33.64（m^2）

⑥ J–6：2.9×3.1×1=8.99（m^2）

$$S=2.88+8.00+14.52+11.52+33.64+8.99=79.55\ (m^2)$$

故，$V_{褥垫层}=79.55\times0.2=15.91\ (m^3)$

4.5　桩基工程

桩基工程包括预制桩和灌注桩 2 节，共 14 个项目。

4.5.1 概述

1. 预制桩

（1）预制桩包括混凝土预制桩、钢桩两种。混凝土预制桩常用的有钢筋混凝土实心方桩和板桩、预应力混凝土空心管桩和空心方桩；钢桩有钢管桩、H 型钢桩、其他异型钢桩等。

（2）预制钢筋混凝土实心桩和空心桩应依据截面形式不同分别编码列项，其项目特征中的桩截面、混凝土强度等级、桩类型等，亦可直接用标准图代号或设计桩型进行描述。

（3）预制桩根据沉桩方法不同，可分为打入桩（锤击沉桩）、水冲沉桩、振动沉桩和静力压桩等。

（4）混凝土预制桩项目以成品桩编制，应包括成品桩购置费，如果用现场预制桩，应包括现场预制桩的所有费用。

（5）打试验桩和打斜桩应按相应项目单独列项，并应在项目特征中注明试验桩或斜桩（斜率）。

（6）截（凿）桩头项目适用于地基处理与边坡支护工程和桩基工程所列桩的桩头截（凿）。

（7）预制钢筋混凝土管桩桩顶与承台的连接构造按混凝土及钢筋混凝土工程相关项目列项。

2. 灌注桩

（1）灌注桩根据成孔方法的不同，可分为挖孔、钻孔、冲孔灌注桩，套管成孔灌注桩（沉管灌注桩）及爆扩成孔灌注桩等；项目特征描述时应按照工程岩土工程勘察报告和实际情况自行选择。

（2）泥浆护壁成孔灌注桩是指在泥浆护壁条件下成孔，采用水下灌注混凝土的桩，包括正、反循环钻孔灌注桩，冲击成孔灌注桩，旋挖成孔灌注桩等。其成孔方法包括冲击钻成孔、冲抓锥成孔、回旋钻成孔、潜水钻成孔、泥浆护壁的旋挖成孔等，可依据成孔方式不同分别设列项目。

（3）沉管灌注桩包括锤击沉管灌注桩、振动沉管灌注桩、振动冲击沉管灌注桩和内夯沉管灌注桩。沉管方法包括锤击沉管法、振动沉管法、振动冲击沉管法、内夯沉管法等，可区分沉管方式和复打要求等分别设列项目。

（4）干作业成孔灌注桩是指不用泥浆护壁和套管护壁的情况下，用钻机成孔后，下钢筋笼，灌注混凝土的桩，适用于地下水位以上的土层使用。干作业成孔灌注桩包括钻孔（扩底）灌注桩和人工挖孔灌注桩，其成孔方法包括螺旋钻成孔、螺旋钻成孔扩底、人工挖孔等。

（5）项目特征中的桩长应包括桩尖，空桩长度 = 孔深 − 桩长，孔深为自然地面至设计桩底的深度。

（6）项目特征中的桩截面（桩径）、混凝土强度等级、桩类型等可直接用标准图代号或设计桩型进行描述。

（7）人工挖孔灌注桩、钻孔（扩底）灌注桩等设计要求扩底时，其扩大部分工程量按设计尺寸以体积计算并入其相应项目工程量内。

（8）混凝土种类：指清水混凝土、彩色混凝土、水下混凝土等，当在同一地区既使用预拌（商品）混凝土，又允许现场搅拌混凝土时，也应注明（下同）。

（9）混凝土灌注桩的钢筋笼制作、安装，按混凝土及钢筋混凝土工程相关项目编码列项。

（10）灌注桩后压浆。灌注桩成桩一定时间后（一周左右），通过预设于桩身内的注浆导管将水泥浆注入桩端、桩侧，可有效改善桩端沉渣的不稳定性，使桩端、桩侧土体得到加固，从而提高单桩承载力和抗拔能力、减小沉降。

（11）声测管。声测管也称为超声波检测管，是利用超声波透射法的检测原理，检查桩基是否存在断面、断层等质量缺陷。桩顶处声测管应高出桩顶面 10cm 以上，埋设声测管的桩基数量为桩基总数量的 10%。

4.5.2 桩基工程工程量计算

1. 预制桩

1）预制钢筋混凝土实心桩、预制钢筋混凝土空心桩

预制钢筋混凝土实心桩、预制钢筋混凝土空心桩，均按设计图示截面面积乘以桩长（包括桩尖）以实体积计算，单位：m^3。

2）钢管桩、型钢桩

钢管桩、型钢桩，均按设计图示尺寸以质量计算，单位：t。

3）截（凿）桩头

截（凿）桩头，按设计桩截面面积乘以桩头长度以体积计算，单位：m^3。

【例 4-4】某基础工程设计使用预制钢筋混凝土方桩共计 300 根，该预制钢筋混凝土方桩构造尺寸及截面图如图 4.16 所示，已知每根桩打桩完成后需截桩头 0.5m，试计算该基础工程预制钢筋混凝土方桩工程量与截桩头工程量。

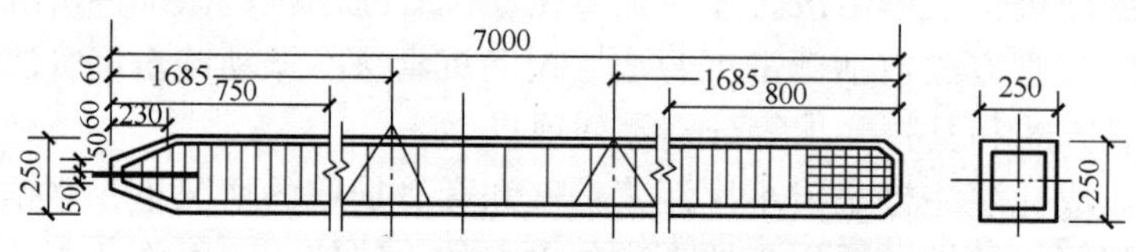

图 4.16 预制钢筋混凝土方桩构造尺寸及截面图

【解】 桩截面面积 $=0.25\times0.25=0.0625$（m^2）

故，预制钢筋混凝土方桩工程量 $=0.0625\times7\times300=131.25$（$m^3$）

截桩头工程量 $=0.0625\times0.5\times300=9.375$（$m^3$）

2. 灌注桩

1）泥浆护壁成孔灌注桩、沉管灌注桩、干作业机械成孔灌注桩

泥浆护壁成孔灌注桩、沉管灌注桩、干作业机械成孔灌注桩，均按设计不同截面面积乘以其设计桩长以体积计算，单位：m^3。

2）爆扩成孔灌注桩

爆扩成孔灌注桩，按设计要求不同截面面积在桩上范围内以体积计算，单位：m^3。

3）挖孔桩土（石）方

挖孔桩土（石）方，按设计图示尺寸（含护壁）截面面积乘以挖孔深度以体积计算，

单位：m^3。

4）人工挖孔灌注桩

人工挖孔灌注桩，按设计要求护壁外围截面面积乘以挖孔深度以体积计算，单位：m^3。

5）钻孔（扩底）灌注桩

钻孔（扩底）灌注桩，按设计图示尺寸以桩长计算，单位：m。

6）灌注桩后压浆

灌注桩后压浆，按设计图示以注浆孔数量计算，单位：孔。

7）声测管

声测管，按打桩前自然地坪标高至设计桩底标高另加 0.5m 计算，单位：m。

4.6 砌筑工程

砌筑工程包括砖砌体、砌块砌体、石砌体、轻质墙板 4 节，共 26 个项目。

4.6.1 概述

（1）基础与墙身的划分。基础与墙（柱）身使用同一种材料时，以设计室内地面为界（有地下室者，以地下室设计室内地面为界），以下为基础，以上为墙（柱）身。基础与墙身使用不同材料，位于设计室内地面高度 ±300mm 及以内时，以不同材料为分界线；位于设计室内地面高度在 ±300mm 以外时，以设计室内地面为分界线，如图 4.17 所示。

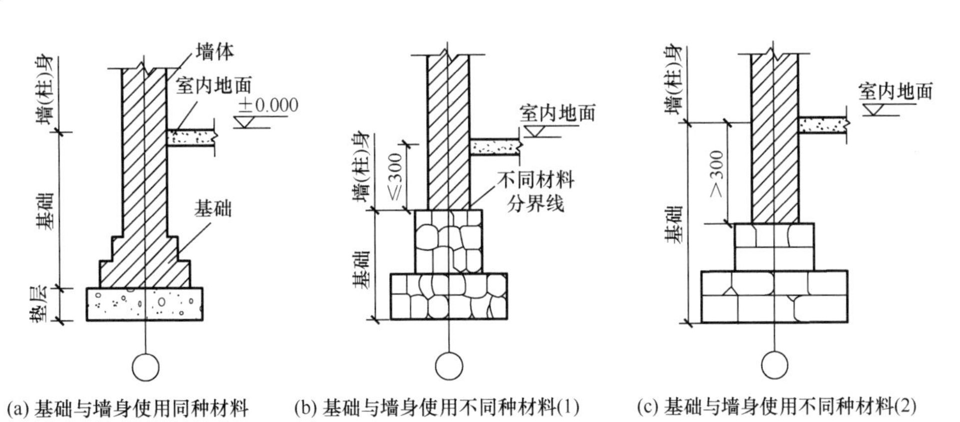

(a) 基础与墙身使用同种材料　(b) 基础与墙身使用不同种材料(1)　(c) 基础与墙身使用不同种材料(2)

图 4.17　基础与墙身划分示意图

（2）砖围墙基础与墙身的划分。砖围墙以设计室外地坪为界，以下为基础，以上为墙身。

（3）砌筑工程所用的砌体材料。砌筑工程所用的砌体材料主要包括标准砖（实心）、空心砖、多孔砖及砌块等，其中标准砖尺寸为 240mm × 115mm × 53mm。若墙体采用标准砖砌筑，墙厚度应按表 4-7 计算，若采用其他材料砌筑，墙厚按设计尺寸计算。

表 4-7　标准墙计算厚度表

砖数 / 厚度	1/4	1/2	3/4	$1\frac{1}{2}$	2	$2\frac{1}{2}$	3
计算厚度 /mm	53	115	180	365	490	615	740

（4）砖墙、砌块墙等加筋、墙体拉结筋的制作、安装。砖墙、砌块墙等加筋、墙体拉结筋的制作、安装，应按钢筋工程相关项目编码列项；检查井内的爬梯按钢筋工程或金属结构工程相关项目编码列项。

（5）砌体垂直灰缝宽 >30mm 时，应采用 C20 细石混凝土灌实。灌注的混凝土应按混凝土工程相关项目编码列项。

（6）本部分中的刮缝或勾缝均考虑为混水墙原浆勾缝，若加浆勾缝，则按墙、柱面装饰与隔断、幕墙工程中相关项目编码列项。

（7）砖（石）地沟、明沟，若设计施工有防水要求时，应按屋面及防水工程中相关项目编码列项。

4.6.2 砌筑工程工程量计算

1. *砖砌体*

1）砖基础

砖基础，按设计图示尺寸以体积计算，单位：m^3。“砖基础”项目适用于各种类型的砖基础，如墙基础、柱基础、管道基础等。

附墙垛基础（图 4.18）宽出部分体积并入基础工程量内，应扣除地梁（基础圈梁）（图 4.19）、构造柱（图 4.20）所占体积，不扣除基础大放脚 T 形接头处的重叠部分（图 4.21）及嵌入基础内的钢筋、铁件、管道、基础砂浆防潮层（图 4.22）和单个面积≤$0.3m^2$ 的孔洞所占体积，靠墙暖气沟的挑檐（图 4.23）不增加。

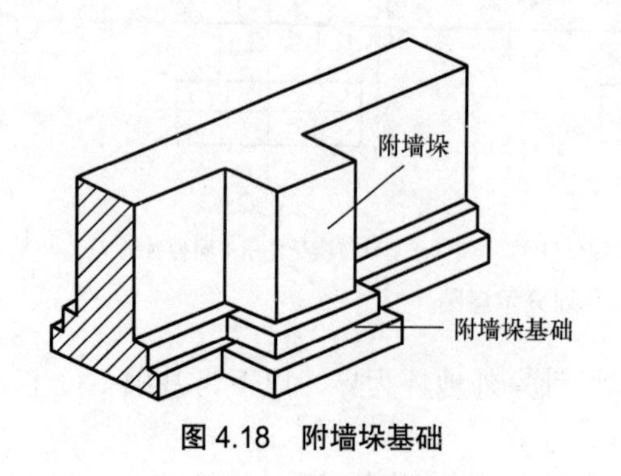

图 4.18　附墙垛基础

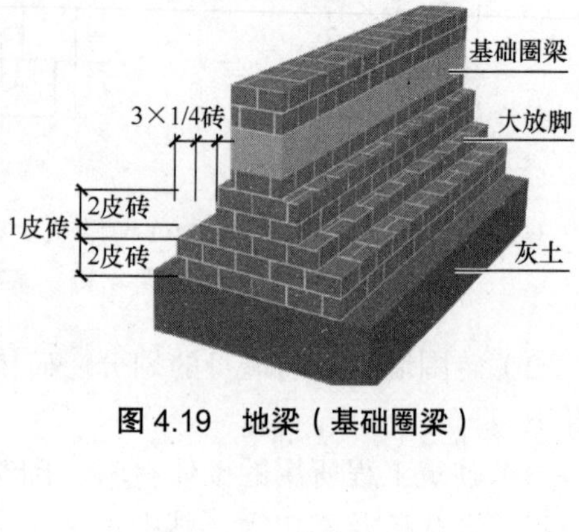

图 4.19　地梁（基础圈梁）

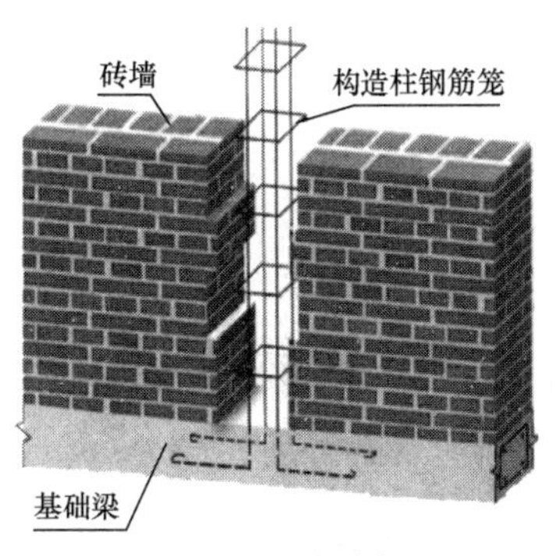

图 4.20 构造柱

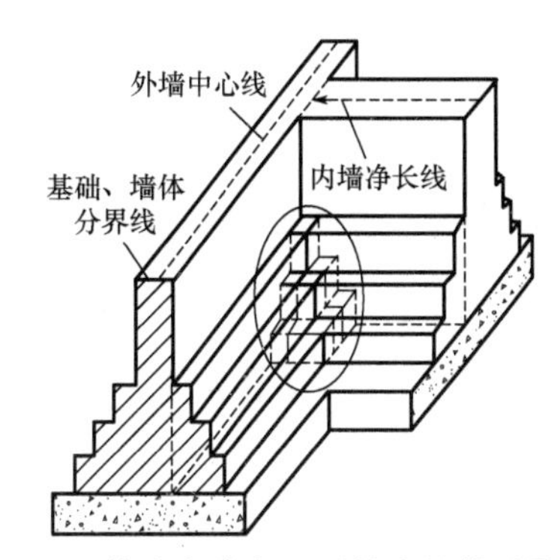

图 4.21 基础大放脚 T 形接头处的重叠部分

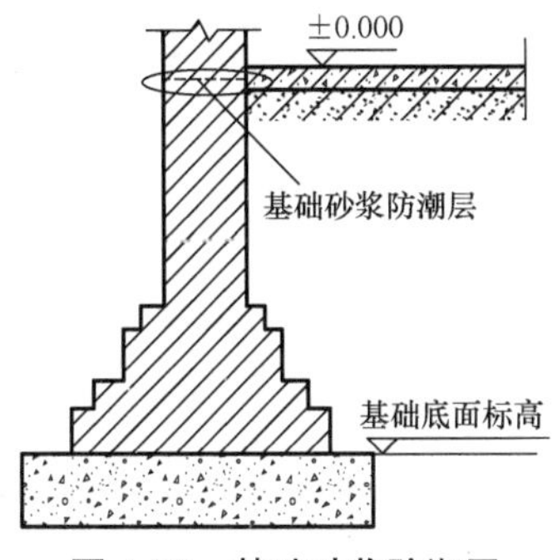

图 4.22 基础砂浆防潮层

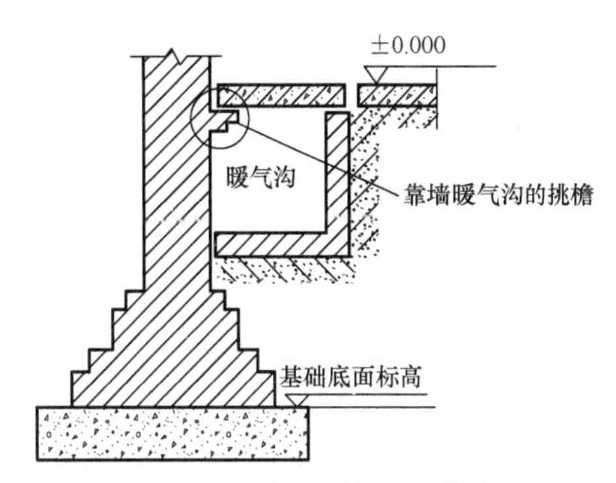

图 4.23 靠墙暖气沟的挑檐

砖基础工程量按式（4-8）计算。

$$砖基础工程量 = \sum（基础截面面积 \times 基础长度）\pm 相关体积 \qquad (4-8)$$

其中，基础长度：外墙按外墙中心线计算，内墙按内墙净长线计算。

【例 4-5】 某建筑物基础平面布置图及剖面图如图 4.24 所示，砖基础三阶等高，每阶宽度为 120mm、高度为 60mm，试计算该建筑物砖基础工程量。

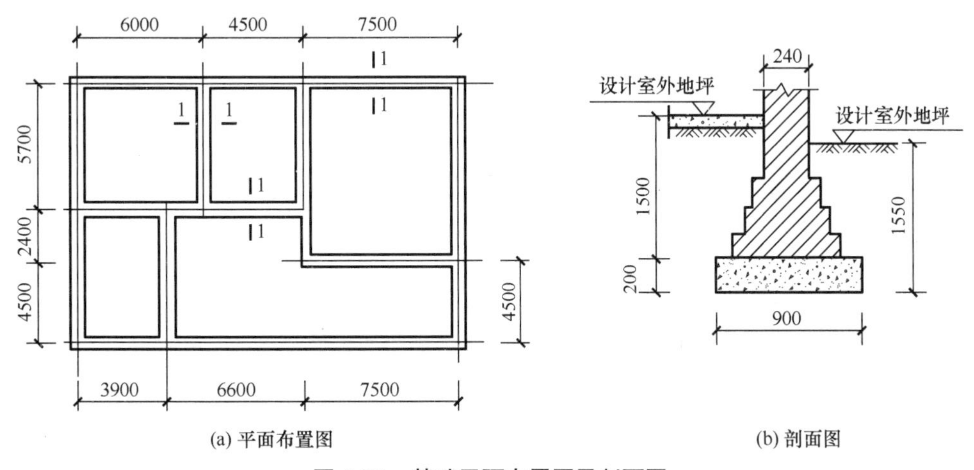

图 4.24 基础平面布置图及剖面图

例 4-5 讲解

【解】（1）根据剖面图可知，内、外墙基础设计相同，基础与墙身采用同种材料，故基础与墙身以设计室内地坪为界。

$$L_{中}=（3.9+6.6+7.5）\times 2+（4.5+2.4+5.7）\times 2=61.2（m）$$

$$L_{净}=3.9+6.6+7.5+（5.7-0.24）\times 2+（4.5+2.4-0.24）+（2.4-0.24）=37.74（m）$$

（2）基础大放脚为三阶等高，基础墙厚度为 240mm。

$$S_{基础}=0.24\times 1.5+0.06\times 0.12\times 12\approx 0.446（m^2）$$

$$V_{基础}=V_{外}+V_{内}=0.446\times（L_{中}+L_{净}）=0.446\times（61.2+37.74）\approx 44.13（m^3）$$

2）实心砖墙、多孔砖墙、空心砖墙

实心砖墙、多孔砖墙、空心砖墙，均按设计图示尺寸以体积计算，单位：m^3。

应扣除门窗、洞口、嵌入墙内的钢筋混凝土柱、梁、圈梁（图 4.25）、挑梁、过梁（图 4.26）及凹进墙内的壁龛（图 4.27）、管槽、暖气槽（图 4.28）、消火栓箱（图 4.29）所占体积，不扣除梁头（图 4.30）、板头（图 4.31）、檩头、垫木、木楞头、沿椽木（图 4.32）、木砖、门窗走头（图 4.33）、砖墙内加固钢筋、木筋、铁件、钢管及单个面积≤0.3m² 的孔洞所占的体积。凸出墙面的腰线、挑檐、压顶（图 4.34）、窗台线、虎头砖（图 4.35）、门窗套（图 4.36）的体积亦不增加。凸出墙面的砖垛并入墙体体积内计算。

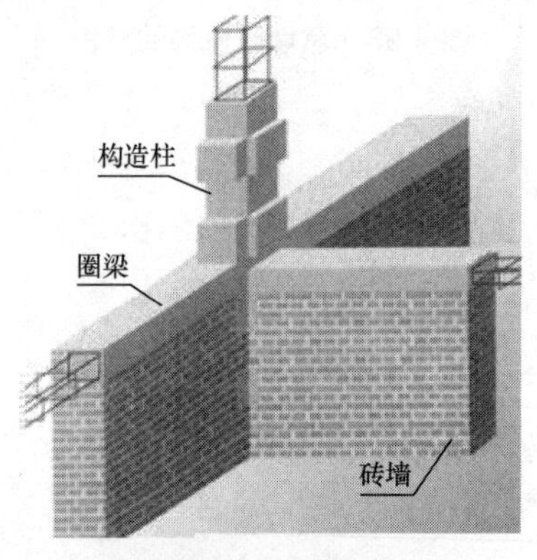

图 4.25　圈梁

图 4.26　过梁

图 4.27　壁龛

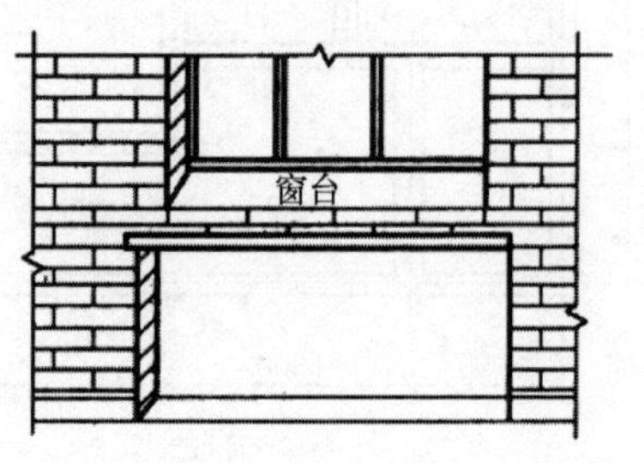

图 4.28　暖气槽（窗台下方凹进去的部分）

图 4.29　消火栓箱

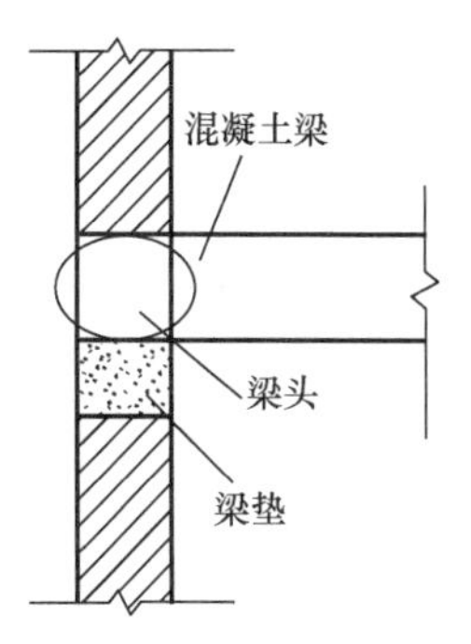

图 4.30　梁头

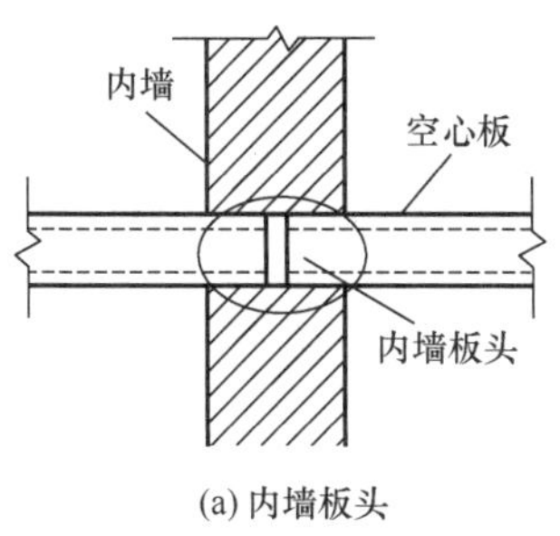

(a) 内墙板头

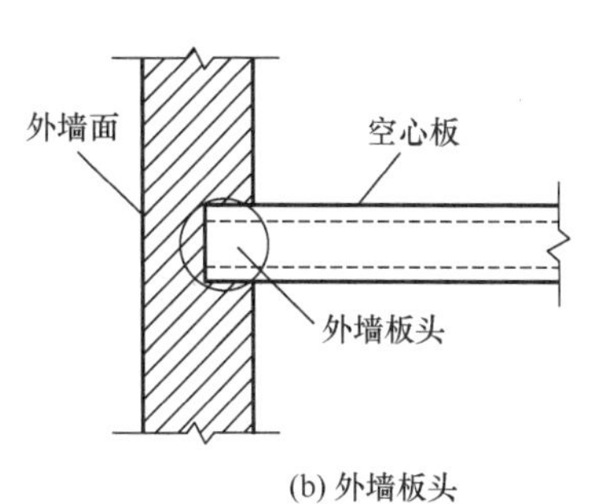

(b) 外墙板头

图 4.31　板头

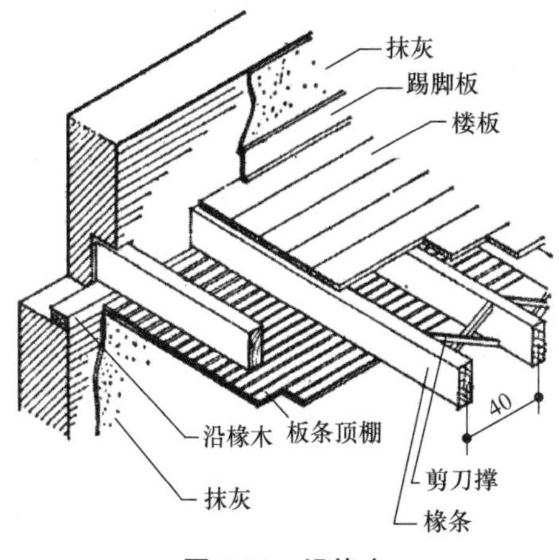

图 4.32　沿椽木

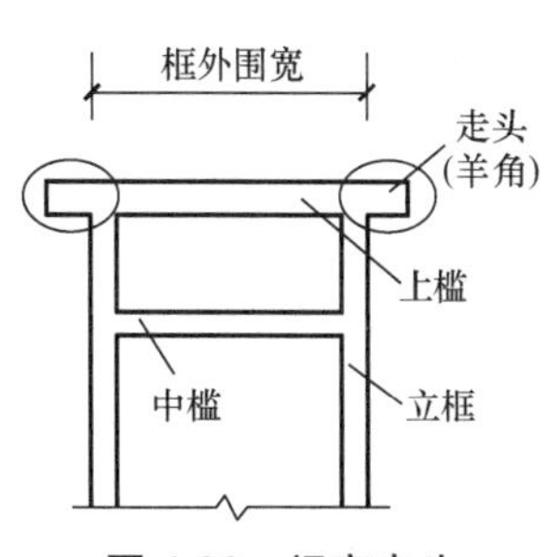

图 4.33　门窗走头

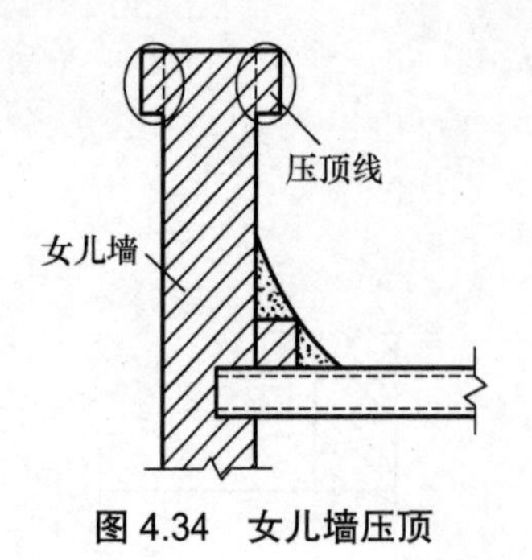

图 4.34　女儿墙压顶

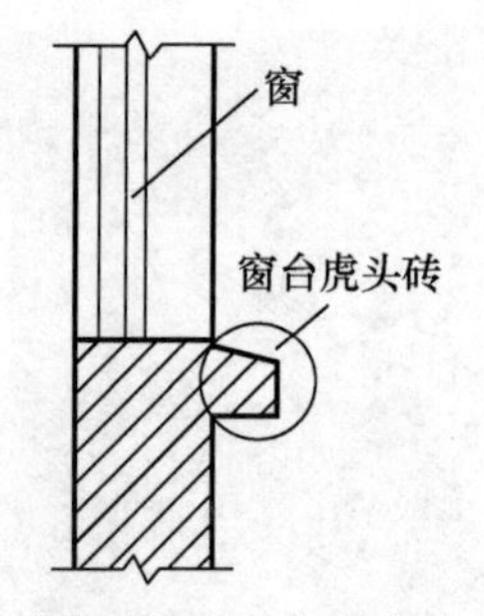

图 4.35　窗台虎头砖

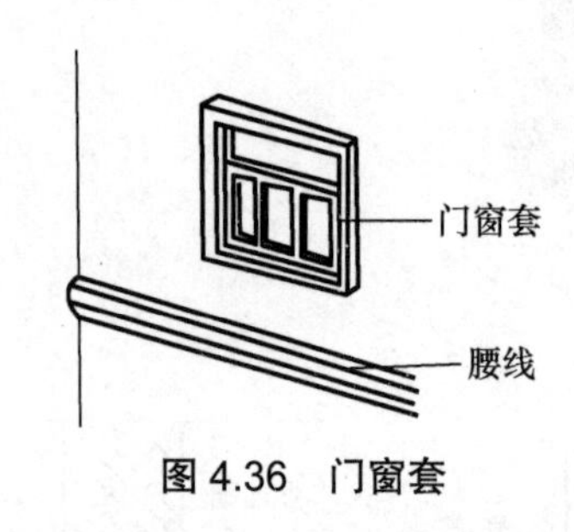

图 4.36　门窗套

附墙烟囱、通风道、垃圾道，应按设计图示尺寸以体积（扣除孔洞所占体积）计算并入所依附的墙体体积内。当设计规定孔洞内需抹灰时，应按墙、柱面装饰与隔断、幕墙工程中零星抹灰项目编码列项。

墙体工程量可按式（4-9）计算。

$$墙体工程量 = \sum（墙体计算长度 \times 墙体计算高度 - 门窗洞口面积）\times 墙厚 \pm 有关体积 \quad (4\text{-}9)$$

其中，墙体计算长度：外墙按外墙中心线计算，内墙按内墙净长线计算。

墙体计算高度规定如下。

（1）外墙。斜（坡）屋面无檐口天棚者算至屋面板底，如图 4.37（a）所示；斜（坡）屋面有屋架且室内外均有天棚者算至屋架下弦底另加 200mm，如图 4.37（b）所示；斜（坡）屋面无天棚者算至屋架下弦底另加 300mm，如图 4.37（c）所示；斜（坡）屋面出檐宽度超过 600mm 时按实砌高度计算，如图 4.37（d）所示；有钢筋混凝土楼板隔层者算至板顶；平屋面算至钢筋混凝土板顶，如图 4.37（e）所示。

（2）内墙。位于屋架下弦者算至屋架下弦底，如图 4.38（a）所示；无屋架者算至天棚底另加 100mm，如图 4.38（b）所示；有钢筋混凝土楼板隔层者算至楼板底，如图 4.38（c）所示；有框架梁时算至梁底，如图 4.38（d）所示。

（3）女儿墙。从屋面板上表面算至女儿墙顶面（如有混凝土压顶时算至压顶下表面），如图 4.39 所示。

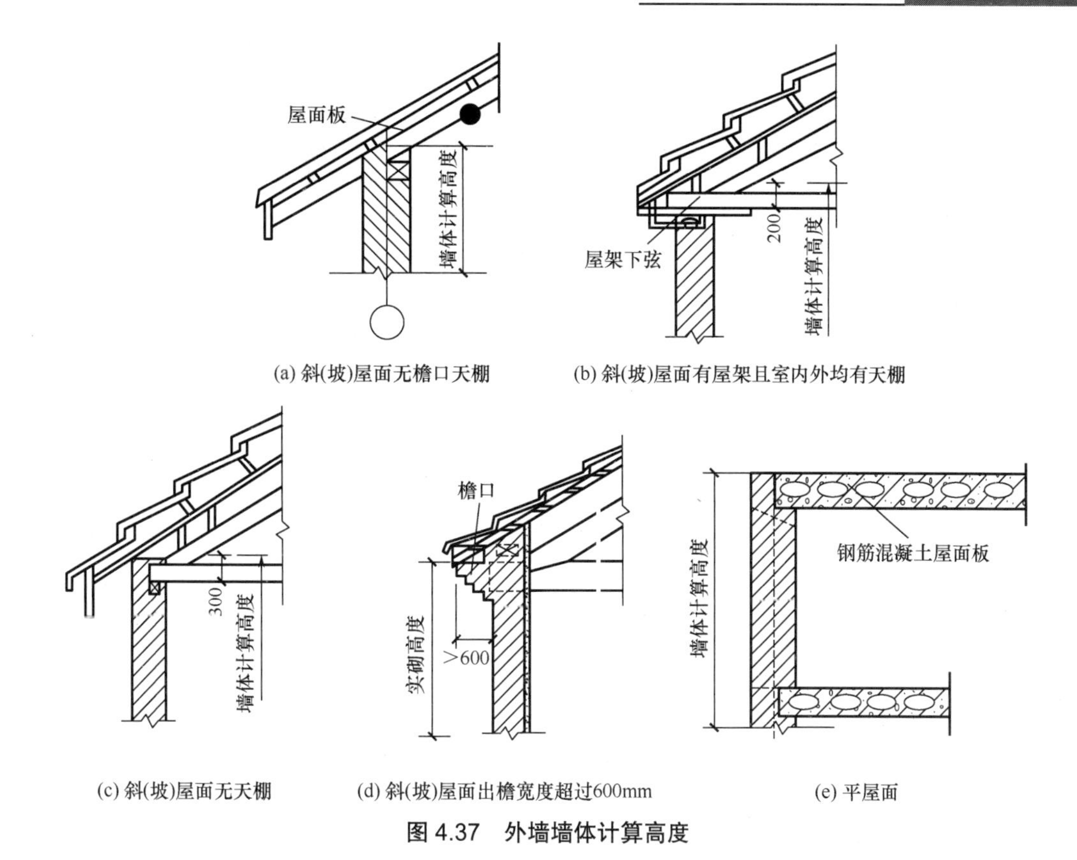

(a) 斜(坡)屋面无檐口天棚　(b) 斜(坡)屋面有屋架且室内外均有天棚

(c) 斜(坡)屋面无天棚　(d) 斜(坡)屋面出檐宽度超过600mm　(e) 平屋面

图 4.37　外墙墙体计算高度

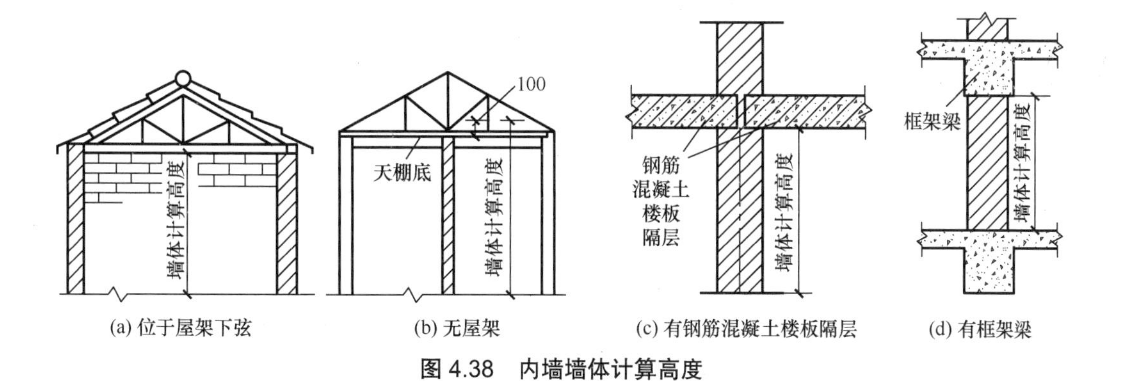

(a) 位于屋架下弦　(b) 无屋架　(c) 有钢筋混凝土楼板隔层　(d) 有框架梁

图 4.38　内墙墙体计算高度

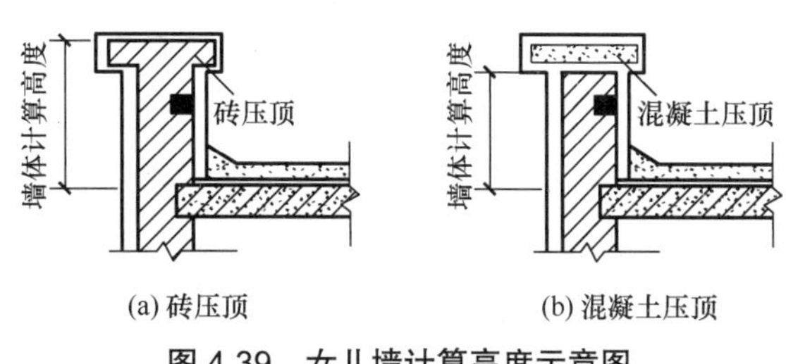

(a) 砖压顶　(b) 混凝土压顶

图 4.39　女儿墙计算高度示意图

（4）框架间墙。不分内、外墙按墙体净尺寸确定。

3）空斗墙、空花墙

（1）空斗墙（图 4.40），按设计图示尺寸以空斗墙外形体积计算，单位：m^3。墙角、内外墙交接处、门窗洞口立边、窗台砖、屋檐处的实砌部分体积并入空斗墙体积内。

（2）空花墙（图 4.41），按设计图示尺寸以空花部分外形体积计算，单位：m^3。不扣除空洞部分体积。

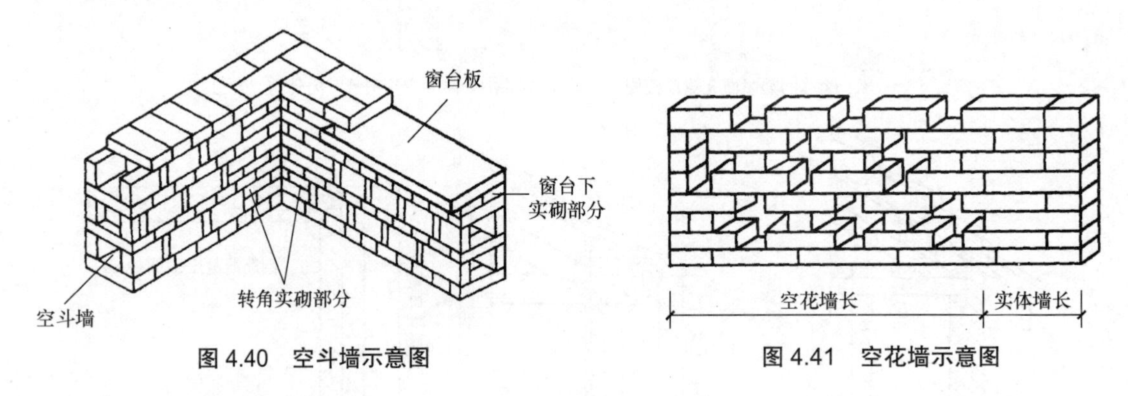

图 4.40　空斗墙示意图　　图 4.41　空花墙示意图

4）实心砖柱、多孔砖柱

实心砖柱、多孔砖柱，均按设计图示尺寸以体积计算，单位：m^3。扣除混凝土及钢筋混凝土梁垫、梁头、板头所占体积。

5）零星砌体

按零星砌体项目列项的有台阶（图 4.42）、台阶挡墙、梯带、锅台、炉灶、蹲台、池槽、池槽腿、砖胎模、花台、花池、楼梯栏板、阳台栏板、地垄墙（图 4.43）、≤0.3m^2 的孔洞填塞等。

零星砌体，按设计图示尺寸截面面积乘以长度以体积计算，单位：m^3。

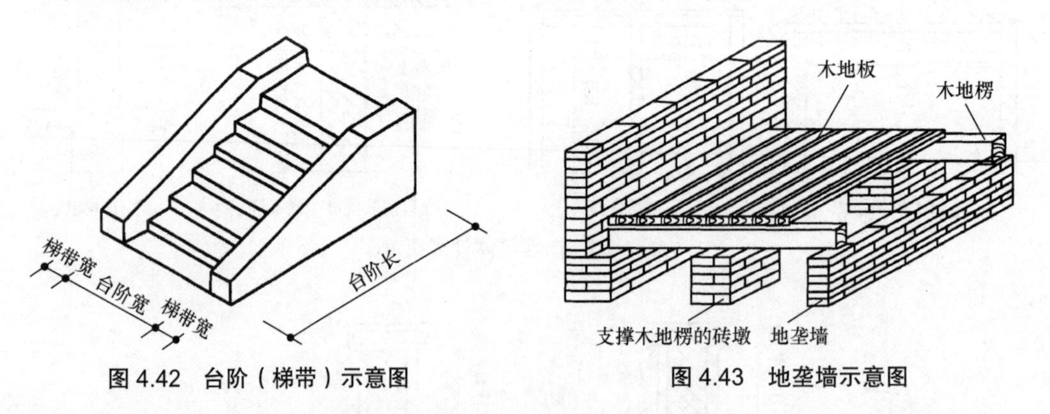

图 4.42　台阶（梯带）示意图　　图 4.43　地垄墙示意图

6）砖检查井，砖散水、地坪，砖地沟、明沟，贴砌砖墙

（1）砖检查井，按设计图示数量计算，单位：座。

砖检查井内的爬梯按钢筋工程相关项目列项；井、池内的混凝土构件按混凝土及钢筋混凝土预制构件编码列项。

（2）砖散水、地坪，按设计图示尺寸以面积计算，单位：m^2。

（3）砖地沟、明沟，按设计图示中心线长度计算，单位：m。

（4）贴砌砖墙（贴砌砖墙项目是指依附构件或者依附墙体砌筑的贴砌砖，如地下室外墙防水层的保护砖墙等），按设计图示尺寸以体积计算，单位：m^3。

2. *砌块砌体*

1）砌块墙

砌块墙，按设计图示尺寸以体积计算，单位：m^3。扣除门窗、洞口、嵌入墙内的钢筋混凝土柱、梁、圈梁、挑梁、过梁及凹进墙内的壁龛、管槽、暖气槽、消火栓箱所占体积。不扣除梁头、板头、檩头、垫木、木楞头、沿椽木、木砖、门窗走头、砖墙内加固钢筋、木筋、铁件、钢管及单个面积≤$0.3m^2$ 的孔洞所占体积。凸出墙面的腰线、挑檐、压顶、窗台线、虎头砖、门窗套的体积不增加。凸出墙面的砖垛并入墙体体积内。

（1）墙体计算长度。外墙按外墙中心线计算长度，内墙按内墙净长线计算长度。

（2）墙体计算高度。同实心砖墙墙体计算高度。

2）砌块柱

砌块柱，按设计图示尺寸以体积计算，单位：m^3。扣除混凝土及钢筋混凝土梁垫、梁头、板头所占体积。

3. *石砌体、轻质墙板*

石砌体、轻质墙板中项目的工程量计算参照《计算规范》执行。

4.7 混凝土及钢筋混凝土工程

混凝土及钢筋混凝土工程包括现浇混凝土构件、一般预制混凝土构件、装配式预制混凝土构件、后浇混凝土、钢筋及螺栓、铁件 5 节，共 97 个项目。这里主要介绍混凝土及钢筋工程量计算。

4.7.1 混凝土工程量计算

1. *现浇混凝土构件*

各类建筑中的现浇混凝土构件及现浇混凝土附属项目均按现浇混凝土构件中的相关项目编码列项。现浇钢筋混凝土构件，不扣除构件内钢筋、螺栓、预埋铁件、张拉孔道所占体积，但应扣除劲性骨架的型钢所占体积。

1）现浇混凝土基础

现浇混凝土基础根据其构造形式及用途分为独立基础、条形基础、筏形基础和设备基础。

（1）独立基础、条形基础、筏形基础，均按设计图示尺寸以体积计算，单位：m^3。不扣除伸入承台基础的桩头所占体积。与筏形基础一起浇筑的，凸出筏形基础下表面的其他混凝土构件的体积，并入相应筏形基础体积内。

① 独立基础。独立基础按其构造形式有阶梯形独立基础、截锥式独立基础和杯形独立基础，如图 4.44 所示。

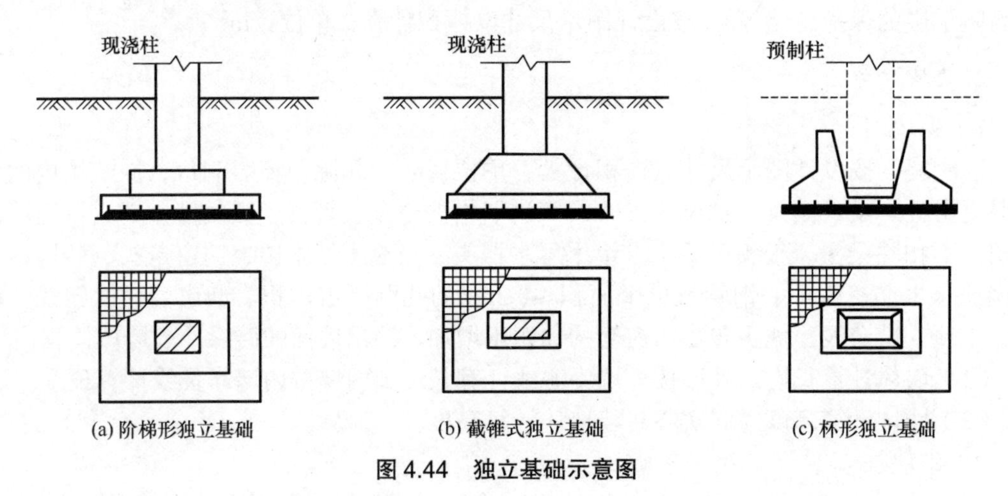

图 4.44 独立基础示意图

截锥式独立基础体积包括正四棱柱和棱台两部分，如图 4.45 所示。

其中，棱台体积可按式（4-10）计算。

$$V=\frac{1}{6}h_2\left(S_{\text{下底面面积}}+S_{\text{上底面面积}}+4S_{\text{中截面面积}}\right)=\frac{1}{6}h_2\left[AB+ab+(A+a)(B+b)\right] \quad (4\text{-}10)$$

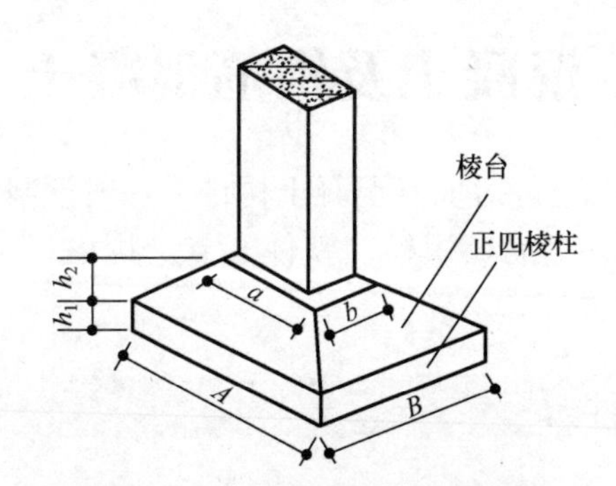

图 4.45 截锥式独立基础示意图

杯形独立基础混凝土工程量等于独立基础体积扣除杯槽的体积，如图 4.46 所示。

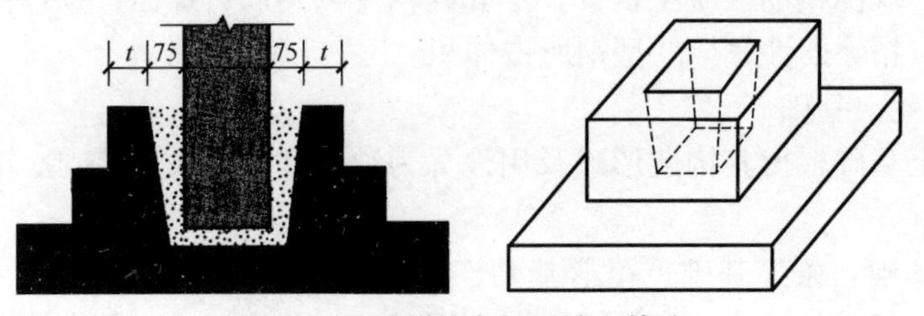

图 4.46 （阶梯式）杯形独立基础

独立桩承台按独立基础项目编码列项，承台梁按条形基础项目编码列项，整片浇筑的桩承台（板）按筏形基础编码列项。独立桩承台（异形）如图 4.47 所示。

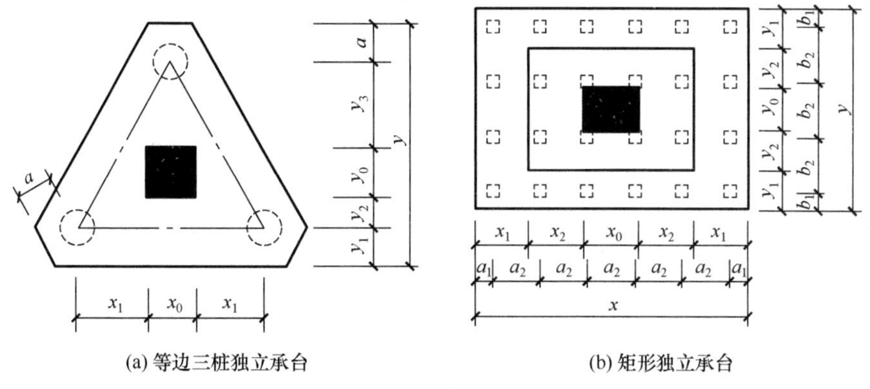

(a) 等边三桩独立承台　　(b) 矩形独立承台

图 4.47　独立桩承台（异形）

【例 4-6】某工程柱下截锥式独立基础如图 4.48 所示，共 18 个，试计算该工程柱下截锥式独立基础的混凝土工程量。

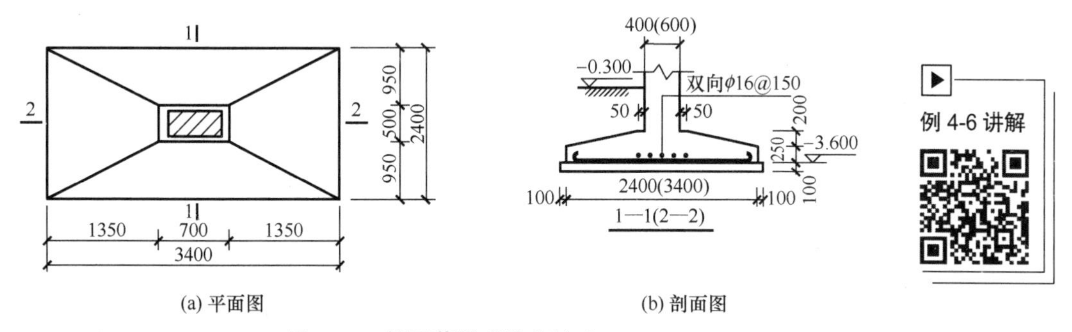

(a) 平面图　　(b) 剖面图

图 4.48　柱下截锥式独立基础

【解】　$V_{独立基础}=V_{正四棱柱}+V_{棱台}=3.4\times2.4\times0.25\times18+\dfrac{1}{6}\times0.2\times[3.4\times2.4+0.7\times0.5+(3.4+0.7)\times(2.4+0.5)]\times18=48.96\ (\text{m}^3)$

② 条形基础。条形基础分为板式和梁板式两种，如图 4.49 所示。条形基础工程量按设计图示尺寸以体积计算。

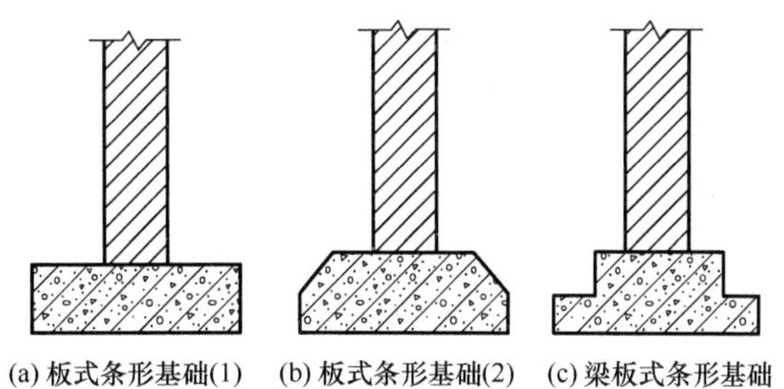

(a) 板式条形基础(1)　(b) 板式条形基础(2)　(c) 梁板式条形基础

图 4.49　条形基础示意图

③ 筏形基础。筏形基础是满堂基础的常用形式，其类型分为平板式和梁板式两种，如图 4.50 所示。筏形基础截面形式分为坡形、阶形（单阶、双阶、多阶）和其他。

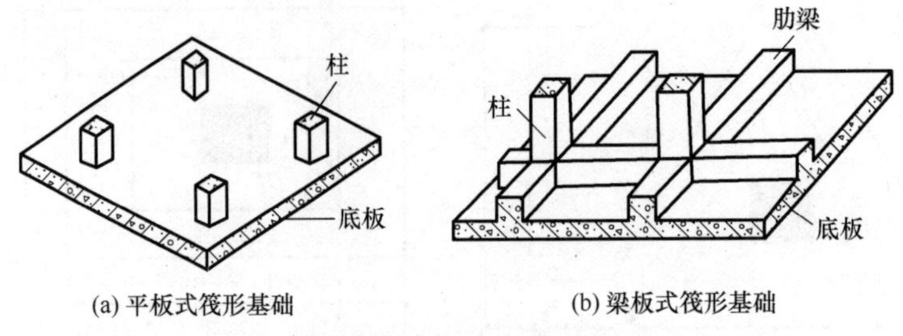

(a) 平板式筏形基础　　(b) 梁板式筏形基础

图 4.50　筏形基础示意图

箱形满堂基础简称箱形基础，是满堂基础的另一种常用类型，是指上有顶板，下有底板，中间有纵墙、横墙板或柱连接成整体的基础，如图 4.51 所示。箱形基础的工程量应分解计算，底板执行筏形基础项目，顶板及纵横墙板依其形式及特征按现浇柱、梁、墙、板相应项目分别编码列项。

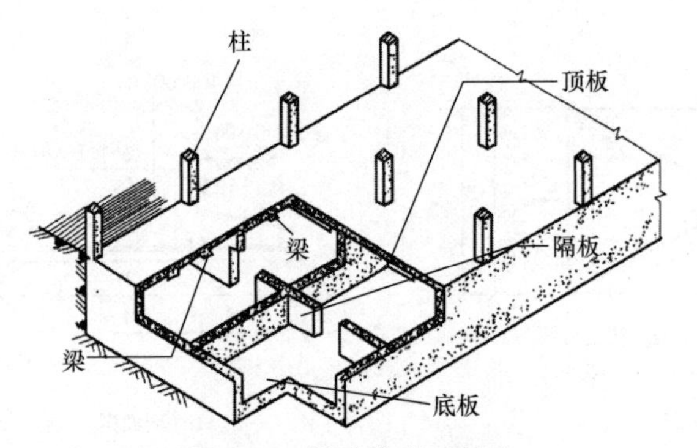

图 4.51　箱形基础示意图

（2）设备基础，按设计图示尺寸以体积计算，单位：m^3。框架式设备基础不按设备基础项目列项，框架式设备基础中柱、梁、墙、板应按现浇混凝土柱、梁、墙、板分别编码列项，基础部分按设备基础列项。

2）现浇混凝土柱

现浇混凝土柱包括矩形柱、圆形柱、异形柱、构造柱和钢管柱。现浇混凝土柱与墙连接时，柱单面凸出大于墙厚或双面凸出墙面时，柱、墙分别单独计算，墙算至柱侧面；柱单面凸出小于墙厚时，柱、墙合并计算，柱凸出部分并入墙体积内。

（1）矩形柱、圆形柱、异形柱，按设计截面面积乘以柱高以体积计算，单位：m^3。附着在柱上的牛腿并入柱体积内，型钢混凝土柱需扣除构件内型钢体积。

柱高：无梁板的柱高，应按柱基上表面（或楼板上表面）至柱帽下表面之间的高度计算；其他类型楼板的柱高，应按柱基上表面（或楼板上表面）至上一层楼板上表面（或柱顶）之间的高度计算。

异形柱截面形式包括 T 形、L 形、Z 形、十字形、梯形等形式。异形柱各方向上截面高度与厚度之比的最小值 >4 时，不再按异形柱列项，而需按短肢剪力墙项目编码列项，如图 4.52 所示。

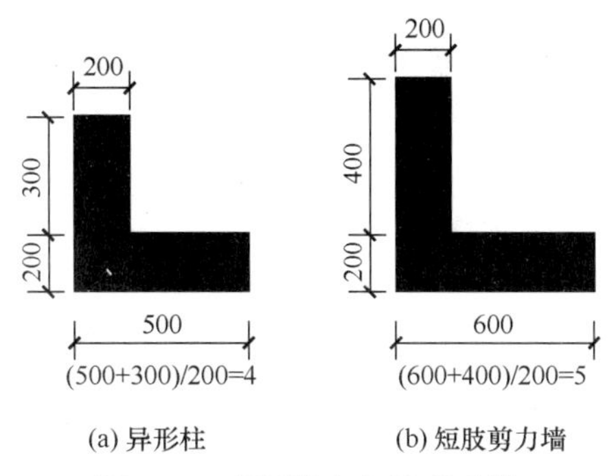

图 4.52　异形柱与短肢剪力墙

（2）构造柱，按设计图示尺寸以体积计算，单位：m^3。与砌体嵌接部分（马牙槎）的体积并入柱身体积内。

构造柱高度：自其生根构件（基础、基础圈梁、地梁等）的上表面算至其锚固构件（上部梁、上部板等）的下表面。

（3）钢管柱。钢管柱是指把混凝土灌入钢管中并捣实后形成的钢管混凝土一体的具有较高刚度及强度的柱。钢管柱外侧的钢管与型钢混凝土内部的型钢按金属结构工程相关项目编码列项。钢管柱按需浇筑混凝土的钢管内径乘以钢管高度以体积计算，单位：m^3。

3）现浇混凝土梁

现浇混凝土梁包括基础联系梁、矩形梁、异形梁、斜梁、弧（拱）形梁、圈梁、过梁和悬臂（悬挑）梁。现浇混凝土梁，按设计图示截面面积乘以梁长以体积计算，单位：m^3。

（1）基础联系梁。基础联系梁是指位于地基或垫层上，连接独立基础、条形基础或桩承台的梁。其梁长为所联系基础之间的净长度。基础层的架空梁按现浇矩形梁项目编码列项。

（2）矩形梁、异形梁、斜梁、弧（拱）形梁。伸入墙（砖墙）内的梁头、梁垫（图 4.53）体积并入梁工程量内。型钢混凝土梁需扣除构件内型钢体积。异形梁是指截面形状为非矩形（如花篮形、T 形等）的梁。加腋梁等矩形变截面梁，不属于异形梁，仍为矩形梁。斜梁是指斜度大于 10° 的梁和板，其坡度范围可分为 10° ～ 30°、30° ～ 45°、45° ～ 60° 及 60° 以上等。现浇混凝土弧（拱）形梁圆心半径≤12m 的，按弧形梁项目编码列项；圆心半径 >12m 的，按矩形梁项目编码列项。

基础联系梁、矩形梁、异形梁、斜梁、弧（拱）形梁，梁长和梁高按以下规定计算。

梁长：梁与柱连接时，梁长算至柱侧面；主梁与次梁连接时，次梁长算至主梁侧面。

梁高：梁上部有与梁一起浇筑的现浇板时，梁高算至现浇板底。

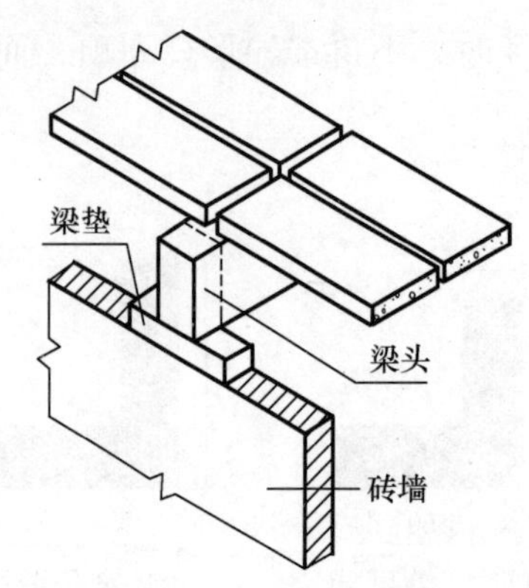

图 4.53　伸入墙（砖墙）内的梁头、梁垫

（3）圈梁。圈梁与构造柱连接时，梁长算至构造柱（不含马牙槎）的侧面。基础圈梁按圈梁项目编码列项。

（4）过梁。过梁计算长度按设计规定计算，设计无规定时，按梁下洞口宽度，两端各加 250mm 计算，如图 4.54（a）所示。当圈梁兼作过梁时，过梁的计算长度如图 4.54（b）所示。

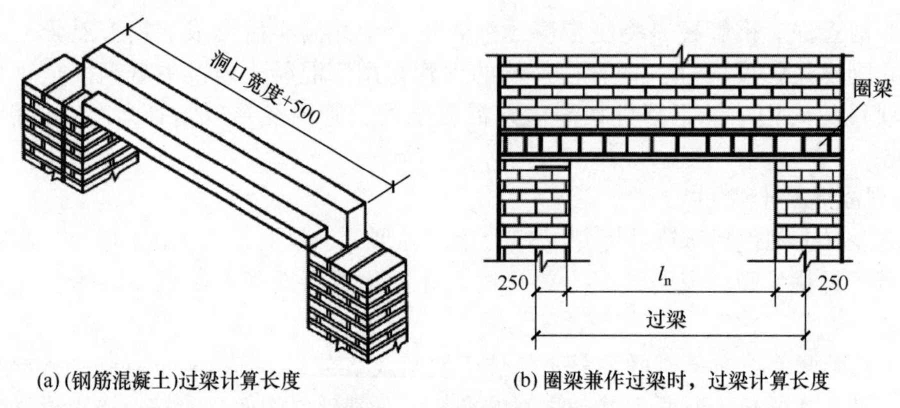

(a)(钢筋混凝土)过梁计算长度　　(b)圈梁兼作过梁时，过梁计算长度

图 4.54　过梁计算长度

（5）悬臂（悬挑）梁。悬臂（悬挑）梁按伸出外墙或柱侧的设计图示尺寸以体积计算，单位：m^2。

4）现浇混凝土墙

现浇混凝土墙包括直形墙、弧形墙、短肢剪力墙、挡土墙、大模内置保温板墙和叠合板现浇混凝土复合墙。

（1）直形墙、弧形墙，均按设计图示尺寸以体积计算，单位：m^3。扣除门窗洞口及单个面积 $>0.3m^2$ 的孔洞所占体积，墙垛及凸出墙面部分并入墙体体积内计算。

墙与现浇混凝土板相交时，外墙高度算至板顶，内墙高度算至板底。

现浇混凝土弧形墙圆心半径 $\leq 12m$ 的，按弧形墙项目编码列项；圆心半径 $>12m$ 的，按直形墙项目编码列项。

（2）短肢剪力墙，按设计图示尺寸以墙柱、墙身、墙梁的体积合并计算。扣除门窗洞口及单个面积 >0.3m² 的孔洞所占体积。

短肢剪力墙（轻型框剪墙）是短肢剪力墙结构的简称，由墙柱、墙身、墙梁三种构件构成。墙柱，即短肢剪力墙，也称边缘构件（又分为约束边缘构件和构造边缘构件），呈十字形、T 形、Y 形、L 形、一字形等形状，柱式配筋。墙身，为一般剪力墙。墙柱与墙身相连，还可能形成工字形、[形、Z 形等形状。墙梁，处于填充墙大洞口或其他洞口上方，梁式配筋。通常情况下，墙柱、墙身、墙梁厚度（≤300mm）相同，构造上没有明显的区分界限。

（3）挡土墙，按设计图示尺寸以体积计算，单位：m³。扣除单个面积 >0.3m² 的孔洞所占体积，墙垛及凸出墙面部分并入墙体体积计算内。

（4）大模内置保温板墙、叠合板现浇混凝土复合墙，均按设计图示尺寸包含保温板、叠合板厚度以体积计算，单位：m³。扣除门窗洞口及单个面积 >0.3m² 的孔洞所占体积，墙垛及凸出墙面部分并入墙体体积计算内。

大模内置保温板墙是指在安装模板时，把挤塑聚苯板、膨胀聚苯板等保温板直接安装在模板内侧，使其与混凝土一起浇筑形成的整体墙板。

叠合板现浇混凝土复合墙是指由 LJS 叠合板与混凝土整体现浇的板。LJS 叠合板是工厂化生产，由单面钢丝网架挤塑板与其外侧轻质混凝土叠合而成的保温板，施工时，该板兼作外模板的内衬面板，与外侧的条状面板与主次楞木共同组成外墙组合外模板，浇筑混凝土后，与混凝土构成一体。

5）现浇混凝土板

现浇混凝土板包括有梁板、无梁板、平板、拱板、斜板（坡屋面板）、薄壳板、栏板、天沟（挑檐）板、悬挑板和其他板。

（1）有梁板、无梁板、平板、拱板、斜板（坡屋面板）、薄壳板，均按设计图示尺寸以体积计算，单位：m³。不扣除单个面积≤0.3m² 的柱、垛以及孔洞所占体积，板伸入砌体墙内的板头以及板下柱帽并入板体积内。

坡屋面板屋脊八字相交处的加厚混凝土并入坡屋面板体积内计算。薄壳板的肋、基梁并入薄壳板体积内计算。

压型钢板混凝土楼板按现浇平板项目编码列项，计算体积时应扣除压型钢板以及因其板面凹凸嵌入板内的凹槽所占的体积。

斜板是指斜度大于 10° 的板，其坡度范围可分为 10° ～ 30°、30° ～ 45°、45° ～ 60° 及 60° 以上等。

（2）栏板、天沟（挑檐）板、悬挑板、其他板，均按设计图示尺寸以体积计算，单位：m³。

悬挑板按设计图示尺寸以挑出墙外部分体积计算。

现浇挑檐板、天沟板与板（包括屋面板、楼板）连接时，以外墙外边线为分界线；与圈梁（包括其他梁）连接时，以梁外边线为分界线。外边线以外为挑檐、天沟。

【例 4-7】某框架结构标准层混凝土梁、板平面布置图如图 4.55 所示。柱截面尺寸为 600mm×600mm，XB-1 厚度为 100mm，XB-2 和 XB-3 厚度均为 80mm，XB-4 厚度为 120mm。试计算该标准层混凝土梁、板的工程量（计算板体积时不考虑柱体积的扣减）。

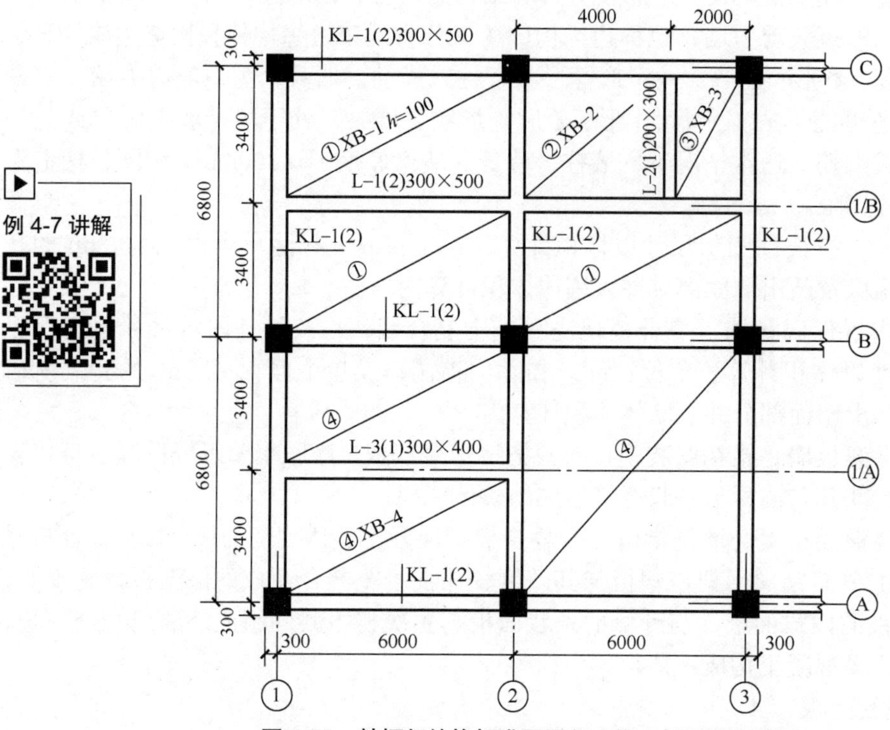

图 4.55　某框架结构标准层混凝土梁、板平面布置图

【解】 L–1 体积：$2\times0.3\times0.5\times(6.0-0.3)=1.71$（$m^3$）

L–2 体积：$0.2\times0.3\times(3.4-0.3)\approx0.19$（$m^3$）

L–3 体积：$0.3\times0.4\times(6.0-0.3)\approx0.68$（$m^3$）

KL–1 体积：$6\times0.3\times0.5\times[(6.0-0.6)+(6.8-0.6)]=10.44$（$m^3$）

XB–1 体积：$3\times0.1\times(6.0-0.3)\times(3.4-0.3)\approx5.30$（$m^3$）

XB–2 体积：$0.08\times(3.4-0.3)\times(4.0-0.15-0.1)=0.93$（$m^3$）

XB–3 体积：$0.08\times(3.4-0.3)\times(2.0-0.15-0.1)\approx0.43$（$m^3$）

XB–4 体积：$0.12\times(6-0.3)\times[(6.8-0.3)+(6.8-0.3-0.3)]\approx8.69$（$m^3$）

6）空心板、空心板内置筒芯、空心板内置箱体

（1）空心板，按设计图示尺寸以体积计算，单位：m^3。应扣除内置筒芯、箱体部分的体积，板下柱帽并入板体积内。

（2）空心板内置筒芯，按放置筒芯的设计图示尺寸以长度计算，单位：m。

（3）空心板内置箱体，按放置箱体的设计图示尺寸以数量计算，单位：个。

7）现浇混凝土楼梯

现浇混凝土楼梯，按设计图示尺寸以水平投影面积计算，单位：m^2。不扣除宽度≤500mm 楼梯井的投影面积，伸入墙内部分不计算。

楼梯形式包括直形、弧形、螺旋形；板式、梁式；单跑、双跑、三跑；等等。整体楼梯水平投影面积包括休息平台、平台梁、斜梁和楼梯的连接梁，当整体楼梯与现浇楼板无梯梁连接时，以楼梯的最后一个踏步边缘加 300mm 为界，如图 4.56 所示。

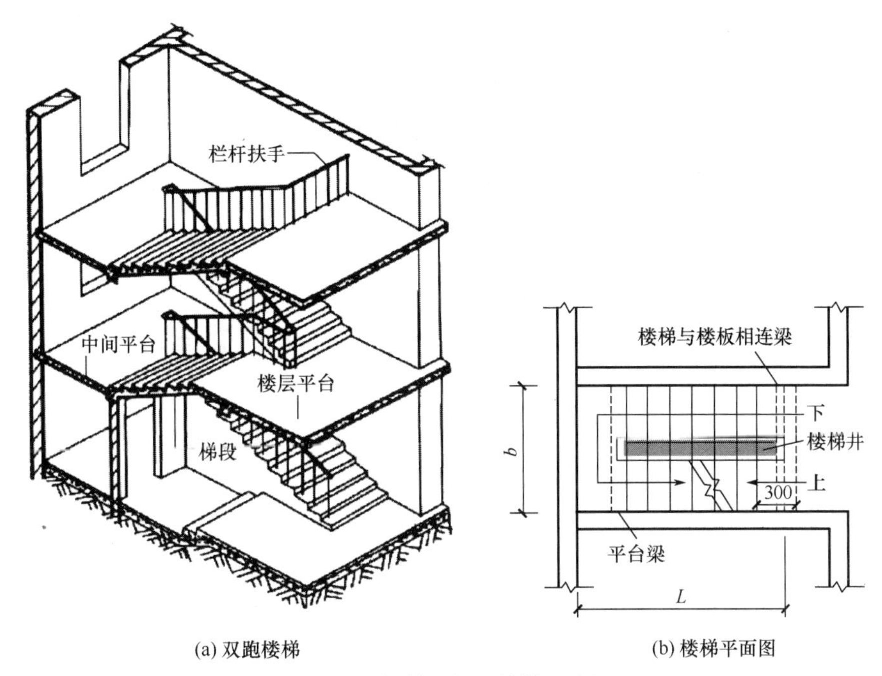

(a) 双跑楼梯　　(b) 楼梯平面图

图 4.56　钢筋混凝土楼梯示意图

8）现浇混凝土其他构件

现浇混凝土其他构件包括挑阳台，雨篷，场馆看台，散水、坡道，地坪，电缆沟、地沟，台阶，扶手、压顶，井（池）底、壁，定型化粪池、检查井和其他构件。

（1）挑阳台、雨篷、场馆看台、台阶，均按设计图示尺寸以水平投影面积计算，单位：m^2。架空式混凝土台阶按现浇楼梯项目编码列项。

（2）散水、坡道，地坪，均按设计图示尺寸以水平投影面积计算，单位：m^2。不扣除单个≤$0.3m^2$ 的孔洞所占面积。

（3）电缆沟、地沟，按设计图示以中心线长度计算，单位：m。

（4）扶手、压顶，井（池）底、壁，均按设计图示尺寸以体积计算，单位：m^3。

（5）定型化粪池、检查井（定型化粪池、检查井是指按标准图集设计的混凝土化粪池、检查井），均按设计图示数量计算，单位：座。

（6）其他构件主要包括小型池槽、垫块、门框等，按设计图示尺寸以体积计算，单位：m^3。

2. 一般预制混凝土构件

一般预制混凝土构件适用于非装配式标准设计的厂库房中的预制混凝土构件、现浇混凝土结构中的局部预制混凝土构件。一般预制混凝土构件项目中，除混凝土构件现场预制项目外，其余工作内容均不包括构件制作，仅为成品构件的现场安装、灌缝、灌浆等。

1）预制混凝土柱、梁、屋架

预制混凝土柱、梁、屋架包括矩形柱、异形柱、矩形梁、异形梁、拱形梁、过梁、吊车梁、其他梁、屋架和天窗架。

预制混凝土屋架形式包括折线形、三角形、锯齿形等，预制混凝土天窗架由天窗架、端壁板、侧板、上下档、支撑及檩条等组成。

矩形柱、异形柱、矩形梁、异形梁、拱形梁、过梁、吊车梁、其他梁、屋架和天窗架，均按设计图示尺寸以体积计算，单位：m^3。

2）预制混凝土板

预制混凝土板包括实心条板、空心条板和大型板。

预制混凝土板的形式包括平板、槽形板、双 T 板等，部位是指楼板、墙板、屋面板、挑檐板、雨篷板、栏板等。

实心条板、空心条板、大型板，均按设计图示尺寸以体积计算，单位：m^3。不扣除单个面积≤0.3m^2 的孔洞所占的体积及≤40mm 的板缝部分的体积，空心板空洞体积也不扣除，伸入墙内的板头并入板体积内计算。

3）预制其他构件

预制其他构件包括井（沟）盖板、井圈，垃圾道、通风道、烟道和其他构件。

（1）井（沟）盖板、井圈，按设计图示以数量计算，单位：套。

（2）垃圾道、通风道、烟道，按设计图示尺寸以长度计算，单位：m。

（3）其他构件，包括预制钢筋混凝土小型池槽、压顶、扶手、垫块、墩块、隔热板、花格等，按设计图示尺寸以体积计算，单位：m^3。

4）混凝土构件现场预制

混凝土构件现场预制，按设计图示尺寸以体积计算，单位：m^3。

3. 装配式预制混凝土构件

装配式预制混凝土构件适用于装配式混凝土与装配整体式混凝土结构中的预制混凝土构件。

1）装配式预制混凝土柱、梁、板

装配式预制混凝土柱、梁、板包括实心柱、单梁、叠合梁、整体板和叠合板，均按成品构件设计图示尺寸以体积计算，单位：m^3。不扣除构件内钢筋、预埋铁件、配管、套管、线盒及单个面积≤0.3m^2 的孔洞、线箱等所占体积，构件外露钢筋体积也不再增加。

2）装配式墙板

装配式墙板包括实心剪力墙板、夹心保温剪力墙板、叠合剪力墙板、外挂墙板和女儿墙，均按成品构件设计图示尺寸以体积计算，单位：m^3。不扣除构件内钢筋、预埋铁件、配管、套管、线盒及单个面积≤0.3m^2 的孔洞、线箱等所占体积，构件外露钢筋体积也不再增加。

3）其他装配式预制混凝土构件

其他装配式预制混凝土构件包括楼梯、阳台、凸（飘）窗、空调板、压顶和其他构件。

单独预制的凸（飘）窗按凸（飘）窗项目编码列项，依附于外墙板制作的凸（飘）窗，按相应墙板项目编码列项。

楼梯、阳台、凸（飘）窗、空调板、压顶和其他构件，均按成品构件设计图示尺寸以体积计算，单位：m^3。不扣除构件内钢筋、预埋铁件、配管、套管、线盒及单个面积≤$0.3m^2$ 的孔洞、线箱等所占体积，构件外露钢筋体积也不再增加。

4. 后浇混凝土

1）后浇带

后浇带适用于现浇混凝土结构中的后浇带、装配整体式混凝土结构中的现场后浇混凝土。后浇带按设计图示尺寸以体积计算，单位：m^3。

2）其他预制构件的后浇混凝土

其他预制构件的后浇混凝土包括叠合梁板，叠合剪力墙，装配构件梁、柱连接和装配构件墙、柱连接。

叠合楼板或整体楼板之间设计采用现浇混凝土板带拼缝的，板带混凝土浇捣工程量并入叠合梁板项目工程量内。

墙板或柱等预制垂直构件之间设计采用现浇混凝土墙连接的，当连接墙的长度在 2m 以内时，按连接墙、柱项目编码列项，长度超过 2m 的，按现浇混凝土构件中的短肢剪力墙项目编码列项。

叠合梁板，叠合剪力墙，装配构件梁、柱连接和装配构件墙、柱连接，均按设计图示尺寸以体积计算，单位：m^3。

4.7.2 钢筋及螺栓、铁件工程量计算

1. 现浇构件钢筋、预制构件钢筋

钢筋工程量计算，无论现浇构件或预制构件、受力钢筋或箍筋、构造筋、砌体拉结筋等，均按设计图示钢筋（网）长度（面积）乘以单位理论质量计算，单位：t。

现浇构件应结合工程量计算规则、平法图集、混凝土结构设计规范等完成钢筋工程的识图与算量，具体内容见 4.7.3 节平法与钢筋工程量计算。

2. 钢筋网片、钢筋笼

钢筋网片、钢筋笼，均按设计图示钢筋（网）长度（面积）乘以单位理论质量计算，单位：t。

3. 预应力钢筋

预应力钢筋，按设计图示钢筋（丝束、绞线）长度乘以单位理论质量计算，单位：t。

预应力钢筋计算长度规定如下。

（1）低合金钢筋两端采用螺杆锚具，钢筋按预留空洞长度减 0.35m 计算，螺杆另计算。

（2）低合金钢筋一端镦头插片，另一端螺杆锚具，钢筋按预留孔道长度计算，螺杆另计算。

（3）低合金钢筋一端镦头插片，另一端帮条锚具，钢筋按预留孔道长度增加 0.15m 计算；两端均采用帮条锚具时，钢筋按孔道长度增加 0.3m 计算。

（4）低合金钢筋用后张法自锚时，钢筋按预留孔道长度增加 0.5m 计算。

（5）低合金钢筋或钢绞线采用 JM、XM、QM 型锚具，孔道长度在 20m 以内时，钢筋按孔道长度增加 1.0m 计算；孔道长度在 20m 以上时，钢筋按孔道长度增加 1.8m 计算。

（6）碳素钢丝用锥形锚具，孔道长度小于或等于 20m 时，预应力钢丝按孔道长度增加 1.0m 计算；孔道长度大于 20m 时，预应力钢丝按孔道长度增加 1.8m 计算。

（7）碳素钢丝两端采用镦粗头时，预应力钢丝按孔道长度增加 0.35m 计算。

4. 其他项目

其他项目包括钢筋机械连接、钢筋压力焊连接、植筋、钢丝网、螺栓和预埋铁件。

（1）钢筋机械连接、钢筋压力焊连接、植筋，均按数量计算，单位：个。

（2）钢丝网，按设计及规范要求以面积计算，单位：m^2。

墙面、楼地面和屋面做法中的钢丝网片，按钢丝网项目编码列项。

（3）螺栓、预埋铁件，均按设计图示尺寸及规范要求以质量计算，单位：t。

现浇混凝土中的预埋螺栓、锚入混凝土结构的化学螺栓、因特殊需要留置在混凝土内不周转使用的对拉螺栓，按螺栓项目编码列项；钢结构及装配式木结构使用的螺栓，按相应项目（如高强螺栓、剪力栓钉等）要求编码列项。

4.7.3 平法与钢筋工程量计算

1. 平法概述

建筑结构施工图平面整体设计方法，简称平法，是对我国传统的结构设计表示方法做出的重大改革。其表达方式，概括来讲，是把结构构件的尺寸和配筋等，按照平面整体表示方法的制图规则，采用数字和符号整体直接地表达在各类构件的结构平面布置图上，再与标准构造详图相配合，构成一套完整的结构设计的方法。平法施工图彻底改变了将构件从结构平面布置中索引出来，再逐个绘制配筋详图的烦琐方法。传统的结构设计表示方法与平法的区别，如图 4.57 所示。

平法制图的特点是施工图数量少，内容集中，非常有利于施工。经过多年的推广应用，平法已成为钢筋混凝土结构工程的主要设计方法。平法制图的特点主要表现在以下几个方面。

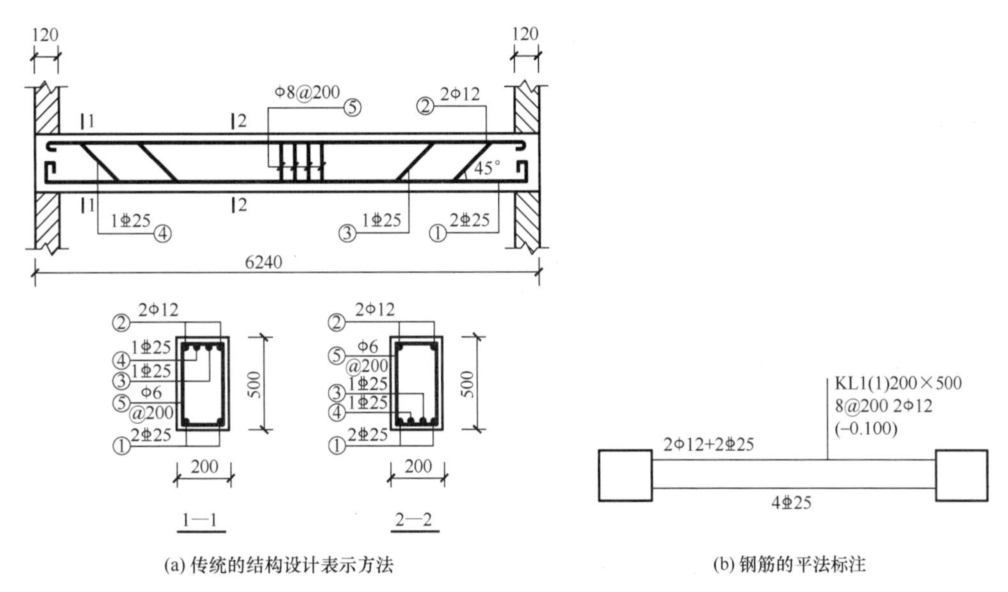

(a) 传统的结构设计表示方法　　(b) 钢筋的平法标注

图 4.57　传统的结构设计表示方法与平法的区别

1）施工图数量少，设计质量高

建筑图纸分为建筑施工图和结构施工图两大部分。实行平法制图，就是把结构设计中的重复性内容做成标准化的节点构造，把结构设计中创造性内容使用标准化的方法来表示，这样按平法设计的结构施工图就可以简化为两部分，一部分是各类结构构件的平法施工图，另一部分就是图集中的标准构造详图。实践证明，与传统的结构设计表示方法比较，平法施工图纸减少 70% 左右，这使得结构设计减少了大量重复性的绘图工作，极大地提高了结构设计师的工作效率。而且，由于使用了平法这一标准的设计方法来规范设计师的行为，在一定程度上提高了结构设计的质量。

2）单张图纸信息量大，构件分类明确，有利于保证施工质量

平法制图将构件的设计要求通过数字、符号并结合标准图集集中表达，单张图纸信息量大，同时各类构件分类明确、层次清晰，使设计师容易进行平衡调整，设计变更对其他构件影响较小。平法分结构层设计的图纸与水平逐层施工的顺序完全一致，对标准层可实现单张图纸施工，施工技术人员对结构比较容易形成整体概念，有利于施工质量管理。

3）实现平面表示，整体标注

平法制图把大量的结构尺寸和钢筋数据标注在结构平面图上，并且在一个结构平面图上同时进行梁、柱、墙、板等各种构件尺寸和钢筋数据的标注。整体标注很好地体现了整个建筑结构是一个整体，各类构件都存在不可分割的有机联系。

4）对现场施工及造价工作中的识图能力要求提高

传统的图纸有构件的大样图和钢筋表，照表下料、按图绑扎就可以完成施工任务，钢筋表还给出了钢筋质量的汇总数值，这对现场施工及造价工作来说是极为方便的。平法制图则需要根据施工图纸上的平法标注，结合标准图集给出的节点构造去理解设计意图，钢筋工程更是需要把每根钢筋的形状和尺寸逐一绘制、计算出来，与传统的结构设计表示方法比较，平法设计对施工现场的钢筋下料及钢筋工程量的计算等工作显然提出

了更高的识图要求。

2. 平法标准图集简介

平法标准图集即 G101 系列平法图集，是混凝土结构施工图采用建筑结构施工图平面整体设计方法的国家建筑标准设计图集，平法图集自 1996 年首次颁布以来，经过 6 次修订，最新颁布的是 22G101 系列图集。

22G101 系列图集包括:《混凝土结构施工图平面整体表示方法制图规则和构造详图（现浇混凝土框架、剪力墙、梁、板)》(22G101—1)、《混凝土结构施工图平面整体表示方法制图规则和构造详图（现浇混凝土板式楼梯)》(22G101—2）和《混凝土结构施工图平面整体表示方法制图规则和构造详图（独立基础、条形基础、筏形基础、桩基础)》(22G101—3)。平法图集适用于抗震设防烈度为 6 ～ 9 度地区的现浇混凝土框架、剪力墙、框架 – 剪力墙和部分框支剪力墙等主体结构施工图的设计，以及各类结构中的现浇混凝土板（包括有梁楼盖和无梁楼盖)、地下室结构部分现浇混凝土墙体、柱、梁、板结构施工图的设计。

限于篇幅，本书仅按照《混凝土结构施工图平面整体表示方法制图规则和构造详图（现浇混凝土框架、剪力墙、梁、板)》（22G101—1）介绍钢筋混凝土框架梁平法施工图的相关内容。

3. 钢筋工程量计算基础知识

钢筋工程量计算，除了能够正确识读工程图纸，还必须掌握建筑结构设计规范的相关要求，能够进一步熟悉结构设计意图，熟悉施工过程中钢筋工程的工序要求，掌握钢筋的分类、结构所处的环境类别、混凝土结构抗震等级、混凝土保护层厚度、钢筋锚固长度、钢筋的连接方式等相关内容。

1）钢筋的分类

按直径大小，钢筋混凝土结构配筋分为钢筋和钢丝两类。直径在 6mm 以上的称为钢筋；直径在 6mm 以内的称为钢丝。

按生产工艺，钢筋分为热轧钢筋、余热处理钢筋、冷拉钢筋、冷拔钢筋、冷轧钢筋等多种。其中，热轧钢筋是建筑生产中使用数量最多、最重要的钢材品种。根据《混凝土结构设计规范（2015 年版)》(GB 50010—2010)，普通钢筋牌号及强度标准值，见表 4-8。

表 4-8　普通钢筋牌号及强度标准值

牌号	符号	公称直径 d/mm	屈服强度标准值 f_{yk}/（N/mm^2）	极限强度标准值 f_{stk}/（N/mm^2）
HPB300	Φ	6 ～ 22	300	420
HRB400 HRBF400 RRB400	Φ ΦF ΦR	6 ～ 50	400	540
HRB500 HRBF500	Φ ΦF	6 ～ 50	500	630

注：H（Hot–rolled）—热轧；P（Plain）—光圆钢筋；R（Ribbed）—变形（带肋）钢筋；B（Bar）—钢筋（线材）；F（Fine）—优质、细化晶粒（热处理）。

钢筋的计算截面面积及公称质量见表 4-9。

表 4-9 钢筋的计算截面面积及公称质量

直径 d/mm	不同根数钢筋的计算截面面积 /mm^2									单根钢筋公称质量 /（kg/m）
	1	2	3	4	5	6	7	8	9	
6	28.3	57	85	113	142	170	198	226	255	0.222
6.5	33.2	66	100	133	166	199	232	265	299	0.260
8	50.3	101	151	201	252	302	352	402	453	0.395
8.2	52.8	106	158	211	264	317	370	423	475	0.432
10	78.5	157	236	314	393	471	550	628	707	0.617
12	113.1	226	339	452	565	678	791	904	1017	0.888
14	153.9	308	461	615	769	923	1077	1231	1385	1.21
16	201.1	402	603	804	1005	1206	1407	1608	1809	1.58
18	254.5	509	763	1017	1272	1527	1781	2036	2290	2.00
20	314.2	628	942	1256	1570	1884	2199	2513	2827	2.47

2）混凝土结构的环境类别及抗震等级

（1）混凝土结构的环境类别。

《混凝土结构设计（2015 年版)》（GB 50010—2010）中规定，结构物所处环境分为五类，见表 4-10。

表 4-10 混凝土结构的环境类别

环境类别	条件
一	室内干燥环境； 无侵蚀性静水浸没环境
二 a	室内潮湿环境； 非严寒和非寒冷地区的露天环境； 非严寒和非寒冷地区与无侵蚀性的水或土壤直接接触的环境； 严寒和寒冷地区的冰冻线以下与无侵蚀性的水或土壤直接接触的环境
二 b	干湿交替环境； 水位频繁变动环境； 严寒和寒冷地区的露天环境； 严寒和寒冷地区冰冻线以上与无侵蚀性的水或土壤直接接触的环境
三 a	严寒和寒冷地区冬季水位变动区环境； 受除冰盐影响环境； 海风环境

续表

环境类别	条件
三 b	盐渍土环境； 受除冰盐作用环境； 海岸环境
四	海水环境
五	受人为或自然的侵蚀性物质影响的环境

（2）混凝土结构抗震等级。

房屋建筑混凝土结构构件的抗震设计，应根据设防类别、烈度、结构类型和房屋高度采用不同的抗震等级，并应符合相应的计算和构造措施要求。以现浇钢筋混凝土框架结构为例，其抗震等级划分为四级，分别表示很严重、严重、较严重及一般四个级别。

3）混凝土保护层厚度及锚固长度

（1）混凝土保护层厚度。

混凝土保护层厚度是指在钢筋混凝土构件中，结构中最外层钢筋（梁中通常为箍筋）边缘到混凝土外表面的距离。设计工作年限为 50 年的混凝土结构，其保护层厚度应不低于表 4-11 的规定。

表 4-11　受力钢筋混凝土保护层最小厚度　　单位：mm

环境类别	板、墙	梁、柱
一	15	20
二 a	20	25
二 b	25	35
三 a	30	40
三 b	40	50

注：1. 表中混凝土保护层厚度指最外层钢筋外边缘至混凝土表面的距离，适用于设计工作年限为 50 年的混凝土结构。
2. 构件中受力钢筋的保护层厚度不应小于钢筋的公称直径。
3. 一类环境中，设计工作年限为 100 年的结构最外层钢筋的保护层厚度不应小于表中数值的 1.4 倍；二、三类环境中，设计工作年限为 100 年的结构应采取专门的有效措施。
4. 混凝土强度等级为 C25 时，表中保护层厚度数值应增加 5mm。
5. 基础底面钢筋的保护层厚度，有混凝土垫层时应从垫层顶面算起，且不应小于 40mm。

（2）受拉钢筋锚固长度。

受拉钢筋锚固长度是指受力钢筋端部依靠其表面与混凝土的黏结作用或端部弯钩、锚头对混凝土的挤压作用而达到设计所需应力的长度。

受拉钢筋锚固长度包括受拉钢筋基本锚固长度 L_{ab}、抗震设计时受拉钢筋基本锚固长度 L_{abE}、受拉钢筋锚固长度 L_{a}、受拉钢筋抗震锚固长度 L_{aE}。受拉钢筋抗震锚固长度 L_{aE} 见表 4-12，其他锚固长度见平法图集 22G101—1。

表 4-12 受拉钢筋抗震锚固长度 L_{aE}

钢筋种类	抗震等级	混凝土强度等级															
		C25		C30		C35		C40		C45		C50		C55		≥C60	
		$d≤25$	$d>25$	$d≤25$	$d>25$	$d≤25$	$d>25$	$d≤25$	$d>25$	$d≤25$	$d>25$	$d≤25$	$d>25$	$d≤25$	$d>25$	$d≤25$	$d>25$
HPB300	一、二级	39*d*	—	35*d*	—	32*d*	—	29*d*	—	28*d*	—	26*d*	—	25*d*	—	24*d*	—
	三级	36*d*	—	32*d*	—	29*d*	—	26*d*	—	25*d*	—	24*d*	—	23*d*	—	22*d*	—
HRB400 HRBF400	一、二级	46*d*	51*d*	40*d*	45*d*	37*d*	40*d*	33*d*	37*d*	32*d*	36*d*	31*d*	35*d*	30*d*	33*d*	29*d*	32*d*
	三级	42*d*	46*d*	37*d*	41*d*	34*d*	37*d*	30*d*	34*d*	29*d*	33*d*	28*d*	32*d*	27*d*	30*d*	26*d*	29*d*
HRB500 HRBF500	一、二级	55*d*	61*d*	49*d*	54*d*	45*d*	49*d*	41*d*	46*d*	39*d*	43*d*	37*d*	40*d*	36*d*	39*d*	35*d*	38*d*
	三级	50*d*	56*d*	45*d*	49*d*	41*d*	45*d*	38*d*	42*d*	36*d*	39*d*	34*d*	37*d*	33*d*	36*d*	32*d*	35*d*

注：1. 当为环氧树脂涂层带肋钢筋时，表中数据尚应乘以 1.25。

2. 当纵向受拉钢筋施工过程中易受扰动时，表中数据尚应乘以 1.1。

3. 当锚固长度范围内纵向受力钢筋周边保护层厚度为 3d（*d* 为锚固钢筋的直径）时，表中数据可乘以 0.8；当保护层厚度不小于 5*d* 时，表中数据可乘以 0.7；中间时按内插值。

4. 当纵向受拉普通钢筋锚固长度修正系数（注 1～注 3）多于一项时，可按连乘计算。

5. 受拉钢筋的锚固长度 L_a、L_{aE} 计算值不应小于 200mm。

6. 四级抗震时，$L_{aE}=L_a$。

7. 当锚固钢筋的保护层厚度不大于 5*d* 时，锚固钢筋长度范围内应设置横向构造钢筋，其直径不应小于 *d*/4（*d* 为锚固钢筋的最大直径）；对梁、柱等构件间距不应大于 5*d*，对板、墙等构件间距不应大于 10*d*，且均不应大于 100mm（*d* 为锚固钢筋的最小直径）。

8. HPB300 钢筋末端应做 180° 弯钩。

9. 混凝土强度等级应取锚固区的混凝土强度等级。

4. 梁平法施工图识读

钢筋混凝土框架结构梁平法施工图有两种注写方式，分别为平面注写方式和截面注写方式。

平面注写方式，是在梁平面布置图上，分别在不同编号中各选一根梁，在其上以注写截面尺寸和配筋具体数值的方式来表达梁平法施工图。

截面注写方式，是在分标准层绘制的梁平面布置图上，分别在不同编号的梁中各选择一根梁用剖面号引出配筋图，并在其上注写截面尺寸和配筋具体数值的方式来表达梁平法施工图。

梁平法施工图通常采用平面注写方式，本教材主要介绍梁平法施工图的平面注写方式。

平面注写包括集中标注与原位标注，集中标注表达梁的通用数值，原位标注表达梁的特殊数值。当集中标注中的某项数值不适用于梁的某部位时，则将该项数值原位标注，施工时原位标注取值优先。梁平法施工图的平面注写方式示例如图 4.58 所示。

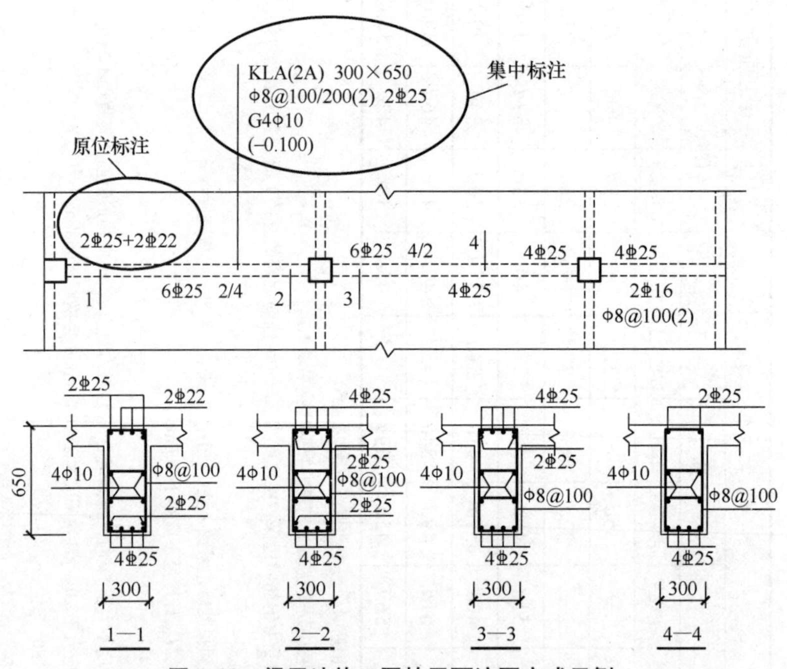

图 4.58 梁平法施工图的平面注写方式示例

注：图中 4 个梁截面是采用传统的结构设计表示方法绘制的，用于对比按平面注写方式表达的同样内容。实际采用平面注写表达时，不需要绘制梁截面配筋图及相应截面号。

1）梁的集中标注

梁的集中标注可以从梁的任意一跨引出，其内容包括五项必注值及一项选注值。

（1）梁编号。该项为必注值，梁编号的具体内容见表 4-13。

表 4-13 梁编号

梁类型	代号	序号	跨数及是否带有悬挑
楼层框架梁	KL	××	(××)、(××A)或(××B)
楼层框架扁梁	KBL	××	(××)、(××A)或(××B)
屋面框架梁	WKL	××	(××)、(××A)或(××B)
框支梁	KZL	××	(××)、(××A)或(××B)
托柱转换梁	TZL	××	(××)、(××A)或(××B)
非框架梁	L	××	(××)、(××A)或(××B)
悬挑梁	XL	××	(××)、(××A)或(××B)
井字梁	JZL	××	(××)、(××A)或(××B)

注:(××A)为一端有悬挑,(××B)为两端有悬挑,悬挑不计入跨数。

【例 4-8】 KL7(5A)表示第 7 号框架梁,5 跨,一端有悬挑;L9(7B)表示第 9 号非框架梁,7 跨,两端有悬挑。

(2)梁截面尺寸。该项为必注值,梁为等截面时,用 $b\times h$ 表示。

当为竖向加腋梁时,用 $b\times h$ Y$c_1\times c_2$ 表示,其中 c_1 为腋长,c_2 为腋高。

当为水平加腋梁时,一侧加腋时用 $b\times h$ PY$c_1\times c_2$ 表示,其中 c_1 为腋长,c_2 为腋宽。

当有悬挑梁且根部和端部的高度不同时,用斜线分隔根部与端部的高度值,即为 $b\times h_1/h_2$。

(3)梁箍筋。梁箍筋注写内容包括钢筋种类、直径、加密区与非加密区间距及肢数,该项为必注值。

箍筋加密区与非加密区的不同间距及肢数需用斜线"/"分隔;当梁箍筋为同一种间距及肢数时,则不需用斜线;当加密区与非加密区的箍筋肢数相同时,则将肢数注写一次;箍筋肢数应写在括号内。加密区范围见相应抗震等级的标准构造详图。

【例 4-9】 ф10@100/200(4),表示箍筋为 HPB300,直径为 10mm,加密区间距为 100mm,非加密区间距为 200mm,均为四肢箍。

【例 4-10】 ф8@100(4)/150(2),表示箍筋为 HPB300,直径为 8mm,加密区间距为 100mm,四肢箍;非加密区间距为 150mm,两肢箍。

(4)梁上部通长筋或架立筋。通长筋可为相同或不同直径采用搭接连接、机械连接或对焊连接的钢筋,该项为必注值。

所注规格与根数应根据结构受力要求及箍筋肢数等构造要求而定。当同排纵筋中既有通长筋又有架立筋时,应用加号"+"将通长筋和架立筋相联。注写时须将角部纵筋写在加号的前面,架立筋写在加号后面的括号内,以示不同直径及与通长筋的区别。当全部采用架立筋时,则将其写入括号内。

【例 4-11】2⏀22 用于双肢箍；2⏀22+（4⏀12）用于六肢箍，其中 2⏀22 为通长筋，4⏀12 为架立筋。

当梁的上部纵筋和下部纵筋为全跨相同，且多数跨的全部配筋相同时，此项可加注下部纵筋的配筋值，用分号“；”将上部与下部纵筋的配筋值分隔开来，少数跨不同者，按相应规则处理。

【例 4-12】3⏀22；3⏀20，表示梁的上部配置 3⏀22 的通长筋，梁的下部配置 3⏀20 的通长筋。

（5）梁腰筋。梁腰筋是指梁侧面配置的纵向构造钢筋或受扭钢筋，该项为必注值。

当梁腹板高度 h_w≥450mm 时，须配置纵向构造钢筋，所注规格与根数应符合规范规定。此项注写值以大写字母 G 打头，接续注写设置在梁两个侧面的总配筋值，且对称配置。

【例 4-13】G4⏀12，表示梁两个侧面共配有 4⏀12 的纵向构造钢筋，每侧各配置 2 根。

当梁侧面需配置受扭纵筋时，此项注写以大写字母 N 打头，接续注写配置在梁两个侧面的总配筋值，且对称配置。受扭纵筋应满足梁侧面纵向构造钢筋的间距要求，且不再重复配置纵向构造钢筋。

【例 4-14】N6⏀22，表示梁的两侧共配置 6⏀22 的受扭纵筋，每侧各配置 3⏀22。

注：当为梁侧面构造钢筋时，其搭接与锚固长度可取为 15d；当为梁侧面受扭纵筋时，其搭接长度为 L_l 或 L_{lE}（抗震），锚固长度为 L_a 或 L_{aE}（抗震），其锚固长度与方式同框架梁下部纵筋。

（6）梁顶面标高高差。该项为选注值。

梁顶面标高高差是指相对于结构层楼面标高的高差值，对于位于结构夹层的梁，则指相对于结构夹层楼面标高的高差。有高差时，须将其写入括号内，无高差时不注。

当某梁的顶面高于所在结构层的楼面标高时，其标高高差为正值，反之为负值。

【例 4-15】某结构标准层的楼面标高分别为 44.950m 和 48.250m，当这两个标准层中某梁的梁顶面标高高差注写为（—0.050）时，即表明该梁顶面标高分别相对于 44.950m 和 48.250m 低 0.050m。

2）梁的原位标注

（1）梁支座上部纵筋。

梁支座上部纵筋是指包括通长筋在内的所有纵筋。

① 当上部纵筋多于一排时，用斜线“/”将各排纵筋自上而下分开。

【例 4-16】梁支座上部纵筋注写为 6⏀25 4/2，则表示上一排纵筋为 4⏀25，下一排纵筋为 2⏀25。

② 当同排纵筋有两种直径时，用加号“+”将两种直径的纵筋相联，注写时将角部纵筋写在前面。

【例 4-17】梁支座上部纵筋注写为 2⏀25+2⏀22，则表示 2⏀25 放在角部，2⏀22 放在中部。

③ 当梁中间支座两边的上部纵筋不同时，须在支座两边分别标注；当梁中间支座两

边的上部纵筋相同时，可仅在支座的一边标注配筋值，另一边省去不注。图 4.59 所示为梁纵筋中间支座注写方式。

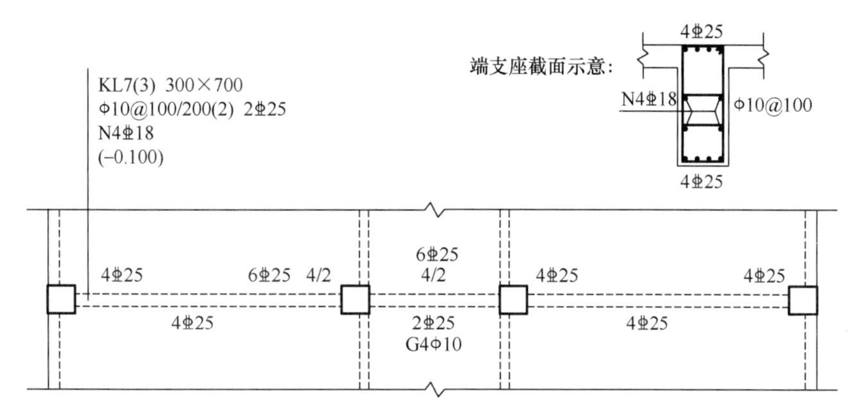

图 4.59 梁纵筋中间支座注写方式

在设计时应注意以下情况。

对于支座两边不同配筋值的上部纵筋，宜尽可能选用相同直径（不同根数），使其贯穿支座，避免支座两边不同直径的上部纵筋均在支座内锚固。

对于以边柱、角柱（钢筋密集）为端支座的屋面框架梁，当能够满足配筋截面面积要求时，其梁的上部钢筋应尽可能只配置一层，以避免梁柱纵筋在柱顶处因层数过多、密度过大导致不方便施工和影响混凝土浇筑质量。

（2）梁下部纵筋。

① 当下部纵筋多于一排时，用斜线“/”将各排纵筋自上而下分开。

【例 4-18】 梁下部纵筋注写为 6⌀25 2/4，则表示上一排纵筋为 2⌀25，下一排纵筋为 4⌀25，全部伸入支座。

② 当同排纵筋有两种直径时，用加号“+”将两种直径的纵筋相联，注写时角筋写在前面。

③ 当梁下部纵筋不全部伸入支座时，用符号“–”表示不伸入支座的纵筋，将不伸入支座的下部纵筋数量写在括号内。

【例 4-19】 梁下部纵筋为 6⌀25(–2)/4，则表示上一排纵筋为 2⌀25 且不伸入支座；下一排纵筋为 4⌀25，全部伸入支座。

【例 4-20】 梁下部纵筋注写为 2⌀25+3⌀22（–3）/5⌀25，表示上一排纵筋为 2⌀25 和 3⌀22，其中 3⌀22 不伸入支座；下一排纵筋为 5⌀25，全部伸入支座。

④ 当梁的集中标注中已按上述规定分别注写了梁上部和下部均为通长的纵筋值时，则不需在梁下部重复做原位标注。

当在梁上集中标注的内容（即梁截面尺寸、箍筋、上部通长筋或架立筋，梁侧面纵向构造钢筋或受扭纵筋，以及梁顶面标高高差中的某一项或几项数值）不适用于某跨或某悬挑部分时，则将其不同数值原位标注在该跨或该悬挑部位，施工时应按原位标注数值取用。

⑤ 附加箍筋或吊筋，将其直接画在平面图中的主梁上，用线引注总配筋值（附加箍筋的肢数注在括号内），如图 4.60 所示。当多数附加箍筋或吊筋相同时，可在梁平法施工图上统一注明，少数与统一注明值不同时，再原位引注。

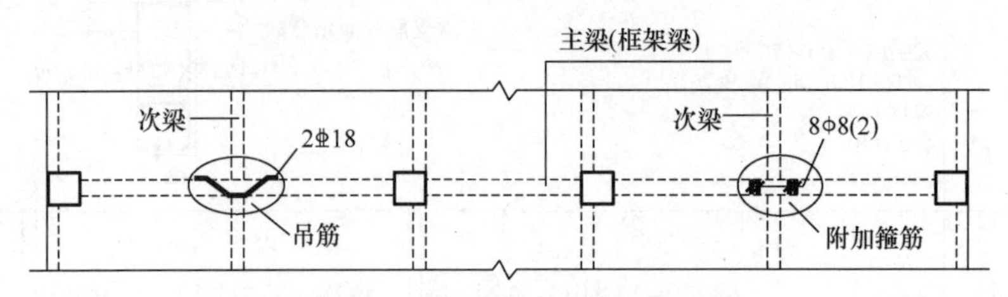

图 4.60　附加箍筋或吊筋画法示例

工程量计算时，附加箍筋或吊筋的几何尺寸应按照标准构造详图，结合其所在位置的主梁和次梁的截面尺寸而定。

5. 现浇钢筋混凝土框架梁钢筋工程量计算

现浇钢筋混凝土框架梁钢筋骨架轴测图如图 4.61 所示。

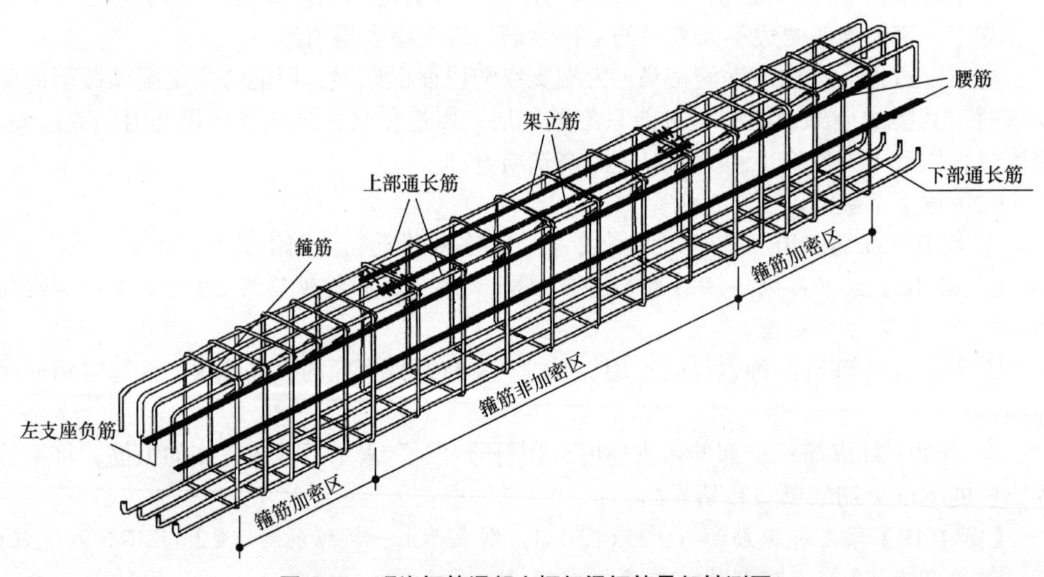

图 4.61　现浇钢筋混凝土框架梁钢筋骨架轴测图

现浇钢筋混凝土框架梁钢筋工程量计算时，首先要清楚梁中的钢筋类型。根据梁类构件的配筋特点，其中的钢筋主要有纵筋、箍筋和附加钢筋等类型，具体如图 4.62 所示。

1）梁纵筋设计长度计算

（1）上部通长筋。

$$上部通长筋设计长度 = l_n（左支座至右支座的净跨长度）+ 左支座锚固长度 + 右支座锚固长度 \quad (4\text{-}11)$$

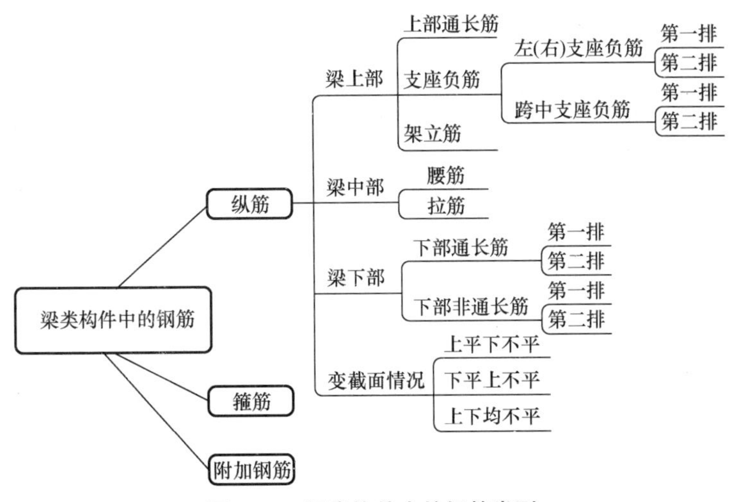

图 4.62 梁类构件中的钢筋类型

左、右支座锚固长度的取值如下。

① 当 h_c – 保护层厚度 < L_{aE} 时，端支座弯锚，如图 4.63（a）所示。

$$支座锚固长度 = h_c - 保护层厚度 + 15d \tag{4-12}$$

② 当 h_c – 保护层厚度 ≥ L_{aE} 时，端支座直锚，如图 4.63（b）所示。

$$支座锚固长度 = \max(L_{aE}，0.5h_c + 5d) \tag{4-13}$$

③ 当端支座加锚头（锚板）锚固时，锚头（锚板）另外计算。

$$支座锚固长度 = h_c - 保护层厚度 + 15d \tag{4-14}$$

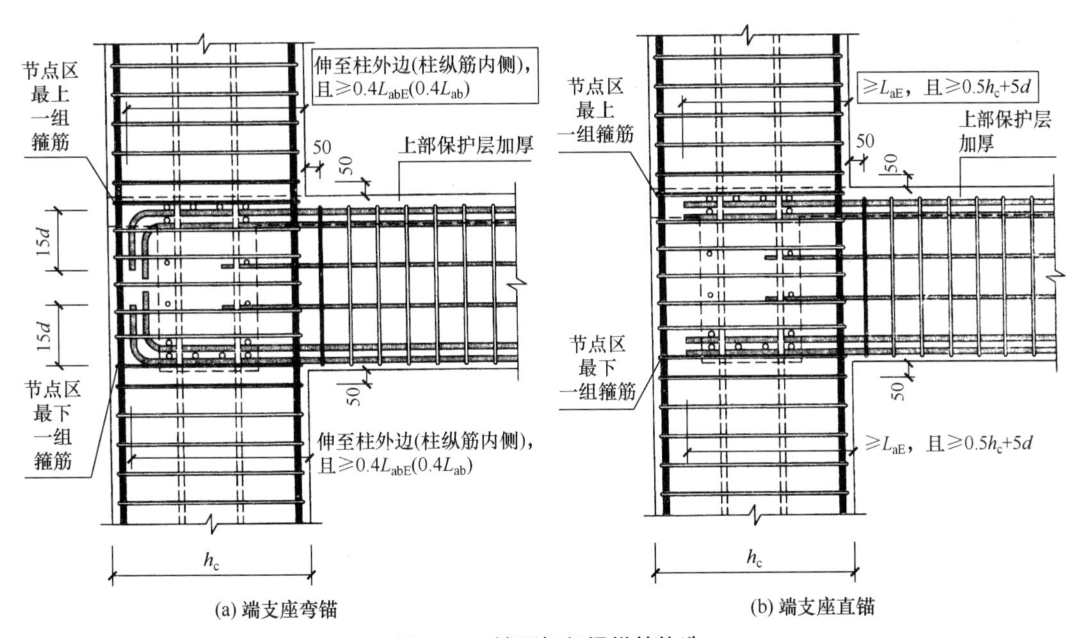

图 4.63 楼层框架梁纵筋构造

（2）支座负筋。梁支座负筋包括左（右）支座负筋和跨中支座负筋。

左（右）支座负筋（不包括该处的通长筋），第一排支座负筋在本跨净跨的 1/3 处截断，第二排支座负筋在本跨净跨的 1/4 处截断，如图 4.64 所示。

左（右）支座负筋按下式计算。

$$第一排支座负筋计算长度=左（右）支座锚固长度+l_{n1}/3 \tag{4-15}$$

$$第二排支座负筋计算长度=左（右）支座锚固长度+l_{n1}/4 \tag{4-16}$$

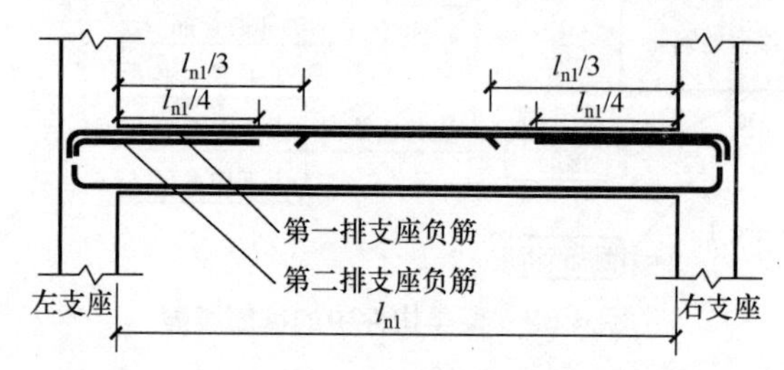

图 4.64　左（右）支座负筋构造示意图

跨中支座负筋构造如图 4.65 所示。

跨中支座负筋按式（4-17）、式（4-18）计算。

$$第一排钢筋设计长度=2\times\max(l_{n1},\ l_{n2})/3+支座宽度(h_c) \tag{4-17}$$

$$第二排钢筋设计长度=2\times\max(l_{n1},\ l_{n2})/4+支座宽度(h_c) \tag{4-18}$$

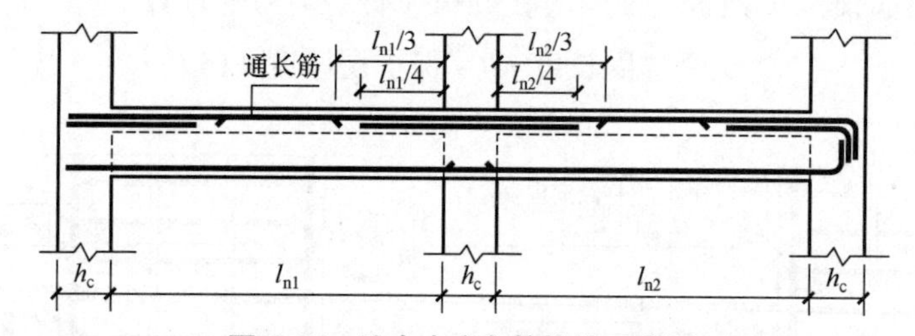

图 4.65　跨中支座负筋构造示意图

其中，$\max(l_{n1},\ l_{n2})$ 表示该支座左右两跨净跨长度的最大值。需要注意的是，若两跨净跨长度相差较大，如 l_{n1}=7.8m、l_{n2}=2.4m，出现 7.8m/3=2.6m>2.4m 的情况，此时跨中支座负筋就应在右跨（l_{n2}）通长布置。

（3）中部纵筋。

中部纵筋包括腰筋及其拉筋，腰筋分为构造腰筋（标注为 G）和抗扭腰筋（标注为 N），当中部纵筋为构造腰筋时，其伸入支座的锚固长度为 15d；当中部纵筋为受扭腰筋时，其伸入支座的锚固长度与方式同梁的下部纵筋。

$$构造腰筋设计长度=l_n（左支座至右支座净跨长度）+2\times15d \tag{4-19}$$

$$抗扭腰筋设计长度=l_n+左支座锚固长度+右支座锚固长度（同上部纵筋） \tag{4-20}$$

（4）下部纵筋。下部纵筋设计长度计算与上部纵筋设计长度计算基本相同，主要区别在于，下部纵筋除角筋通长外，其他纵筋由于在支座位置基本上不承受外力作用，因此有时将其设计为不伸入支座的纵筋，其截断处距支座边缘应不大于净跨长度的 1/10，如图 4.66 所示。

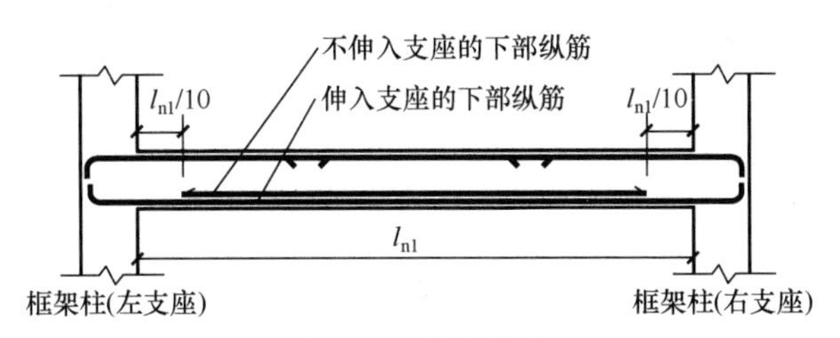

图 4.66　框架梁下部纵筋构造示意图

伸入支座的下部纵筋与上部通长筋的计算方法相同。

$$\text{不伸入支座的下部纵筋设计长度} = l_{n1} - 2 \times l_{n1}/10 = 0.8 \times l_{n1} \quad (4\text{-}21)$$

2）箍筋工程量计算

箍筋采用 $m \times n$ 的方式表示复合箍筋的肢数，m 为柱截面横向箍筋肢数，n 为柱截面竖向箍筋肢数。梁单根箍筋构造如图 4.67 所示。

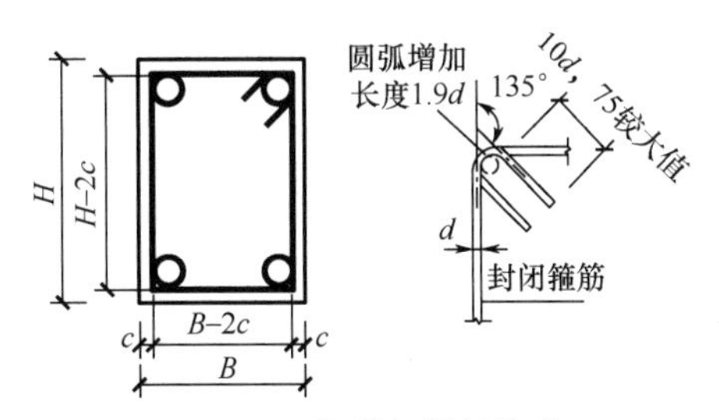

图 4.67　梁单根箍筋构造

（1）单根箍筋设计长度。

$$\text{单根箍筋设计长度} = (B-2c) \times 2 + (H-2c) \times 2 + 2 \times 1.9d + 2 \times \max(10d, 75\text{mm}) \quad (4\text{-}22)$$

其中，max（10d，75mm）表示在 10 倍钢筋直径与 75mm 之间取较大值。

（2）箍筋根数。箍筋在梁里的布设分为加密区和非加密区。箍筋加密区范围如图 4.68 所示。

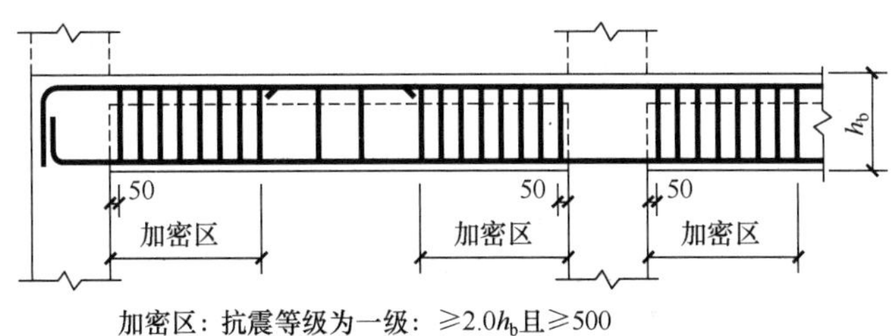

图 4.68　箍筋加密区范围

抗震等级为一级的结构，梁的箍筋加密区范围为 max（$2h_b$，500）。

抗震等级为二～四级的结构，梁的箍筋加密区范围为 max（$1.5h_b$，500）。

箍筋根数按式（4-23）计算。

箍筋根数 =2 ×［（加密区长度 −50）/ 加密间距 +1］+

（非加密区长度 / 非加密间距 −1）（4-23）

3）附加钢筋工程量计算

附加钢筋包括吊筋和附加箍筋，吊筋和附加箍筋构造如图 4.69 所示。

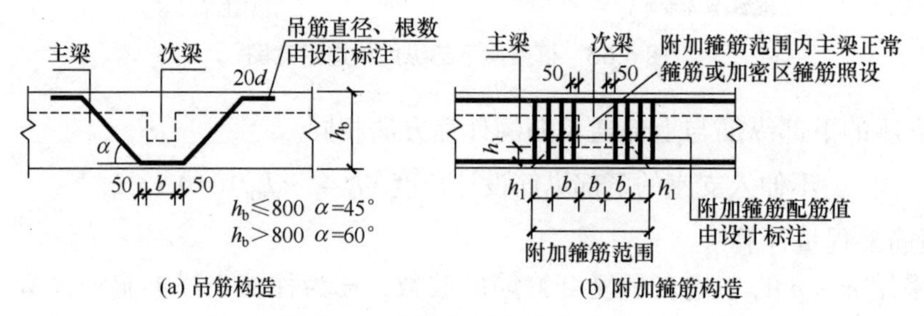

图 4.69 吊筋及附加箍筋构造

吊筋长度 = 次梁宽 +2 × 50+2 ×（主梁高 −2 × 保护层）/sinα+2 × 20d（4-24）

附加箍筋单根长度计算与框架梁箍筋计算相同，附加箍筋根数如果设计注明则按设计，设计只注明间距而未注写具体数量则按构造计算。

附加箍筋间距为 8d（d 为箍筋直径），且不大于梁正常箍筋间距。

附加箍筋根数 =2 ×［（主梁高 − 次梁高 + 次梁宽 −50）/ 附加箍筋间距 +1］（4-25）

【例 4-21】根据下列工程条件完成某框架结构 KL3（图 4.70）中钢筋工程量的计算（多根钢筋计算单根长度即可，计算单位 mm，计算结果保留整数）。

工程条件：某建筑物抗震等级为三级，框架柱、梁混凝土强度等级为 C30，混凝土结构环境类别为二 a 类，钢筋定尺长度为 9m，采用机械连接。

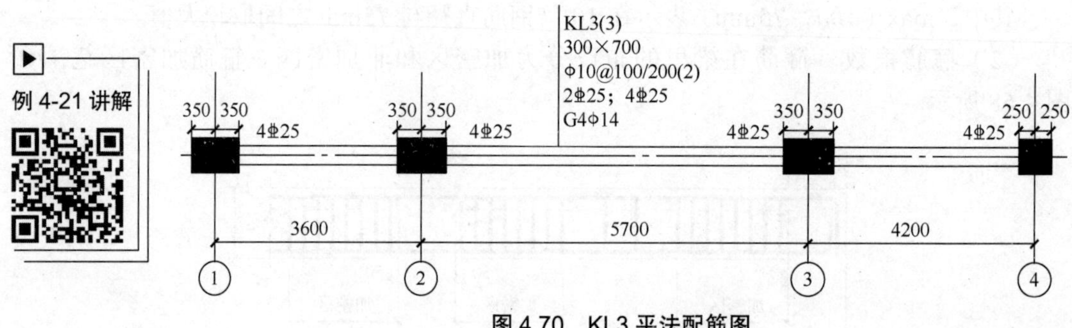

图 4.70 KL3 平法配筋图

【解】首先，根据给定的条件查表，梁、柱保护层厚度为 25mm；Φ25 钢筋锚固长度 L_{aE}=37d=925mm；①～②轴净跨为 2900mm；②～③轴净跨为 5000mm；③～④轴净跨为 3600mm。

其次，判断左、右支座钢筋锚固方式。

左支座：700−25=675（mm）<925mm，端支座弯锚；右支座：500−25=475（mm）<925mm，端支座弯锚。

1）上部通长筋 2Φ25

单根长度 =（3600+5700+4200−350−250）+（700−25+15d）+（500−25+15d）=14800（mm）

2）支座负筋

（1）左支座 2Φ25。

单根长度 =2900/3+（700−25+15d）≈ 2017（mm）

（2）右支座 2Φ25。

单根长度 =3600/3+（500−25+15d）=2050（mm）

（3）②轴支座 2Φ25。

5000/3 ≈ 1667（mm）<2900mm，故该支座处非通长筋向支座左右两侧各伸出 1667mm。

单根长度 =700+2 × 1667=4034（mm）

（4）③轴支座 2Φ25。

计算同上，单根长度 4034mm。

3）箍筋 Φ10

加密区范围 max（1.5h_b；500）=1050mm。

（1）单根箍筋长度 =2 ×（300−2 × 25）+2 ×（700−2 × 25）+2 × 1.9d+2 × max（10d，75）=2038（mm）

（2）箍筋根数。

第一跨：2 × [（1050−50）/100+1] +（3600−350−350−2 × 1050）/200−1=25（根）；

第二跨：2 × [（1050−50）/100+1] +（5700−350−350−2 × 1050）/200−1=35.5（根），取 36 根；

第三跨：2 × [（1050−50）/100+1] +（4200−350−250−2 × 1050）/200−1=28.5（根），取 29 根。

箍筋根数合计 90 根。

4）腰筋 4Φ14

单根长度 =（3600+5700+4200−350−250）+2 × 15d=13320（mm）

单根拉筋（Φ6）长度 =300−2 × 25+2 × 1.9d+2 × max（10d，75）+2d ≈ 435（mm）

拉筋设置应按箍筋“隔一拉一”，因该梁腰筋为 2 排，故拉筋根数应与箍筋根数相同。

5）下部通长筋 4Φ25

下部通长筋与上部通长筋单根长度相同，为 14800mm。

4.8　金属结构工程

金属结构工程包括钢网架，钢屋架、钢托架、钢桁架、钢桥架，钢柱，钢梁，钢板楼板、墙板，其他钢构件及金属制品 7 节，共 33 个项目。

金属构件的切边，不规则及多边形钢板发生的损耗在综合单价中考虑。

金属构件刷防火涂料应按油漆、涂料、裱糊工程中相关项目编码列项。

1. 钢网架

钢网架，按设计图示尺寸以质量计算，单位：t。不扣除孔眼的质量，焊条、铆钉等不另增加质量，螺栓质量另外计算。

2. 钢屋架、钢托架、钢桁架、钢桥架

钢屋架、钢托架、钢桁架、钢桥架，均按设计图示尺寸以质量计算，单位：t。不扣除孔眼的质量，焊条、铆钉、螺栓等不另增加质量。

3. 钢柱

1）实腹钢柱、空腹钢柱

实腹钢柱、空腹钢柱，均按设计图示尺寸以质量计算，单位：t。不扣除孔眼的质量，焊条、铆钉、螺栓等不另增加质量，依附在钢柱上的牛腿及悬臂梁等并入钢柱工程量内。

2）钢管柱

钢管柱，按设计图示尺寸以质量计算，单位：t。不扣除孔眼的质量，焊条、铆钉、螺栓等不另增加质量，钢管柱上的节点板、加强环、内衬管、牛腿等并入钢管柱工程量内。

4. 钢梁

钢梁，按设计图示尺寸以质量计算，单位：t。不扣除孔眼的质量，焊条、铆钉、螺栓等不另增加质量，制动梁、制动板、制动桁架、车挡并入钢吊车梁工程量内。

5. 钢板楼板、墙板

1）钢板楼板

钢板楼板，按设计图示尺寸以铺设水平投影面积计算，单位：m^2。不扣除单个面积≤$0.3m^2$ 的柱、垛及孔洞所占面积。

2）钢板墙板

钢板墙板，按设计图示尺寸以铺挂展开面积计算。不扣除单个面积≤$0.3m^2$ 的梁、孔洞所占面积，包角、包边、窗台泛水等不另增加面积。

6. 其他钢构件

1）钢支撑、钢拉条、钢檩条、钢天窗架、钢挡风架、钢墙架、钢平台、钢走道、钢梯、钢护栏

钢墙架项目包括墙架柱、墙架梁和连接杆件。

钢支撑、钢拉条、钢檩条、钢天窗架、钢挡风架、钢墙架、钢平台、钢走道、钢梯、钢护栏，均按设计图示尺寸以质量计算，单位：t。不扣除孔眼的质量，焊条、铆钉、螺栓等不另增加质量。

2）钢漏斗、钢板天沟

钢漏斗、钢板天沟，均按设计图示尺寸以质量计算，单位：t。不扣除孔眼的质量，焊条、铆钉、螺栓等不另增加质量，依附漏斗或天沟的型钢并入漏斗或天沟工程量内。

3）钢支架、零星钢构件

钢支架、零星钢构件，均按设计图示尺寸以质量计算，单位：t。不扣除孔眼的质量，焊条、铆钉、螺栓等不另增加质量。

零星钢构件是指加工铁件等小型构件。

4）高强螺栓、支座链接、剪力栓钉

高强螺栓、支座链接、剪力栓钉，均按设计图示尺寸以数量计算，单位：套。

5）钢构件制作

钢构件制作，按设计图示尺寸以质量计算，单位：t。不扣除孔眼的质量，焊条、铆钉、螺栓等不另增加质量。

钢构件制作适用于金属构件的现场制作。

7. 金属制品

成品空调金属百叶护栏、成品栅栏、金属网栏、成品地面格栅，均按设计图示尺寸以框外围展开面积计算，单位：m^2。

【例 4-22】请根据图 4.71 所示柱变截面拼接连接详图，计算上柱与下柱之间连接过渡段连接钢板制作工程量（钢密度为 $7.85\times10^3kg/m^3$）。

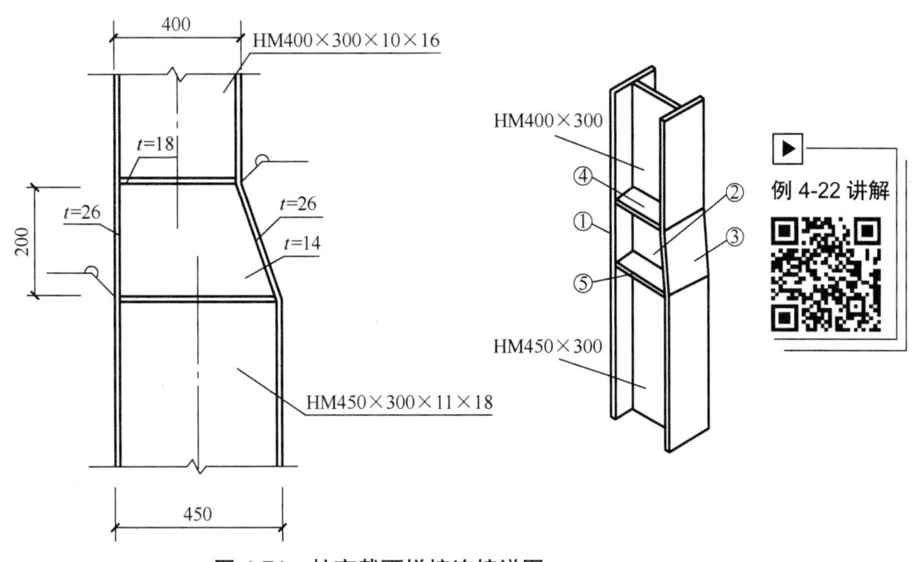

图 4.71 柱变截面拼接连接详图

【解】根据图 4.71 可知该柱为变截面偏心拼接，在此详图中，柱上段为中翼缘 H 型钢，截面高、截面宽、腹板厚度、翼缘厚度分别为 400mm、300mm、10mm 和 16mm；柱下段同样采用中翼缘 H 型钢。上下柱左翼缘对齐，右翼缘错开，过渡段高 200mm，使腹板高度成 1：4 的斜度变化，过渡段翼缘厚度为 26mm，腹板厚度为 14mm，过渡段连接板与上下柱采用相同的焊缝焊接。另外，在过渡段与上下柱焊缝处，均设有厚度为 18mm 的加强肋板。

1 号板：长 200mm，宽 300mm，板厚 26mm，故

$$V_1=0.2\times0.3\times0.026=1.56\times10^{-3}\ (\mathrm{m}^3)$$

2 号板：上部长 =400−16×2=368（mm），下部长 =450−18×2=414（mm），高 200mm，板厚 14mm，板面积 =（0.368+0.414）×0.2/2=0.078（m²），故

$$V_2=0.078\times0.014\approx1.09\times10^{-3}\ (\mathrm{m}^3)$$

3 号板：长 $=\sqrt{50^2+200^2}\approx206$（mm），宽 300mm，板厚 14mm，故

$$V_3=0.206\times0.3\times0.014\approx0.87\times10^{-3}\ (\mathrm{m}^3)$$

4 号板：长 368mm，宽 =（300−10）/2=145（mm），板厚 18mm，故

$$V_4=2\times0.368\times0.145\times0.018\approx1.92\times10^{-3}\ (\mathrm{m}^3)$$

5 号板：长 414mm，宽 145mm，板厚 18mm，故

$$V_5=2\times0.414\times0.145\times0.018\approx2.16\times10^{-3}\ (\mathrm{m}^3)$$

所以，连接过渡段连接钢板制作工程量为（1.56+1.09+0.87+1.92+2.16）×7.85=59.66（kg）。

4.9 木结构工程

木结构工程包括屋架、木构件、屋面木基层 3 节，共 7 个项目。

目前常见的木结构建筑形式主要分为重木结构、轻木结构和原木结构三种。

（1）重木结构一般是胶合木结构，即用胶粘的方法将木料或木料与胶合板拼接成尺寸与形状符合要求而又具有整体木材效能的构件和结构。其结构基础一般采用钢筋混凝土结构，墙体采用轻型木结构、玻璃幕墙、砌体墙及其他结构形式。重木结构外观挺拔雄伟，适用于柱跨较大、形象高敞的公共建筑类型。

（2）轻木结构是由采用规格材、木基结构板材或石膏板材制作的木构架墙体、楼板或屋盖组成的结构体系。轻木结构可以理解为墙体承重体系，不适合于大型开敞空间，经常用于住宅的建造。

（3）原木结构是将经过原木屋制模机加工处理后的原木堆砌榫卯而成的结构形式。原木结构工艺偏传统，对施工工艺要求较高，造价高，常见于风景区、旅游景点、休闲场所或者酒店等设施的建设中。

1. 屋架

屋架，按设计图示数量计算，单位：榀。屋架的跨度应按上、下弦中心线两交点之

间的距离计算。

屋架分为木屋架、钢木屋架两种。按标准图集设计应注明标准图代号，按非标准图设计的项目特征必须按要求予以描述。

带气楼的屋架和马尾、折角以及正交部分的半屋架按相关屋架项目编码列项。

2. 木构件

1）木柱、木梁、木檩

木柱、木梁、木檩，均按设计图示尺寸以体积计算，单位：m^3。

2）木楼梯

木楼梯，按设计图示尺寸以水平投影面积计算，单位：m^2。不扣除宽度≤300mm的楼梯井的投影面积，伸入墙内部分不计算。

木楼梯的栏杆（栏板）、扶手，应按其他装饰工程中的相关项目编码列项。

3）其他木构件

其他木构件，按设计图示尺寸以体积计算，单位：m^3。

斜撑、传统民居的垂花、花芽子、封檐板、博风板等构件，木屋架木结构装配式构件，参照本项目编码列项。

3. 屋面木基层

屋面木基层，按设计图示尺寸以斜面积计算，单位：m^2。不扣除房上烟囱、风帽底座、风道、小气窗、斜沟等所占面积。小气窗的出檐部分不增加面积。

4.10 门窗工程

门窗工程包括木门，金属门，金属卷帘（闸）门，厂库房大门、特种门，其他门，木窗，金属窗，门窗套，窗台板，窗帘（杆）、窗帘盒、轨 10 节，共 48 个项目。

1. 木门

木门五金包括折页、插销、门碰珠、弓背拉手、搭机、木螺钉、弹簧折页（自动门）、管子拉手（自由门、地弹门）、地弹簧（地弹门）、角铁、门轧头（地弹门、自由门）等。

1）木质门、木质门带套、木质连窗门、木质防火门

木质门、木质门带套、木质连窗门、木质防火门，均按设计图示洞口尺寸以面积计算，单位：m^2。

木质门应区分镶板木门、企口木板门、实木装饰门、胶合板门、夹板装饰门、木纱门、全玻门（带木质扇框）、木质半玻门（带木质扇框）等项目，分别编码列项。

木质门带门套计量按洞口尺寸以面积计算，不包括门套的面积，但门套应计算在综合单价中。

2）木门框

木门框，按设计图示框的中心线以延长米计算，单位：m。

单独制作安装木门框按木门框项目编码列项。

3）门锁安装

门锁安装，按设计图示数量计算，单位：套。门锁安装工艺要求描述智能等建筑特殊工艺要求。

2. 金属门

金属门包括金属（塑钢）门、彩板门、钢质防火门、防盗门，均按设计图示洞口尺寸以面积计算，单位：m^2。无设计图示洞口尺寸时，按门框、扇外围以面积计算。

金属门应区分金属平开门、金属推拉门、金属地弹门、全玻门（带金属扇框）、金属半玻门（带扇框）等项目，分别编码列项。

金属门五金包括 L 型执手插锁（双舌）、执手锁（单舌）、门轨头、地锁、防盗门机、门眼（猫眼）、门碰珠、电子锁（磁卡锁）、闭门器、装饰拉手等。

3. 金属卷帘（闸）门

金属卷帘（闸）门包括金属卷帘（闸）门和防火卷帘（闸）门，均按设计图示洞口尺寸以面积计算，单位：m^2。

4. 厂库房大门、特种门

1）木板大门、钢木大门、全钢板大门、金属格栅门、特种门

木板大门、钢木大门、全钢板大门、金属格栅门、特种门，均按设计图示洞口尺寸以面积计算，单位：m^2。

2）防护铁丝门、钢质花饰大门

防护铁丝门、钢质花饰大门，均按设计图示门框或扇以面积计算，单位：m^2。

3）特种门

特种门，按设计图示洞口尺寸以面积计算，单位：m^2。无设计图示洞口尺寸时，按门框、扇外围以面积计算。

特种门应区分冷藏门、冷冻间门、保温门、变电室门、隔音门、防射线门、人防门、金库门等项目，分别编码列项。

5. 其他门

1）电子感应门、电子对讲门、全玻自由门、镜面不锈钢饰面门、复合材料门

电子感应门、电子对讲门、全玻自由门、镜面不锈钢饰面门、复合材料门，均按设计图示洞口尺寸以面积计算，单位：m^2。其项目特征可不描述洞口尺寸及框、扇的外围尺寸。

2）旋转门

旋转门，按设计图示数量计算，单位：樘。旋转门项目特征必须描述洞口尺寸，没有洞口尺寸必须描述门框或扇外围尺寸。

3）电动伸缩门

电动伸缩门，按设计图示长度计算，单位：m。

6. 木窗

木窗五金包括折页、插销、风钩、木螺钉、滑轮滑轨（推拉窗）等。

1）木质窗

木质窗，按设计图示洞口尺寸以面积计算，单位：m^2。无设计图示洞口尺寸时，按窗框外围以面积计算。

木质窗应区分木百叶窗、木组合窗、木天窗、木固定窗、木装饰空花窗等项目，分别编码列项。

2）木飘（凸）窗、木橱窗

木飘（凸）窗、木橱窗，均按设计图示尺寸以框外围展开面积计算，单位：m^2。

3）木纱窗

木纱窗，按框的外围尺寸以面积计算，单位：m^2。

7. 金属窗

金属窗五金包括折页、螺丝、执手、卡锁、铰拉、风撑、滑轮、滑轨、拉把、拉手、角码、牛角制等。

金属窗应区分金属组合窗、防盗窗等项目，分别编码列项。

1）金属（塑钢、断桥）窗、金属防火窗、金属百叶窗、金属格栅窗

金属（塑钢、断桥）窗、金属防火窗、金属百叶窗、金属格栅窗，均按设计图示洞口尺寸以面积计算，单位：m^2。无设计图示洞口尺寸时，按窗框外围以面积计算。

2）金属纱窗

金属纱窗，按框的外围尺寸以面积计算，单位：m^2。无设计图示洞口尺寸时，按窗框外围以面积计算。

3）金属（塑钢、断桥）橱窗、金属（塑钢、断桥）飘（凸）窗

金属（塑钢、断桥）橱窗、金属（塑钢、断桥）飘（凸）窗，均按设计图示尺寸以框外围展开面积计算，单位：m^2。无设计图示洞口尺寸时，按窗框外围以面积计算。

4）彩板窗、复合材料窗

彩板窗、复合材料窗，均按设计图示洞口尺寸或框外围以面积计算，单位：m^2。无设计图示洞口尺寸时，按窗框外围以面积计算。

8. 门窗套

门窗套包括木门窗套、金属门窗套、石材门窗套和成品木门窗套，均按设计图示尺寸以展开面积计算，单位：m^2。

9. 窗台板

窗台板，按设计图示尺寸以展开面积计算，单位：m^2。

10. 窗帘（杆）、窗帘盒、轨

1）布窗帘

布窗帘，按设计图示尺寸以成活后展开面积计算，单位：m^2。

2）百叶窗帘

百叶窗帘，按设计图示尺寸以成活后长度计算，单位：m。

3）窗帘盒、窗帘轨

窗帘盒、窗帘轨，均按设计图示尺寸以长度计算，单位：m。

4.11 屋面及防水工程

屋面及防水工程包括屋面，屋面防水及其他，墙面防水、防潮，楼（地）面防水、防潮，基础防水 5 节，共 27 个项目。

4.11.1 概述

1. 屋面防水类型

屋面按防水类型，分为卷材防水屋面、涂膜防水屋面、瓦屋面、金属板屋面、玻璃采光顶、膜结构屋面、阳光板屋面、玻璃钢屋面等。

2. 屋面防水工程等级划分及防水做法

屋面防水工程应该根据建筑物的类别、重要程度、使用功能要求确定防水等级，并按照相应的防水等级进行防水设防；对防水有特殊要求的屋面应进行专项防水设计。

平屋面工程、瓦屋面工程防水工程等级划分及防水做法分别见表 4-14、表 4-15。

表 4-14 平屋面工程防水工程等级划分及防水做法

防水等级	防水做法	防水层	
		防水卷材	防水涂料
一级	不应少于 3 道	卷材防水层不应少于 1 道	
二级	不应少于 2 道	卷材防水层不应少于 1 道	
三级	不应少于 1 道	任选	

表 4-15 瓦屋面工程防水工程等级划分及防水做法

防水等级	防水做法	防水层		
		屋面瓦	防水卷材	防水涂料
一级	不应少于 3 道	为 1 道，应选	卷材防水层不应少于 1 道	
二级	不应少于 2 道	为 1 道，应选	不应少于 1 道；任选	
三级	不应少于 1 道	为 1 道，应选	—	

3. 常用防水材料

常用防水材料包括防水混凝土、水泥基防水材料、防水涂料、防水卷材等。

（1）防水混凝土，通常是指具有抗渗、抗开裂性能的混凝土，其强度等级不应低于 C25。

（2）水泥基防水材料，包括聚合物水泥防水砂浆、聚合物水泥防水浆料等，适用于混凝土、砂浆、砌体等基层。

（3）防水涂料，是指使用前呈液体或膏体状态，施工后能通过冷却、挥发、反应固化，形成一定均匀厚度涂层的柔性防水材料。

（4）防水卷材，包括聚合物改性沥青防水卷材和合成高分子防水卷材。

① 聚合物改性沥青防水卷材指以无纺布、纤维织物或高分子膜基为胎体，以聚合物改性沥青为涂盖材料，以粉状、粒状、片状或薄膜材料为覆面材料制成的可卷曲片状防水材料。该类防水卷材主要有 SBS 改性沥青防水卷材、APP 改性沥青防水卷材、沥青复合胎柔性防水卷材。

SBS 改性沥青防水卷材尤其适用于寒冷地区和结构变形频繁的建筑物的防水，并可采用热熔法（厚度≥3mm）施工。APP 改性沥青防水卷材尤其适用于高温或有强烈太阳辐射地区的建筑物的防水。

② 合成高分子防水卷材指以塑料、橡胶或两者共混为主要材料，加入助剂和填料等，采用混炼、压延或挤出工艺生产的防水卷材。该类防水卷材常用的有三元乙丙橡胶防水卷材、氯丁橡胶防水卷材、聚氯乙烯防水卷材、氯化聚乙烯－橡胶共混型防水卷材、再生胶防水卷材、TPO 防水卷材等。

③ 防水卷材铺贴方法一般包括满粘法、点粘法、条粘法、空铺法和机械固定法。其中，空铺法是指铺贴防水卷材时，卷材与基层仅在四周一定宽度内黏结，其余部分不黏结的施工方法。机械固定法是利用特殊的紧固件，如金属垫片、螺钉、金属压条等，将屋顶防水卷材机械固定在屋顶基层或结构层上，包括点固定和直线固定。

④ 防水卷材常用施工方法包括湿铺法、热粘法、热熔法、自粘法和热风焊接法等。

4.11.2 屋面及防水工程工程量计算

1. 屋面

1）瓦屋面、型材屋面

瓦屋面、型材屋面，均按设计图示尺寸以斜面积计算，单位：m^2。不扣除房上烟囱、风帽底座、风道、小气窗、斜沟等所占面积。小气窗的出檐部分不增加面积。

屋面坡度（倾斜度）的表示方法有多种，为计算方便，引入了延尺系数（C）的概念。

坡屋面延尺系数 $C=EM\div A=1\div\cos\alpha=\sec\alpha$，如图 4.72 所示。

根据勾股定理，有

$$S_{斜屋面面积}=S_{水平投影面积}\times C \tag{4-26}$$

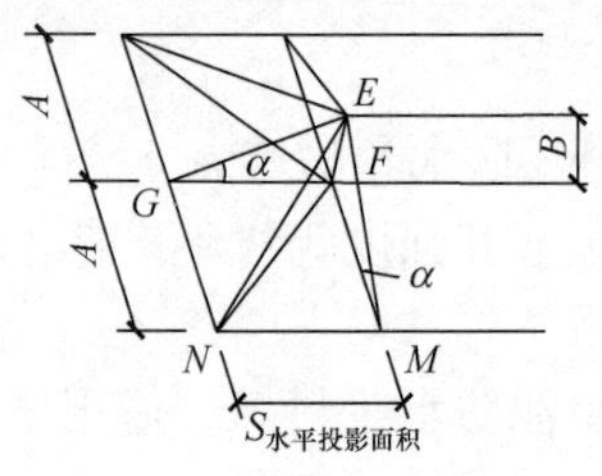

图 4.72　屋面坡度示意图

2）阳光板屋面、玻璃钢屋面

阳光板屋面、玻璃钢屋面，均按设计图示尺寸以斜面积计算，单位：m^2。不扣除屋面面积≤$0.3m^2$ 孔洞所占面积。

型材屋面、阳光板屋面、玻璃钢屋面的柱、梁、屋架，按金属结构工程、木结构工程中相关项目编码列项。

3）膜结构屋面

膜结构屋面，按设计图示尺寸以需要覆盖的水平投影面积计算，单位：m^2。

2. 屋面防水及其他

所有防水、隔汽层搭接、拼缝、压边、留槎及附加层用量不另行计算，在综合单价中考虑。

1）屋面卷材防水、屋面涂膜防水、屋面隔离层

屋面卷材防水、屋面涂膜防水、屋面隔离层，均按设计图示尺寸以面积计算，单位：m^2。并符合以下规定。

（1）斜屋顶（不包括平屋顶找坡）按斜面积计算，平屋顶按水平投影面积计算。

（2）不扣除房上烟囱、风帽底座、风道、屋面小气窗和斜沟所占面积。

（3）屋面的女儿墙、伸缩缝和天窗等处的弯起部分，并入屋面工程量内。

（4）种植屋面过滤层按“屋面隔离层”项目编码列项。

2）屋面刚性层

屋面刚性层，按设计图示尺寸以面积计算，单位：m^2。不扣除房上烟囱、风帽底座、风道等所占面积。

屋面刚性层中涉及的钢筋按钢筋混凝土工程中的“现浇构件钢筋”项目编码列项。

3）屋面管道

（1）屋面排水管，按设计图示尺寸以长度计算，单位：m。如设计未标注尺寸，以檐口至设计室外散水上表面垂直距离计算。

（2）屋面排（透）气管，按设计图示尺寸以长度计算，单位：m^2。

（3）屋面（廊、阳台）泄（吐）水管，按设计图示数量计算，单位：个。

4）屋面天沟，檐沟，屋面天沟、檐沟防水

屋面天沟，檐沟，屋面天沟、檐沟防水，均按设计图示尺寸以展开面积计算，单位：m^2。

屋面天沟、檐沟防水是指外挑天沟、檐沟部位的防水，与屋面相连的内檐沟防水并入屋面防水计算。

5）屋面变形缝

屋面变形缝，按设计图示尺寸以长度计算，单位：m。

6）屋面排水板

屋面排水板，按设计图示尺寸以水平投影面积计算，单位：m^2

3. 墙面防水、防潮

1）墙面卷材防水、墙面涂膜防水、墙面砂浆防水

墙面卷材防水、墙面涂膜防水、墙面砂浆防水，均按设计图示尺寸以面积计算，单位：m^2。墙的立面防水、防潮层，不论内墙、外墙，均按设计图示尺寸以面积计算。

墙面找平层按墙、柱面装饰与隔断、幕墙工程中的“立面砂浆找平层”项目编码列项。

2）墙面变形缝

墙面变形缝，按设计图示以长度计算，单位：m。

墙面变形缝若做双面，工程量乘系数2。

4. 楼（地）面防水、防潮

1）楼（地）面卷材防水、楼（地）面涂膜防水、楼（地）面砂浆防水（防潮）

楼（地）面卷材防水、楼（地）面涂膜防水、楼（地）面砂浆防水（防潮），均按设计图示尺寸以面积计算，单位：m^2。并应符合下列规定。

（1）楼（地）面防水：按主墙间净空面积计算，扣除凸出地面的构筑物、设备基础等所占面积，不扣除间壁墙及单个面积≤$0.3m^2$的柱、垛、烟囱和孔洞所占面积。

（2）楼（地）面防水反边高度≤300mm算作地面防水，反边高度>300mm按墙面防水计算。

（3）楼（地）面防水找平层按楼地面装饰工程中的“平面砂浆找平层”项目编码列项。

2）楼（地）面变形缝

楼（地）面变形缝，按设计图示以长度计算，单位：m。

5. 基础防水

1）基础卷材防水、基础涂膜防水

基础卷材防水、基础涂膜防水，均按设计图示尺寸以展开面积计算，单位：m^2。与筏板、防水底板相连的电梯井坑、集水坑及其他基础的防水按展开面积并入计算；不扣除桩头所占面积及单个面积≤$0.3m^2$孔洞所占面积；后浇带附加层面积并入计算。

基础防水找平层按楼地面装饰工程中的“平面砂浆找平层”项目编码列项。

基础防水细石混凝土保护层按楼地面装饰工程中的“细石混凝土楼地面”项目编码列项。

挡土墙外侧筏板、防水底板、条形基础侧面及上表面并入基础防水计算，筏板以上挡土墙防水按照墙面防水计算。

2）止水带

止水带，按设计尺寸以延长米计算，单位：m。

【例4-23】 某工程屋面防水采用SBS改性沥青防水卷材，屋面剖面图、剖面图如图4.73所示，屋面自结构层由下向上的做法为：1∶12水泥珍珠岩保温，坡度2%，最薄处60mm；1∶3水泥砂浆找平层，反边

高 300mm，在找平层上刷冷底子油一道；SBS 改性沥青防水卷材 3mm 厚一道（反边高 300mm），喷灯加热烤铺；1：2.5 水泥砂浆找平层（反边高 300mm）。

根据以上背景资料及《计算规范》，计算该屋面找平层、保温及卷材防水工程量。

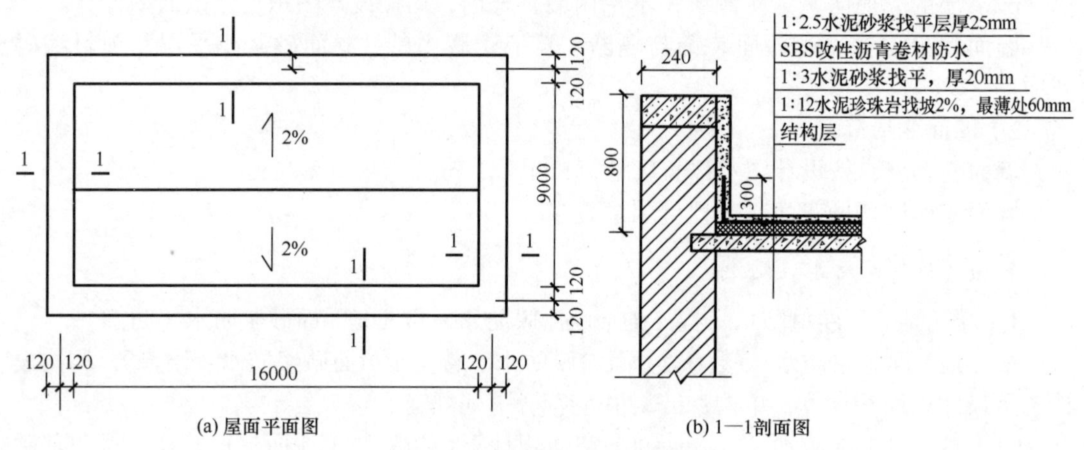

图 4.73　屋面平面图、剖面图

【解】

$$S_{保温}=(16-0.24)\times(9-0.24)\approx 138.06\ (\mathrm{m}^2)$$

$$S_{找平层}=138.06+[(16-0.24)+(9-0.24)]\times 2\times 0.3\approx 152.77\ (\mathrm{m}^2)$$

$$S_{卷材防水}=138.06+[(16-0.24)+(9-0.24)]\times 2\times 0.3\approx 152.77\ (\mathrm{m}^2)$$

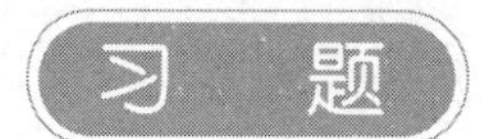

一、单项选择题

1. 项目特征是表征构成分部分项工程项目、措施项目自身价值的本质特征，项目特征描述的重要意义不包括（　　）。

A. 是区分具体清单项目的依据

B. 是确定综合单价的前提

C. 是清单工程量计算的依据

D. 是调整分部分项工程综合单价的依据

2. 统筹法计算工程量中的“三线一面”没有（　　）。

A. 底层建筑面积

B. 外墙中心线

C. 外墙外边线

D. 建筑面积

3. 清单项目挖地坑应满足的条件包括（　　）。（L 为基底长度，B 为基底宽度）

A. $L>3B$，$B\leqslant 3\mathrm{m}$

B. $L>3B$，$B\leqslant 7$m

C. $L\leqslant 3B$，底面积≤20m²

D. $L\leqslant 3B$，底面积≤150m²

4. 关于桩基础工程量计算，下面说法不正确的是（　　）。

A. 预制钢筋混凝土方桩，按设计图示尺寸以桩长（不包括桩尖）计算

B. 截（凿）桩头，按桩头体积计算

C. 挖孔桩土（石）方，按设计图示尺寸（含护壁）截面面积乘以挖孔深度以体积计算

D. 灌注桩后压浆，按设计图示以注浆孔数计算

5. 关于金属结构工程工程量计算，下面说法不正确的是（　　）。

A. 不扣除孔眼的质量，焊条、铆钉等不另增加质量，螺栓质量另外计算

B. 钢屋架按设计图示尺寸以质量计算

C. 依附在钢柱上的牛腿及悬臂梁等并入钢柱工程量内

D. 钢板楼板按设计图示尺寸以质量计算

二、填空题

1. 建筑物内设有局部楼层时，对于局部楼层的二层及以上楼层，有围护结构的应按其围护结构外围水平面积计算，无围护结构的应按其________水平面积计算，且结构层高在 2.20m 及以上的，应计算全面积，结构层高在 2.20m 以下的，应计算 1/2 面积。

2. 现浇或预制钢筋混凝土构件，不扣除构件内钢筋、螺栓、预埋铁件、张拉孔道所占体积，但应扣除________所占体积。

3. 楼（地）面变形缝，按设计图示以________计算。

4. 剪力墙各肢截面高度与厚度之比的最大值不大于________的剪力墙按柱项目编码列项。

5. 楼（地）面防水反边高度≤________mm 算作地面防水，反边高度 >300mm 算作墙面防水。

三、名词解释

1. 建筑面积

2. 沟槽

3. 平整场地

四、简答题

1. 简述建筑面积的作用。

2. 简述飘窗及雨篷的建筑面积计算规则。

3. 简述基础与墙身的划分原则。

4. 简述混凝土柱高的确定原则。

5. 简述平屋面防水工程等级划分及防水做法。

五、计算题

1. 某满堂基础平面图及剖面图如图 4.74 所示，底板尺寸为 45.8m × 19.6m，底板厚 0.3m，肋梁截面尺寸为 400mm × 700mm，梁的轴线间距为：纵向为 6.2m，横向为 5.6m，边梁轴线距板边为 0.3m，求该满堂基础混凝土工程量。

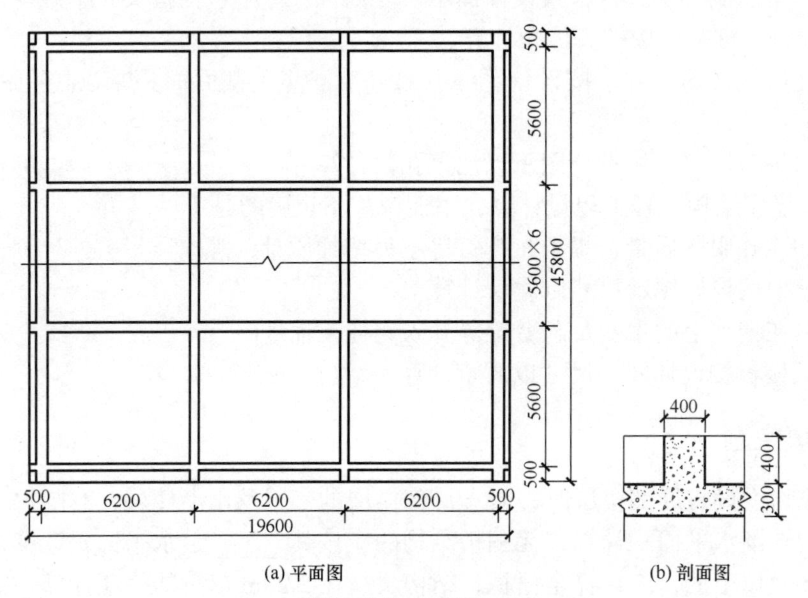

图 4.74　某满堂基础平面图及剖面图

2. 某建筑工程室内防水示意图如图 4.75 所示，M1 尺寸为 1.0m × 2.0m，C1 尺寸为 1.5m × 1.5m，窗台高 1.0m，地面采用 SBS 改性沥青防水卷材，周边上卷高度 0.4m，求地面防水层工程量。

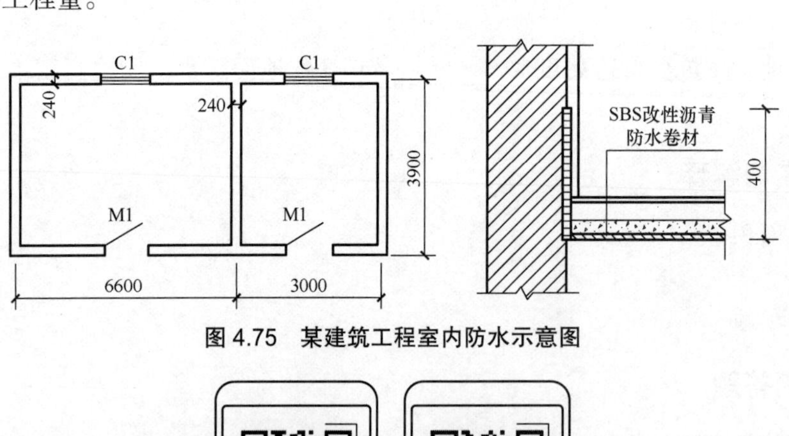

图 4.75　某建筑工程室内防水示意图

第5章 装饰工程计量

知识结构图

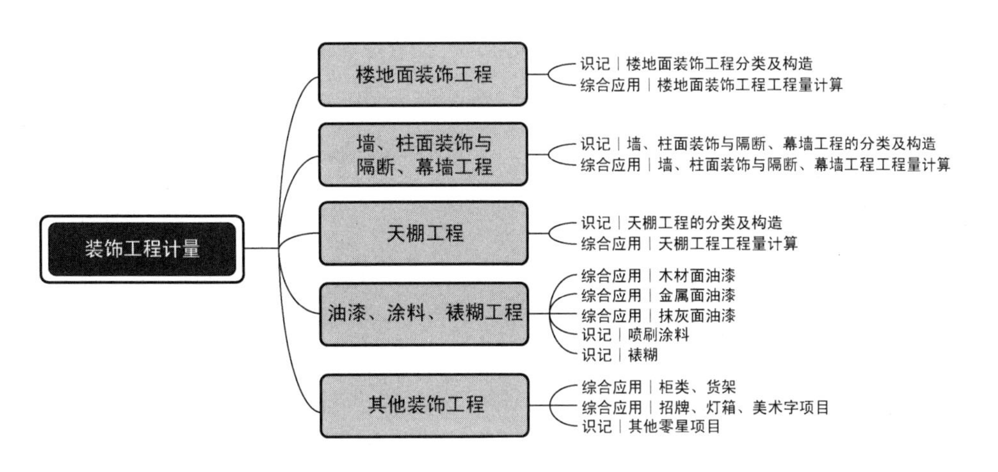

装饰工程是指为使建筑物（或构筑物）内、外空间达到一定的环境质量要求，使用装饰装修材料，对建筑物（或构筑物）外表和内部进行修饰处理的工程建筑活动。

按照装饰的部位不同，装饰可分为室外装饰和室内装饰两大部分，其中室内装饰主要包括楼地面、墙（柱）面、天棚（吊顶）等。

5.1　楼地面装饰工程

楼地面装饰工程分为整体面层及找平层、块料面层、橡塑面层、其他材料面层、踢脚线、楼梯面层、台阶装饰、零星装饰、装配式楼地面及其他 9 节，共 45 个项目。

5.1.1 概述

1. 整体面层及找平层

1）水泥砂浆楼地面

水泥砂浆楼地面是应用较为普遍的一种整体地面装饰做法，是直接在现浇混凝土垫层或填充材料找平层上采用 1∶2 或 1∶2.5 的水泥砂浆一次抹成，即单层做法，但厚度不宜过大，一般为 15 ～ 20mm。

2）自流坪楼地面

自流坪楼地面是指依靠浆液材料自身流动性形成的地面装饰层。自流坪楼地面使用的材料包括水泥基自流坪和环氧类自流坪，家庭装饰一般采用水泥基自流坪，工业地坪等其他场所应用环氧类自流坪较多。

3）耐磨楼地面

现浇水磨石地面是在施工现场搅拌石粒灰（水磨石拌合料），然后将其倾倒到施工区域，再经过研磨、灌浆、抛光，从而形成一个完整的楼地面整体面层，但现浇水磨石地面存在自重大、施工工序多、耐腐蚀性差等缺陷。耐磨楼地面是水磨石楼地面的换代产品，它由精选高韧性骨料、高强水泥、聚合物及各类颜料等混合物组成，具有耐磨、防滑、防污染、耐高温、耐腐蚀等特点。目前市场上的耐磨楼地面主要有：①非金属型耐磨楼地面，以金刚砂耐磨楼地面为代表；②合金骨料耐磨楼地面，以锡钛合金、钛金属材料、硒钛合金耐磨楼地面为代表；③密封固化剂耐磨楼地面，由固化剂、特殊助剂、颜料、聚合物配制而成的；④复合型耐磨楼地面。

4）塑胶地面（地坪）

塑胶地面（地坪）是以各种颜料橡胶颗粒或三元乙丙橡胶（EPDM）颗粒为面层，黑色橡胶颗粒为底层，由黏着剂经过高温硫化热压所制成的一种地面。

2. 块料面层

1）石材楼地面

石材分为天然石材和人造石材。

（1）天然石材。

装饰工程中常用的天然石材主要有大理石和花岗石。

① 大理石构造致密，强度大，但硬度不大，易于加工及磨光。天然大理石板材是高级的饰面材料，主要用于建筑装饰要求高的建筑物，如室内墙面、柱面、地面、楼梯、墙裙、窗台、踢脚板、门贴脸、服务台等处。但天然大理石耐蚀性较差，故不宜用于室外墙面装饰，只有少数质地纯正、以石英为主的砂岩及石英岩（如汉白玉等）可用于外墙面的装饰。

② 花岗岩具有多种颜色和花纹，对酸、碱等化学物质有很强的抗腐蚀性，因此它可以长期保持其外观和质量，不易褪色、开裂或变形。花岗岩的坚硬和耐久性使其成为建筑业中最受欢迎的建材之一。

（2）人造石材。

人造石材又称人造合成石材，是利用天然石材碎料（天然大理石或方解石、白云石、硅砂、玻璃粉），经胶黏剂、固化剂、辅助剂等黏结，再经真空浇铸或模压成型的矿物填充型高分子复合材料，做成各种装饰板材、异形材料。人造石材广泛应用于公共建筑（酒店、餐厅、银行、医院、展览、实验室等）和家庭装修（厨房台面、洗脸台、厨卫墙面、餐桌、茶几、窗台、门套等）领域。人造石材是一种无放射性污染、可重复利用的环保、绿色新型建筑室内装饰材料。

2）其他块材面层

（1）陶瓷面砖。

陶瓷面砖简称“面砖”，又称“外墙贴面砖”。通常这种砖也可用作铺地材料，故一般称为“墙地砖”（仅能作铺地材料而不能作墙面材料的陶瓷砖，则称为“地砖”）。陶瓷面砖的特点主要是结构致密坚固、吸水率小、耐水抗冻、经久耐用等。

（2）陶瓷锦砖。

陶瓷锦砖俗称“马赛克”，是英文“MaSaic”的音译，是以优质陶土为主要原料，着色时掺入着色剂，经窑内焙烧、压制成型而成的小块锦砖。其成品是将小块锦砖按照一定图案反贴在一定尺寸的牛皮纸上，故又称“纸皮砖”。陶瓷锦砖质地坚硬、色泽艳丽、图案优美，且具有耐磨、吸水、易清洗等优点，主要用于铺地或内墙装饰，也可用于外墙饰面。

3. 橡塑面层

橡塑面层是用胶黏剂将橡胶板、橡胶板卷材、塑料板及塑料板卷材粘贴在水泥类基层上而成的饰面。

橡塑面层常用于运动地板中。运动地板是采用聚氯乙烯材料专门为运动场地开发的一种地板，是以聚氯乙烯及其共聚树脂为主要原料，加入填料、增塑剂、稳定剂、着色剂等辅料，在片状连续基材上，经涂敷工艺或经压延、挤出或挤压工艺生产而成的一种地板。

5.1.2 楼地面装饰工程工程量计算

1. 整体面层及找平层

整体面层及找平层分为水泥砂浆楼地面、细石混凝土楼地面、自流坪楼地面、耐磨楼地面、塑胶地面、平面砂浆找平层、混凝土找平层、自流平找平层。

（1）水泥砂浆楼地面、细石混凝土楼地面、自流坪楼地面、耐磨楼地面，均按设计图示尺寸以面积计算，单位：m^2。扣除凸出地面构筑物、设备基础、室内铁道、地沟等所占面积，不扣除间壁墙（≤120mm）及≤$0.3m^2$ 柱、垛、附墙烟囱及孔洞所占面积。门洞、空圈、暖气包槽、壁龛的开口部分不增加面积。

（2）塑胶地面，按设计图示尺寸以面积计算，单位：m^2。门洞、空圈、暖气包槽、壁龛的开口部分并入相应的工程量内。

（3）平面砂浆找平层、混凝土找平层、自流平找平层，均按设计图示尺寸以面积计算，单位：m^2。扣除凸出地面构筑物、设备基础、室内铁道、地沟等所占面积，不扣除间壁墙及≤$0.3m^2$ 柱、垛、附墙烟囱及孔洞所占面积。门洞、空圈、暖气包槽、壁龛的开口部分不增加面积。

2. 块料面层

块料面层分为石材楼地面、拼碎石材楼地面、块料楼地面，均按设计图示尺寸以面积计算，单位：m^2。门洞、空圈、暖气包槽、壁龛的开口部分并入相应的工程量内。

3. 橡塑面层

橡塑面层分为橡胶板楼地面、橡胶板卷材楼地面、塑料板楼地面、塑料板卷材楼地面、运动地板，均按设计图示尺寸以面积计算，单位：m^2。门洞、空圈、暖气包槽、壁龛的开口部分并入相应的工程量内。

4. 其他材料面层

其他材料面层分为地毯楼地面，竹、木（复合）地板，金属复合地板，防静电活动地板等，均按设计图示尺寸以面积计算，单位：m^2。门洞、空圈、暖气包槽、壁龛的开口部分并入相应的工程量内。

5. 踢脚线

踢脚线分为水泥砂浆踢脚线、石材踢脚线、块料踢脚线、塑料板踢脚线、木质踢脚线、金属踢脚线、防静电踢脚线。

（1）水泥砂浆踢脚线，按设计图示尺寸以延长米计算，单位：m^2。不扣除门洞口的长度，洞口侧壁也不增加。

（2）石材踢脚线、金属踢脚线，均按设计图示尺寸以面积计算，单位：m^2。

（3）块料踢脚线、塑料板踢脚线、木质踢脚线、防静电踢脚线，均按设计图示尺寸以延长米计算，单位：m^2。

6. 楼梯面层

楼梯面层分为水泥砂浆楼梯面层、石材楼梯面层、块料楼梯面层、地毯楼梯面层、木板楼梯面层、橡胶板楼梯面层、塑料板楼梯面层，均按设计图示尺寸以楼梯（包括踏步、休息平台及≤500mm 的楼梯井）水平投影面积计算，单位：m^2。楼梯与楼地面相连时，算至梯口梁内侧边沿；无梯口梁者，算至最上一层踏步边沿加 300mm。

7. 台阶装饰

台阶装饰分为水泥砂浆台阶面、石材台阶面、拼碎块料台阶面、块料台阶面、剁假石台阶面，均按设计图示尺寸以台阶（包括最上层踏步边沿加 300mm）水平投影面积计算，单位：m^2。

8. 零星装饰项目

零星装饰项目分为石材零星项目、拼碎石材零星项目、块料零星项目、水泥砂浆零星项目，均按设计图示尺寸以面积计算，单位：m^2。

9. 装配式楼地面及其他

装配式楼地面及其他包括架空地板和卡扣式踢脚线两个项目。

（1）架空地板，按设计图示尺寸以面积计算，单位：m^2。门洞、空圈、暖气包槽、壁龛的开口部分并入相应的工程量内。

（2）卡扣式踢脚线，按设计图示尺寸以延长米计算，单位：m。

5.2 墙、柱面装饰与隔断、幕墙工程

墙、柱面装饰与隔断、幕墙工程包括墙、柱面抹灰，零星抹灰，墙、柱面块料面层，零星块料面层，墙、柱饰面，幕墙工程，隔断 7 节，共 24 个项目。

5.2.1 概述

1. 抹灰工程

抹灰工程包括一般抹灰、装饰抹灰和勾缝。

1）一般抹灰

一般抹灰是指在建筑物墙面涂抹石灰砂浆、水泥砂浆、水泥混合砂浆、聚合物水泥砂浆、麻刀石灰浆、纸筋石灰浆、石膏灰浆等。下面主要介绍一般抹灰中用到的聚合物水泥砂浆、麻刀石灰浆和纸筋石灰浆。

（1）聚合物水泥砂浆是由水泥、骨料和可以分散在水中的有机聚合物乳液搅拌而成的，聚合物在环境条件下成膜覆盖在水泥颗粒上，使水泥机体与骨料形成强有力的粘接，并具有阻止微裂缝发生及阻止裂缝扩展的作用。

（2）麻刀石灰浆是将乱麻绳剁碎掺在熟石灰中拌和而成的，其一般作墙面抹灰用，

作用是防止抹面开裂。

（3）纸筋石灰浆是一种用草或者是纤维物质加工成浆状，按比例均匀地拌入抹灰砂浆内，防止墙体抹灰层开裂，增加抹灰砂浆连接强度和稠度的石灰浆。

2）装饰抹灰

装饰抹灰通过操作工艺及材料等方面的改进，使抹灰更富有装饰效果，主要包括水刷石、干粘石、假面砖、斩假石、拉条灰等。

（1）水刷石是将水泥、石屑、小石子或颜料等加水拌和，抹在建筑物的表面，待半凝固后，用水冲去表面的水泥浆而使石屑或小石子半露的一种装饰抹灰做法。

（2）干粘石是在墙面基层抹纯水泥浆，在其凝固前撒小石子并用工具将小石子压入纯水泥浆中做出装饰面的一种装饰抹灰做法。

（3）假面砖又称仿面砖，是在彩色水泥石灰砂浆表面以靠尺板为基准，用铁皮刨、铁钩、铁梳子等划缝工具划出或滚压出饰面砖的密缝效果（远看像贴面砖，近看是彩色砂浆抹面分格块）的一种装饰抹灰做法。

（4）斩假石又称剁斧石，是将掺入石屑及石粉的水泥砂浆涂抹在建筑物表面，待硬化后，用斩凿方法使之成为有纹路的石面样式的一种装饰抹灰做法。

（5）拉条灰是采用条形模具上下拉动，使墙面抹灰呈现规则的细条、粗条、半圆条、波形条、梯形条和长方形条等的一种装饰抹灰做法。

3）勾缝

勾缝是指用砂浆将相邻两块砌块材料之间的缝隙填塞饱满，其作用是有效地让上下左右砌块材料之间的连接更为牢固，防止风雨侵入墙体内部，并使墙面清洁、整齐、美观。

2. 幕墙工程

幕墙是设置在建筑外墙面的一个相对独立完整的整体结构系统，起到密闭、隔声、保温、装饰及围护作用，不承重，是现代大型和高层建筑常用的带有装饰效果的轻质墙体。

1）幕墙的组成

幕墙由幕墙面板和幕墙龙骨组成。

（1）幕墙面板。幕墙面板品种主要有石材、玻璃、陶瓷板、金属板、微晶玻璃、高压层板、水泥纤维丝板、无机玻璃钢、陶土板、陶保板、光伏集成幕墙等 60 余种。

（2）幕墙龙骨。幕墙龙骨材料主要有铝材龙骨、钢材龙骨和铝包钢龙骨。其中铝材龙骨是玻璃幕墙最常采用的龙骨材料。当纵横向跨度过大时，会在铝材龙骨的立柱或横梁里插入通长的钢插芯，以此来增加横梁、立柱的受力强度，这样的成骨称为铝龙骨加钢插芯龙骨。

2）幕墙分类

幕墙按装配方式分为框架式（构件式）幕墙和单元式幕墙。

（1）框架式（构件式）幕墙是指在工厂制作各类元件（立柱、横梁）和玻璃组件，运往工地后将立柱用连接件安装在主体结构上，然后在立柱上安装横梁，形成幕墙框格后再安装固定玻璃（组件）的建筑幕墙。

（2）单元式幕墙是指由各种墙面板与支承框架在工厂制成完整的幕墙结构基本单位，直接安装在主体结构上的建筑幕墙。

5.2.2 墙、柱面装饰与隔断、幕墙工程工程量计算

1. 墙、柱面抹灰

墙、柱面抹灰分为墙、柱面一般抹灰，墙、柱面装饰抹灰，墙、柱面勾缝，墙、柱面砂浆找平层，均按设计图示尺寸以面积计算，单位：m^2。扣除墙裙、门窗洞口及单个 >0.3m^2 的孔洞面积，不扣除踢脚线、挂镜线和墙与构件交接处的面积，门窗洞口和孔洞的侧壁及顶面不增加面积。附墙柱、梁、垛、烟囱侧壁并入相应的墙面面积内；展开宽度 >300mm 的装饰线条，按设计图示尺寸以展开面积并入相应墙面、墙裙内。其中：

（1）外墙抹灰面积，按外墙垂直投影面积计算。

（2）外墙裙抹灰面积，按其长度乘以高度计算。

（3）内墙抹灰面积，按主墙间的净长乘以高度计算。其高度按以下规则计算：无墙裙的，按室内楼地面至天棚底面计算；有墙裙的，按墙裙顶至天棚底面计算。

（4）内墙裙抹灰面，按内墙净长乘以高度计算。

（5）墙、柱面砂浆找平层项目适用于仅做找平层的立面抹灰。墙、柱面抹石灰砂浆、水泥砂浆、水泥混合砂浆、聚合物水泥砂浆、麻刀石灰浆、石膏灰浆等按墙、柱面一般抹灰列项；墙、柱面抹水刷石、斩假石、干粘石、假面砖等按墙、柱面装饰抹灰列项。

（6）凸出墙面的柱、梁、飘窗、挑板等增加的抹灰面积并入相应的墙面积内。

2. 零星抹灰

零星抹灰包括零星项目一般抹灰、零星项目装饰抹灰、零星砂浆找平层，均按设计图示尺寸以面积计算，单位：m^2。

墙、柱（梁）面≤0.5m^2 的少量分散的抹灰按零星抹灰项目编码列项。

3. 墙、柱面块料面层

（1）石材墙、柱面，拼碎石材墙、柱面，块料墙、柱面，均按镶贴表面积计算，单位：m^2。

（2）干挂用钢骨架，按设计图示尺寸以质量计算，单位：t。

（3）干挂用铝方管骨架，按实际图示尺寸以面积计算，单位：m^2。

4. 零星块料面层

零星块料面层包括石材零星项目、块料零星项目、拼碎石材块零星项目，均按镶贴表面积计算，单位：m^2。

墙、柱面≤0.5m^2 的少量分散的块料面层，按零星项目执行。

5. 墙、柱饰面

（1）墙、柱面装饰板，按设计图示尺寸以面积计算，单位：m^2。扣除门窗洞口及单个 >$0.3m^2$ 的孔洞所占面积。

（2）墙、柱面装饰浮雕，墙、柱面成品木饰面，墙、柱面软包，均按设计图示尺寸以面积计算，单位：m^2。

6. 幕墙工程

（1）构件式幕墙、单元式幕墙，均按设计图示框外围尺寸以面积计算，单位：m^2。与幕墙同种材质的窗所占面积不扣除。

（2）全玻（无框玻璃）幕墙，按设计图示尺寸以面积计算，单位：m^2。带肋全玻幕墙按展开面积计算。

7. 隔断

（1）隔断现场制作、安装，按设计图示框外围尺寸以面积计算，单位：m^2。不扣除单个≤$0.3m^2$ 的孔洞所占面积；浴厕门的材质与隔断相同时，门的面积并入隔断面积内。

（2）成品隔断安装，按设计图示框外围尺寸以面积计算，单位：m^2。

【例 5-1】 某工程平面图及立面图如图 5.1 所示，内外墙厚均为 240mm，轴线居中。内墙面抹水泥砂浆，14mm 厚 1 : 3 水泥砂浆打底，6mm 厚 1 : 2.5 水泥砂浆抹面；内墙裙采用 1 : 3 水泥砂浆打底（20mm 厚），1 : 2.5 水泥砂浆抹面（6mm 厚），试计算内墙面抹灰工程量。

M：1000mm × 2700mm 共 3 个。

C：1500mm × 1800mm 共 4 个。

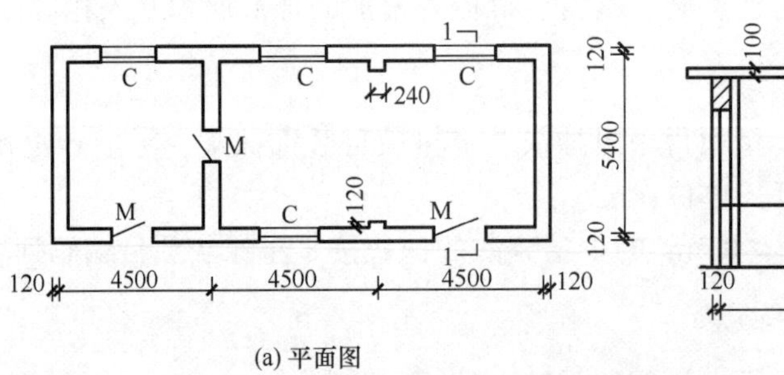

(a) 平面图

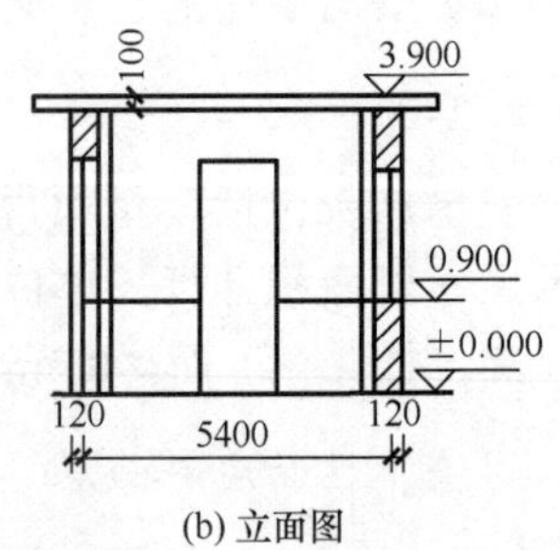

(b) 立面图

图 5.1　某工程平面图及立面图

【解】 内墙面抹灰工程量 =［（4.50 × 3−0.24 × 2+0.12 × 2）× 2+（5.40−0.24）× 4］×（3.90−0.10−0.90）−1.00 ×（2.70−0.90）× 3−1.50 × 1.80 × 4=120.564（m^2）

内墙裙工程量 =［（4.50 × 3−0.24 × 2+0.12 × 2）× 2+（5.40−0.24）× 4−1.00 × 3］× 0.90=39.744（m^2）

5.3 天 棚 工 程

天棚工程包括天棚抹灰、天棚吊顶、天棚其他装饰 3 节，共 12 个项目。

5.3.1 概述

1. 天棚装饰工程分类

天棚按饰面与基层的关系可归纳为直接式天棚与悬吊式天棚两大类。

（1）直接式天棚是在屋面板或楼板结构底面直接做饰面材料的天棚。直接式天棚具有构造简单、构造层厚度小、施工方便、可取得较高的室内净空、造价较低等特点，但没有供隐蔽管线、设备的内部空间，故常用于普通建筑或空间高度受到限制的房间。

（2）悬吊式天棚是利用楼板或屋架等结构为支承点，吊挂各种龙骨，在龙骨上镶铺装饰面板或装饰面而形成的装饰天棚。悬吊式天棚由吊筋、骨架和面层三部分组成，其作用是保温隔热、隐藏管道、增强装饰效果等。

2. 悬吊式天棚分类

1）按平面关系分类

按平面关系分类，悬吊式天棚可分为平面吊顶天棚、跌级吊顶天棚、井格式吊顶天棚、平滑式吊顶天棚、悬浮式吊顶天棚等。

2）按吊顶面层材料及类型分类

按吊顶面层材料及类型分类，悬吊式天棚可分为石膏板吊顶、铝条板吊顶、艾特板吊顶、矿棉板吊顶、铝扣板吊顶、铝塑复合板吊顶、镜面玻璃吊顶、彩色不锈钢吊顶、PVC 吊顶、格栅吊顶、金属挂片吊顶、铝方通（圆通）吊顶、吊筒吊顶等。

5.3.2 天棚装饰工程工程量计算

1. 天棚抹灰

天棚抹灰，按设计图示尺寸以水平投影面积计算，单位：m^2。不扣除间壁墙、垛、柱、附墙烟囱、检查口和管道所占的面积，带梁天棚的梁两侧抹灰面积并入天棚面积内，板式楼梯底面抹灰按斜面积计算，锯齿形楼梯底板抹灰按展开面积计算。

2. 天棚吊顶

（1）平面吊顶天棚，按设计图示尺寸以水平投影面积计算，单位：m^2。不扣除间壁墙、检查口、附墙烟囱、柱垛和管道所占面积，扣除单个 $>0.3m^2$ 的孔洞、独立柱及与天棚相连的窗帘盒所占的面积。

（2）跌级吊顶天棚，按设计图示尺寸以水平投影面积计算，单位：m^2。天棚面中的灯槽及跌级天棚面积不展开计算。不扣除间壁墙、检查口、附墙烟囱、柱垛和管道所占面积，扣除单个 >0.3m² 的孔洞、独立柱及与天棚相连的窗帘盒所占的面积。

（3）艺术造型吊顶天棚，按设计图示尺寸以水平投影面积计算，单位：m²。天棚面中的灯槽及造型天棚的面积不展开计算。不扣除间壁墙、检查口、附墙烟囱、柱垛和管道所占面积，扣除单个 >0.3m² 的孔洞、独立柱及与天棚相连的窗帘盒所占的面积。

（4）格栅吊顶、吊筒吊顶、藤条造型悬挂吊顶、织物软雕吊顶、装饰网架吊顶，均按设计图示尺寸以水平投影面积计算，单位：m²。

3. 天棚其他装饰

（1）灯带（槽），按设计图示尺寸以框外围面积计算，单位：m²。

（2）送风口、回风口，按设计图示数量计算，单位：个。

5.4　油漆、涂料、裱糊工程

油漆、涂料、裱糊工程包括木材面油漆、金属面油漆、抹灰面油漆、喷刷涂料、裱糊 5 节，共 40 个项目。

1. 木材面油漆

（1）木门油漆、木窗油漆，均按设计图示洞口尺寸以面积计算，单位：m²。

木门油漆应区分木大门、单层木门、双层（一玻一纱）木门、双层（单裁口）木门、全玻自由门、半玻自由门、装饰门及有框门或无框门等项目，分别编码列项。

（2）木扶手油漆，窗帘盒油漆，封檐板、顺水板油漆，挂衣板、黑板框油漆，挂镜线、窗帘棍油漆，木线条油漆，均按设计图示尺寸以长度计算，单位：m²。

木扶手应区分带托板与不带托板，分别编码列项。若木栏杆带扶手，木扶手不应单独列项，而应包含在木栏杆油漆中。

（3）木护墙、木墙裙油漆，窗台板、筒子板、盖板、门窗套、踢脚线油漆，清水板条天棚、檐口油漆，木方格吊顶天棚油漆，吸音板墙面、天棚面油漆，暖气罩油漆及其他木材面油漆，均按设计图示尺寸以面积计算，单位：m²。

（4）木间壁、木隔断油漆，玻璃间壁露明墙筋油漆，木栅栏、木栏杆（带扶手）油漆，均按设计图示尺寸以单面外围面积计算，单位：m²。

（5）衣柜、壁柜油漆，梁柱饰面油漆，零星木装修油漆，木地板油漆，均按设计图示尺寸以油漆部分展开面积计算，单位：m²。

（6）木地板烫硬蜡面，按设计图示尺寸以面积计算，单位：m²。空洞、空圈、暖气包槽、壁龛的开口部分并入相应的工程量内。

2. 金属面油漆

（1）金属门油漆、金属窗油漆，均按设计图示洞口尺寸以面积计算，单位：m²。

金属门油漆应区分平开门、推拉门、钢制防火门等项目，分别编码列项。金属窗油漆应区分平开窗、推拉窗、固定窗、组合窗、金属隔栅窗等项目，分别编码列项。

（2）金属面油漆，按设计展开面积计算，单位：m^2。

（3）金属构件油漆、钢结构除锈，均按设计图示尺寸以质量计算，单位：t。

3. 抹灰面油漆

（1）抹灰面油漆，按设计图示尺寸以面积计算，单位：m^2。墙面油漆应扣除墙裙、门窗洞口及单个 >0.3m^2 的孔洞面积，不扣除踢脚线、挂镜线及墙与构件交接处的面积，门窗洞口和孔洞的侧壁及顶面不增加面积；附墙柱、梁、垛、烟囱侧壁并入相应的墙面面积内；展开宽度 >300mm 的装饰线条，按设计图示尺寸以展开面积并入相应墙面内。

（2）抹灰线条油漆，按设计图示尺寸以长度计算，单位：m。

（3）满刮腻子，按设计图示尺寸以面积计算，单位：m^2。此项目只适用于仅做“满刮腻子”的项目，不得将抹灰面油漆和刷涂料中的“刮腻子”内容单独分出执行满刮腻子项目。

4. 喷刷涂料

（1）墙面喷刷涂料、天棚喷刷涂料，均按设计图示尺寸以面积计算，单位：m^2。

（2）空花格、栏杆刷涂料，按设计图示尺寸以单面外围面积计算，单位：m^2。

（3）线条刷涂料，按设计图示尺寸以长度计算，单位：m。

（4）金属面刷防火涂料，按设计展开面积计算，单位：m^2。

（5）金属构件刷防火涂料，按设计图示尺寸以质量计算，单位：t。

（6）木材构件喷刷防火涂料，按设计图示以面积计算，单位：m^2。

5. 裱糊

裱糊包括墙纸裱糊、织锦缎裱糊，均按设计图示尺寸以面积计算，单位：m^2。

5.5 其他装饰工程

其他装饰工程包括柜类、货架，装饰线条，扶手、栏杆、栏板装饰，暖气罩，浴厕配件，雨篷、旗杆、装饰柱，招牌、灯箱，美术字 8 节，共 20 个项目。

1. 柜类、货架

（1）柜类，按设计图示尺寸以正投影面积计算，单位：m^2。

（2）货架，按设计图示尺寸以延长米计算，单位：m。

柜类、货架取消按名称设项，在项目特征中增加柜类名称描述，柜类名称包括柜台、酒柜、衣柜、存包柜、鞋柜、书柜、厨房壁柜、木壁柜、厨房低柜、厨房吊柜、矮柜、吧台背柜、酒吧吊柜、酒吧台、展台、收银台、试衣间、货架、书架、服务台等。

2. 装饰线条

装饰线条，按设计图示尺寸以长度计算，单位：m。

装饰线条材质在项目特征中描述。

3. 扶手、栏杆、栏板装饰

扶手、栏杆、栏板装饰分为带扶手的栏杆、栏板，不带扶手的栏杆、栏板，扶手 3 项，均按设计图示以扶手中心线长度（包括弯头长度）计算，单位：m。

带扶手的栏杆、栏板项目包括扶手，不得单独将扶手进行编码列项。

4. 暖气罩

暖气罩，按设计图示尺寸以垂直投影面积（不展开）计算，单位：m^2。

暖气罩材质在项目特征中描述。

5. 浴厕配件

（1）洗漱台，按设计图示尺寸以台面外接矩形面积计算，单位：m^2。不扣除孔洞、挖弯、削角所占面积，挡板、吊沿板面积并入台面面积内。

（2）洗厕配件，按设计图示数量计算，单位：个。

洗厕配件取消按名称设项，在项目特征中增加配件名称描述，洗厕配件包括晒衣架、帘子杆、浴缸拉手、卫生间扶手、毛巾杆（架）、毛巾环、卫生纸盒、肥皂盒等。

（3）镜面玻璃，按设计图示尺寸以边框外围面积计算，单位：m^2。

（4）镜箱，按设计图示数量计算，单位：个。

若工作内容中包括了“刷油漆”，则不得单独将油漆分离，而应单列油漆项目。

6. 雨篷、旗杆、装饰柱

（1）雨篷吊挂饰面、玻璃雨篷，均按设计图示尺寸以水平投影面积计算，单位：m^2。

（2）金属旗杆、成品装饰柱，均按设计图示数量计算，单位：根。

7. 招牌、灯箱

（1）平面、箱式招牌，按设计图示尺寸以正立面边框外围面积计算，单位：m^2。复杂形的凸凹造型部分不增加面积。

（2）竖式标箱、灯箱、信报箱，均按设计图示数量计算，单位：个。

8. 美术字

美术字，按设计图示数量计算，单位：个。

美术字材质在项目特征中描述。

习　题

一、单项选择题

1. 水泥砂浆楼地面是应用较为普遍的一种整体地面装饰做法，下面单层做法正确的是（　　）。

A. 采用 1：2.0 水泥砂浆，厚度 20mm

B. 采用 1∶2.5 水泥砂浆，厚度 30mm

C. 采用 1∶2.0 混合砂浆，厚度 15mm

D. 采用 1∶2.5 混合砂浆，厚度 20mm

2. 下面关于楼地面整体面层工程量计算，说法不正确的是（　　）。

A. 按设计图示尺寸以面积计算

B. 扣除设备基础所占面积

C. 不扣除间壁墙所占面积

D. 门洞开口部分面积并入

3. 下面关于墙面抹灰工程量计算，说法不正确的是（　　）。

A. 扣除墙裙、门窗洞口、踢脚线、挂镜线等与墙交接处的面积

B. 门窗洞口和孔洞的侧壁及顶面不增加面积

C. 附墙柱、梁、垛、烟囱侧壁并入相应的墙面面积内

D. 展开宽度 >300mm 的装饰线条，按设计图示尺寸以展开面积并入相应墙面、墙裙内

4. 下面关于天棚吊顶工程量计算，说法正确的是（　　）。

A. 平面吊顶天棚以水平投影面积计算，不扣除与天棚相连的窗帘盒所占面积

B. 跌级吊顶天棚，跌级部分按展开面积计算

C. 格栅吊顶、吊筒吊顶均按设计图示尺寸以水平投影面积计算

D. 灯带（槽）按设计图示尺寸以长度计算

5. 下面关于油漆、涂料、裱糊工程量计算，说法不正确的是（　　）。

A. 木扶手油漆，按设计图示尺寸以展开面积计算

B. 金属门油漆，按设计图示洞口尺寸以面积计算

C. 钢结构除锈，按设计图示尺寸以质量计算

D. 抹灰线条油漆，按设计图示尺寸以长度计算

二、填空题

1. 自流坪楼地面是指依靠浆液材料自身流动性形成的地面装饰层，家庭装饰一般采用________，工业地坪等其他场所应用________较多。

2. 水泥砂浆踢脚线按设计图示尺寸以延长米计算。________门洞口的长度，洞口侧壁亦不增加。

3. 幕墙龙骨材料主要有________、________、________。

4. 墙、柱（梁）面≤________m^2 的少量分散的抹灰按零星抹灰项目编码列项。

5. 平面、箱式招牌，按设计图示尺寸以________面积计算。复杂形的凸凹造型部分不增加面积。

三、简答题

1. 简述楼梯面层装饰工程量计算规则。

2. 抹灰工程分为哪两类？常见做法有哪些？

3. 简述幕墙工程工程量计算规则。

4. 简述天棚抹灰工程工程量计算规则。

5. 简述金属面油漆工程工程量计算规则。

四、计算题

1. 某办公楼二层房间（不包括卫生间）及走廊地面为水泥砂浆整体面层，C20 细石混凝土找平，水泥砂浆踢脚线高 0.15m，如图 5.2 所示。内外墙厚 240mm。求整体面层工程量。

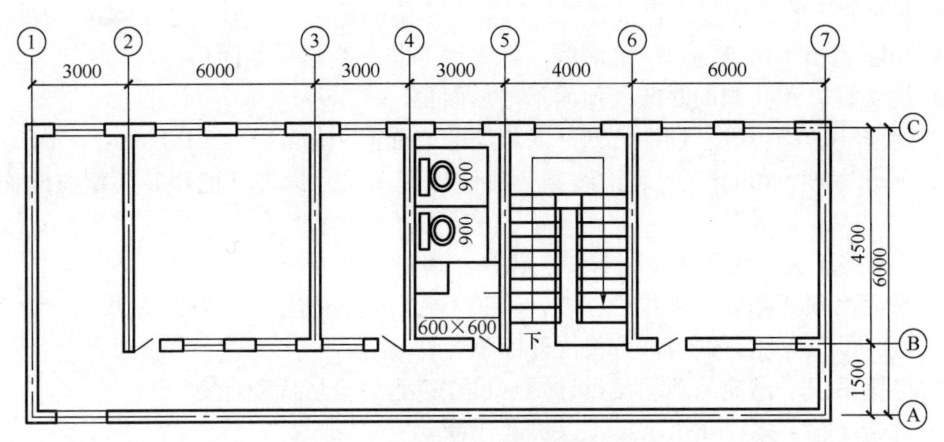

图 5.2　某办公楼二层房间平面图

2. 某房间平面图如图 5.3 所示，大厅、卧室吊顶采用装配式 U 形轻钢龙骨钙塑板面层（不上人型），书房吊顶采用装配式 T 形铝合金龙骨铝板网面层（不上人型），单层结构。试计算轻钢龙骨钙塑板面层工程量和铝合金龙骨铝板网面层工程量。

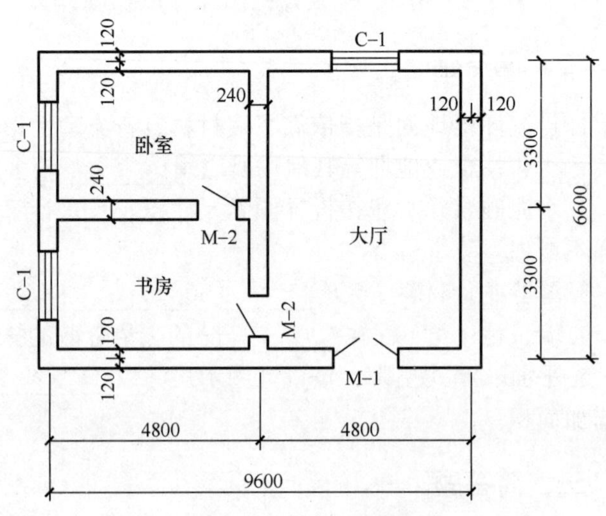

图 5.3　某房间平面图

第6章 措施项目计量

知识结构图

6.1 计算工程量的措施项目

本章内容按照《房屋建筑与装饰工程工程量计算规范》（GB 50854—2013）关于措施项目工程量计算的相关内容展开介绍，其中脚手架工程、混凝土模板及支架（撑）、垂直运输、超高施工增加、大型机械设备进出场及安拆，以及施工降水、排水几项措施项目都详细列出了项目编码、项目名称、项目特征、工程量计算规则、工作内容，其清单的编制与分部分项工程一致，工程量应按计算规则计算。

6.1.1 脚手架工程

脚手架是建筑安装工程施工中不可缺少的临时设施，主要用于工人操作、堆置建筑材料，以及作为建筑材料的运输通道等。《房屋建筑与装饰工程工程量计算规范》（GB 50854—2013）中，脚手架工程共 8 个清单项目，包括综合脚手架、外脚手架、里脚手架、悬空脚手架、挑脚手架、满堂脚手架、整体提升架和外装饰吊篮。

1. 综合脚手架

综合脚手架，按建筑面积计算，单位：m^2。使用综合脚手架时，不再使用外脚手架、里脚手架等单项脚手架；综合脚手架适用于能够按《建筑工程建筑面积计算规范》（GB/T 50353—2013）计算建筑面积的建筑工程脚手架，不适用于房屋加层、构筑物及附属工程脚手架。

综合脚手架项目特征包括建筑结构形式、檐口高度。同一建筑物有不同的檐高时，按建筑物竖向切面分别按不同檐高编列清单项目。

脚手架的材质可以不作为项目特征内容，但需要注明由投标人根据工程实际情况按照有关规范自行确定。

2. 外脚手架、里脚手架、整体提升架、外装饰吊篮

除综合脚手架外，《房屋建筑与装饰工程工程量计算规范》（GB 50854—2013）中其余 7 项脚手架项目均属于单项脚手架。单项脚手架适用于不能按《建筑工程建筑面积计算规范》（GB/T 50353—2013）计算建筑面积的建筑工程脚手架。

外脚手架（图 6.1）、里脚手架（图 6.2）、整体提升架、外装饰吊篮，按所服务对象的垂直投影面积计算，单位：m^2。整体提升架已包括 2m 高的防护架体设施。

3. 悬空脚手架、满堂脚手架

悬空脚手架（图 6.3）、满堂脚手架（图 6.4），均按搭设的水平投影面积计算，单位：m^2。

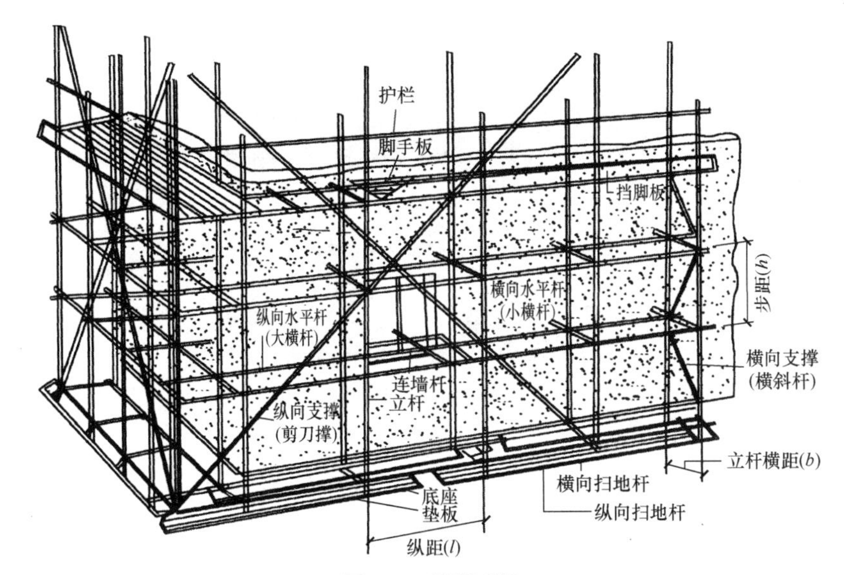

图 6.1 外脚手架

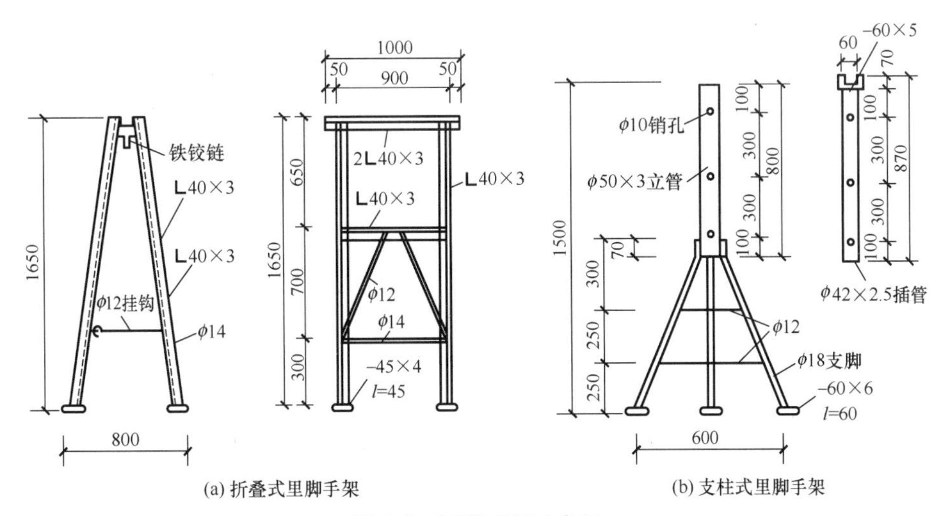

(a) 折叠式里脚手架　　(b) 支柱式里脚手架

图 6.2 里脚手架示意图

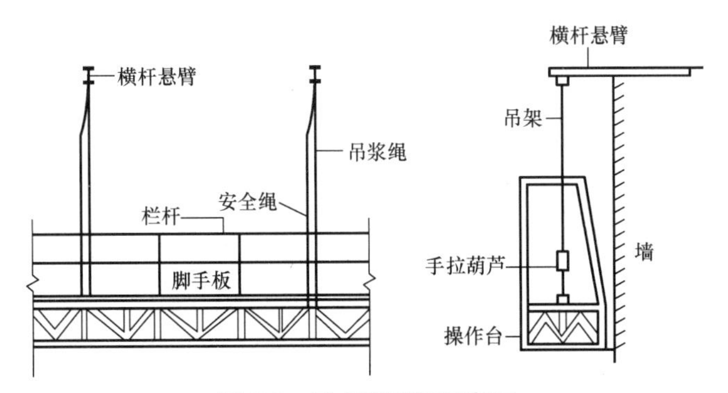

图 6.3 悬空脚手架示意图

图 6.4　满堂脚手架

4. 挑脚手架

挑脚手架（图 6.5），按搭设长度乘以搭设层数以延长米计算，单位：m。

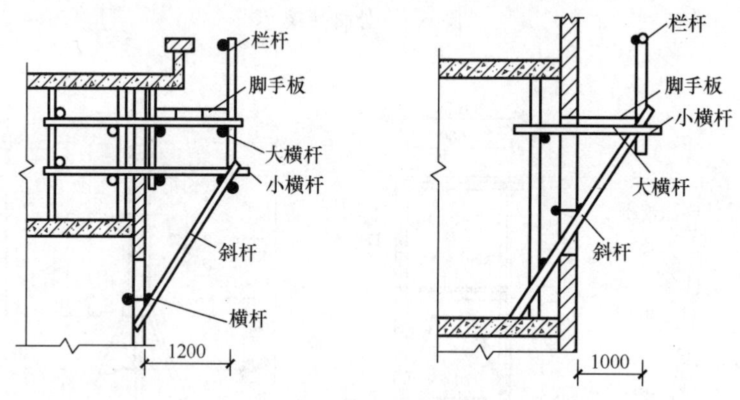

图 6.5　挑脚手架示意图

6.1.2 混凝土模板及支架（撑）

混凝土模板及支架（撑）项目，只适用于以“m^2”计量，按模板与混凝土构件的接触面积计算。采用清水模板时，应在项目特征中说明。以“m^3”计量的模板及支撑（架），按混凝土及钢筋混凝土实体项目执行，其综合单价应包括模板及支撑（架）。以下仅规定了按接触面积计算的规则与方法。

（1）基础，矩形柱，构造柱，异形柱，基础梁，矩形梁，异形梁，圈梁，过梁，弧形、拱形梁，直形墙，弧形墙，短肢剪力墙、电梯井壁，有梁板，无梁板，平板，拱板，薄壳板，空心板，其他板，栏板等主要构件模板及支架，均按模板与现浇混凝土构件的接触面积计算，单位：m^2。原槽浇灌的混凝土基础不计算模板工程量。当现浇混凝土梁、板支撑高度超过 3.6m 时，项目特征应描述支撑高度。

① 现浇钢筋混凝土墙、板单孔面积≤$0.3m^2$ 的孔洞不予扣除，洞侧壁模板也不增加；单孔面积 >$0.3m^2$ 时应予扣除，洞侧壁模板面积并入墙、板工程量内计算。

② 现浇框架分别按梁、板、柱有关规定计算；附墙柱、暗梁、暗柱并入墙内工程量内计算。

③ 柱、梁、墙、板相互连接的重叠部分，均不计算模板面积。

④ 构造柱按图示外露部分计算模板面积（图 6.6）。

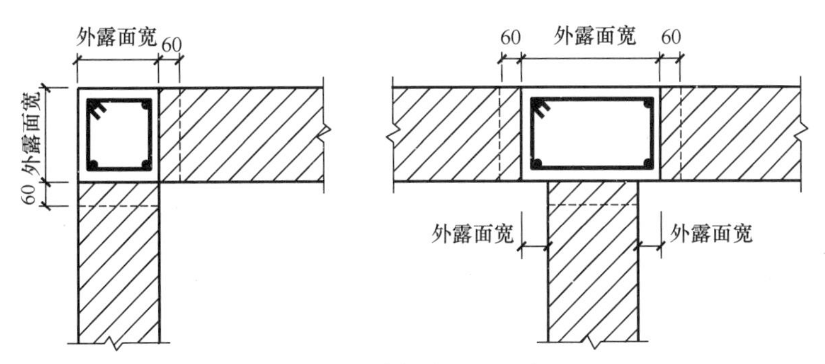

图 6.6　构造柱外露面示意图

【例 6-1】计算图 6.7 所示杯形基础模板的工程量。

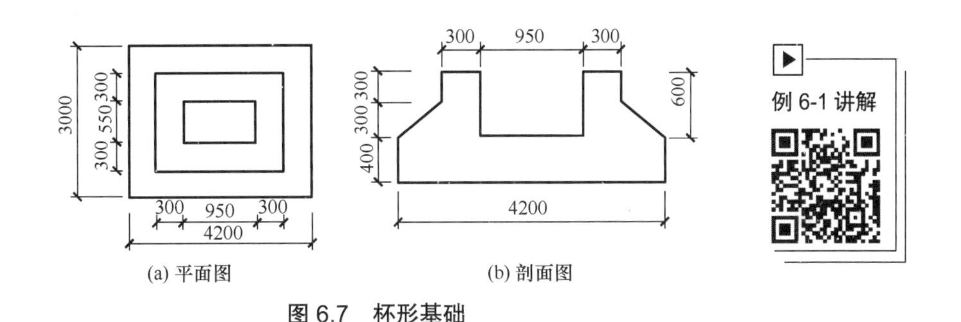

图 6.7　杯形基础

【解】基础下部模板：2×（4.2+3.0）×0.4=5.76（m^2）

上部模板：2×（1.55+1.15）×0.3=1.62（m^2）

杯口模板：2×（0.95+0.55）×0.6=1.80（m^2）

模板工程量：5.76+1.62+1.80=9.18（m^2）

（2）天沟、檐沟，电缆沟、地沟，扶手，散水，后浇带，化粪池，检查井，均按模板与现浇混凝土构件的接触面积计算。

（3）雨篷、悬挑板、阳台板，均按图示外挑部分尺寸的水平投影面积计算，挑出墙外的悬臂梁及板边不另计算。

（4）楼梯，按楼梯（包括休息平台、平台梁、斜梁和楼层板的连接梁）的水平投影面积计算，不扣除宽度≤500mm 的楼梯井所占面积，楼梯踏步、踏步板、平台梁等侧面模板不另计算，伸入墙内部分也不增加。

（5）台阶，按图示台阶水平投影面积计算，台阶端头两侧不另计算模板面积。架空式混凝土台阶，按现浇楼梯计算。

6.1.3 垂直运输

垂直运输是指施工工程在合理工期内所需的垂直运输机械。垂直运输可按建筑面积计算也可以按施工工期日历天数计算，单位：m^2 或天。

垂直运输的项目特征包括建筑物建筑类型及结构形式、地下室建筑面积、建筑物檐口高度及层数。其中建筑物的檐口高度是指设计室外地坪至檐口滴水的高度（平屋顶是指屋面板底高度），凸出主体建筑物屋顶的电梯机房、楼梯出口间、水箱间、瞭望塔、排烟机房等不计入檐口高度。同一建筑物有不同檐高时，按建筑物的不同檐高做纵向分割，分别计算建筑面积，以不同檐高分别编码列项。

垂直运输项目工作内容包括：垂直运输机械的固定装置、基础制作、安装，行走式垂直运输机械轨道的铺设、拆除、摊销。即垂直运输设备基础应计入综合单价，不单独编码列项计算工程量，但垂直运输机械的场外运输及安拆按大型机械设备进出场及安拆编码列项计算工程量。

6.1.4 超高施工增加

单层建筑物檐口高度超过 20m，多层建筑物超过 6 层时（不包括地下室层数），可按超高部分的建筑面积计算超高施工增加。其工程量计算按建筑物超高部分的建筑面积计算，单位：m^2。同一建筑物有不同檐高时，可按不同高度的建筑面积分别计算建筑面积，以不同檐高分别编码列项。

超高施工增加的工作内容包括以下几方面。

（1）由超高引起的人工工效降低以及由于人工工效降低引起的机械降效。

（2）高层施工用水加压水泵的安装、拆除及工作台班。

（3）通信联络设备的使用及摊销。

6.1.5 大型机械设备进出场及安拆

大型机械设备进出场及安拆，按使用机械设备的数量计算，单位：台次。其项目特征应描述机械设备名称、机械设备规格型号。进出场费包括施工机械、设备整体或分体自停放地点运至施工现场或由一施工地点运至另一施工地点所发生的运输、装卸、辅助材料等费用；安拆费包括施工机械、设备在现场进行安装拆卸所需人工、材料、机械和试运转费用，以及机械辅助设施的折旧、搭设、拆除等费用。

6.1.6 施工排水、降水

（1）成井，按设计图示尺寸以钻孔深度计算，单位：m。

（2）排水、降水，按排、降水日历天数计算，单位：昼夜。

6.2 计算摊销费用的措施项目

《房屋建筑与装饰工程工程量计算规范》（GB 50854—2013）关于安全文明施工及其他措施项目规定了应包含范围，其清单项目设置、计量单位、工作内容及包含范围应按规定执行。报价时应按实际情况计算措施项目费用，需分摊的应合理计算摊销费用。

6.2.1 安全文明施工费

安全文明施工费是指工程施工期间按照国家现行的环境保护、建筑施工安全、施工现场环境与卫生标准的有关规定，购置和更新施工安全防护用具及设施、改善安全生产条件和作业环境所需要的费用。

安全文明施工（含环境保护、文明施工、安全施工、临时设施）包含的具体范围如下。

（1）环境保护。现场施工机械设备降低噪声、防扰民措施；水泥和其他易飞扬细颗粒建筑材料密闭存放或采取覆盖措施等；工程防扬尘洒水；土石方、建渣外运车辆冲洗、防洒漏等；现场污染源的控制、生活垃圾清理外运、场地排水排污措施；其他环境保护措施。

（2）文明施工。"五牌一图"（工程概况牌、管理人员名单及监督电话牌、消防保卫牌、安全生产牌、文明施工牌和施工现场总平面图）；现场围挡的墙面美化（包括内外粉刷、刷白、标语等）、压顶装饰；现场厕所便槽刷白、贴面砖，水泥砂浆地面或地砖，建筑物内临时便溺设施；其他施工现场临时设施的装饰装修、美化措施；现场生活卫生设施；符合卫生要求的饮水设备、淋浴、消毒等设施；生活用洁净燃料；防煤气中毒、防蚊虫叮咬等措施；施工现场操作场地的硬化；现场绿化、治安综合治理；现场配备医药保健器材、物品和急救人员培训；用于现场工人的防暑降温、电风扇、空调等设备及用电；其他文明施工措施。

（3）安全施工。安全资料、特殊作业专项方案的编制，安全施工标志的购置及安全宣传；"三宝"（安全帽、安全带、安全网）、"四口"（楼梯口、电梯井口、通道口、预留洞口）、"五临边"（阳台围边、楼板围边、屋面围边、槽坑围边、卸料平台两侧），水平防护架、垂直防护架、外架封闭等防护；施工安全用电，包括配电箱三级配电、两级保护装置要求、外电防护措施；起重机、塔式起重机等起重设备（含井架、门架）及外用电梯的安全防护措施（含警示标志）及卸料平台的临边防护、层间安全门、防护棚等设施；建筑工地起重机械的检验检测；施工机具防护棚及其围栏的安全保护设施；施工安全防护通道；工人的安全防护用品、用具购置；消防设施与消防器材的配置；电气保护、安全照明设施；其他安全防护措施。

（4）临时设施。施工现场采用彩色、定型钢板，砖、混凝土砌块等围挡的安砌、维修、拆除；施工现场临时建筑物、构筑物的搭设、维修、拆除，如临时宿舍、办公室，食堂、厨房、厕所、诊疗所、临时文化福利用房、临时仓库、加工场、搅拌台、临时简易水塔、水池等；施工现场临时设施的搭设、维修、拆除，如临时供水管道、临时供电管线、小型临时设施等；施工现场规定范围内临时简易道路铺设，临时排水沟、排水设施安砌、维修、拆除；其他临时设施搭设、维修、拆除。

6.2.2 其他措施项目

1. 夜间施工

夜间施工包含的工作内容及范围有：夜间固定照明灯具和临时可移动照明灯具的设置、拆除；夜间施工时，施工现场交通标志、安全标牌、警示灯等的设置、移动、拆除；包括夜间照明设备摊销及照明用电、施工人员夜班补助、夜间施工劳动效率降低等。

2. 非夜间施工照明

非夜间施工照明包含的工作内容及范围有：为保证工程施工正常进行，在地下室等特殊施工部位施工时所采用的照明设备的安拆、维护、摊销及照明用电等。

3. 二次搬运

二次搬运包含的工作内容及范围有：由于施工场地条件限制而发生的材料、成品、半成品等一次运输不能到达堆放地点，必须进行的二次或多次搬运。

4. 冬雨季施工

冬雨季施工包含的工作内容及范围有：冬雨（风）季施工时，增加的临时设施（防寒保温、防雨、防风设施）的搭设、拆除；冬雨（风）季施工时，对砌体、混凝土等采用的特殊加温、保温和养护措施；冬雨（风）季施工时，施工现场的防滑处理、对影响施工的雨雪的清除；包括冬雨（风）季施工时，增加的临时设施、施工人员的劳动保护用品、冬雨（风）季施工劳动效率降低等。

5. 地上、地下设施、建筑物的临时保护设施

地上、地下设施、建筑物的临时保护设施包含的工作内容及范围有：在工程施工过程中，对已建成的地上、地下设施和建筑物进行的遮盖、封闭、隔离等必要保护措施。

6. 已完工程及设备保护

已完工程及设备保护包含的工作内容及范围有：对已完工程及设备采取的覆盖、包裹、封闭、隔离等必要保护措施。

一、单项选择题

1. 综合脚手架项目特征描述应包括（　　）。

A. 结构形式　　　　B. 层高
C. 脚手架材质　　　　D. 脚手架类型

2. 综合脚手架适用于以下（　　）的脚手架。

A. 综合办公楼工程　　　　B. 房屋加层工程
C. 构筑物工程　　　　D. 附属工程

3. 关于措施项目计量，以下说法不正确的是（　　）。

A. 单层建筑物檐口高度超过 20m 时计取超高施工增加
B. 垂直运输只有“天”一个计量单位
C. 大型机械设备进出场及安拆只有“台次”一个计量单位
D. 满堂脚手架按搭设的水平投影面积计算

4. 现浇混凝土构件的模板工程量，除另有规定外，（　　）计算。

A. 均不区别模板的不同材质，按混凝土与模板的接触面积以平方米
B. 均应区别模板的不同材质，按混凝土与模板的接触面积以平方米
C. 均不区别模板的不同材质，按混凝土的体积以立方米
D. 均应区别模板的不同材质，按混凝土的体积以立方米

5. 下列措施项目中，可以计算工程量的项目清单宜采用分部分项工程量清单的方式编制的是（　　）。

A. 二次搬运费
B. 混凝土模板及支架（撑）费
C. 临时设施费
D. 冬雨季施工增加费

二、填空题

1. 现浇混凝土模板是按支模高度________m 编制的。
2. 外脚手架工程量应按所服务对象的________计算。
3. 单层建筑物檐口高度超过________，可按超高部分的建筑面积计算超高施工增加。
4. 施工现场“五牌一图”的费用应计入________中。
5. 构造柱按________计算模板面积。

三、名词解释

1. 综合脚手架
2. 垂直运输
3. 超高施工增加
4. 已完工程及设备保护

四、简答题

1.《房屋建筑与装饰工程工程量计算规范》（GB 50854—2013）中，应按工程量计

算规则计算的措施项目包括哪几项？

2. 综合脚手架的工程量应如何计算？

3. 混凝土柱、梁、墙的模板工程量应如何计算？

4. 超高施工增加的工作内容包括哪些？

5. 按摊销费用计算的措施项目有哪些？

五、计算题

1. 某工程构造柱平面图如图 6.8 所示，该构造柱截面尺寸为 200mm × 200mm。已知构造柱高 3m，墙厚 200mm，试计算该构造柱模板工程量。

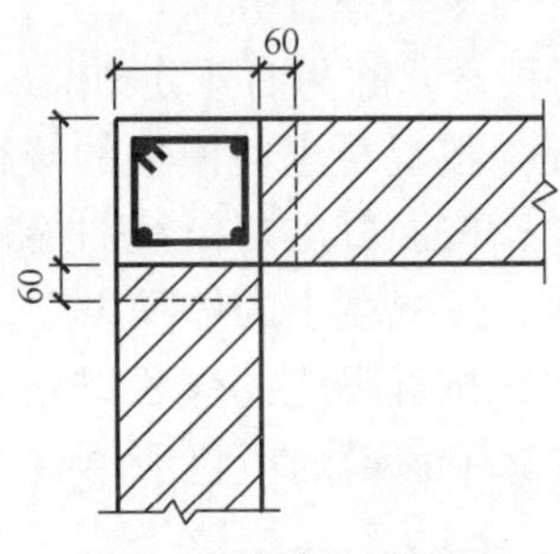

图 6.8　构造柱平面图

2. 某混凝土基础平面图和断面图如图 6.9 所示，试计算该混凝土基础模板工程量。

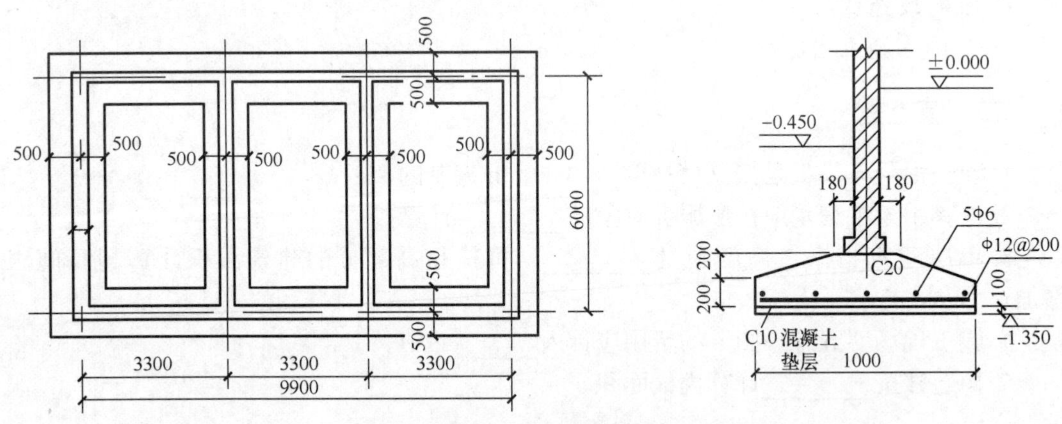

图 6.9　某混凝土基础平面图和断面图

拓展习题

第7章 工程计价

知识结构图

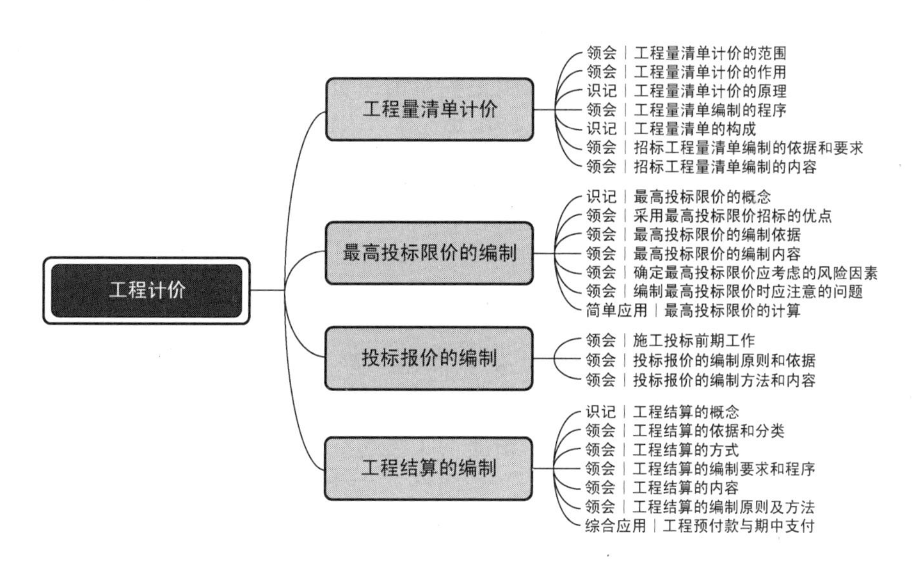

7.1　工程量清单计价

7.1.1 工程量清单计价的范围和作用

工程量清单计价法，是在建设工程招投标中，招标人或委托具有工程造价咨询服务能力的中介机构，按照工程量清单计价办法和招标文件的有关规定，根据施工设计图纸及施工现场实际情况编制反映工程实体消耗和措施性消耗的工程量清单，并作为招标文件的一部分提供给投标人，由投标人依据工程量清单自主报价的计价方式。

1. 工程量清单计价的范围

工程量清单计价适用于建设工程招投标及其实施阶段的计价活动。使用国有资金投资的建设工程发承包，必须采用工程量清单计价。国有资金投资的项目包括全部使用国有资金（含国家融资资金）投资或国有资金投资为主的工程建设项目。国有资金（含国家融资资金）投资为主的工程建设项目是指国有资金占投资总额 50% 以上或国有投资者实质上拥有控股权的建设工程。

非国有资金投资的建设工程，宜采用工程量清单计价；不采用工程量清单计价的建设工程，应执行《建设工程工程量清单计价规范》（GB 50500—2013）中除工程量清单等专门性规定外的其他规定。目前，工程量清单计价模式已广泛应用于各类工程建设项目的计价与管理活动中。

2. 工程量清单计价的作用

1）提供一个平等的竞争条件

采用施工图预算来投标报价，由于设计图纸的缺陷，不同施工企业的人员理解不一，计算出的工程量也不同，报价就会相去甚远，也容易产生纠纷。而工程量清单报价为投标人提供了一个平等竞争的条件，相同的工程量，由企业根据自身的实力来填写不同的综合单价。投标人的这种自主报价，能使企业的优势体现到投标报价中，可在一定程度上规范建筑市场秩序，确保工程质量。

2）满足市场经济条件下竞争的需要

招投标的过程就是竞争的过程，招标人提供工程量清单，投标人根据自身情况确定综合单价，利用综合单价与工程量逐项计算每个项目的合价，再分别填入工程量清单表内，计算出投标总价。综合单价成了决定性因素，定高了不能中标，定低了又要承担过大的风险。综合单价的高低直接取决于企业管理水平和技术水平的高低，这种局面促成了企业整体实力的竞争，有利于我国建设市场的快速发展。

3）有利于提高工程计价效率，能真正实现快速报价

采用工程量清单计价方式，避免了传统计价方式下招标人与投标人在工程量计算上

的重复工作，各投标人以招标人提供的工程量清单为统一平台，结合自身的管理水平和施工方案进行报价，促进了各投标人企业定额的完善和工程造价信息的积累和整理，体现了现代工程建设中快速报价的要求。

4）有利于工程款的拨付和工程造价的最终结算

中标后，业主要与中标单位签订施工合同，中标价就是确定合同价的基础，投标清单上的综合单价就成了拨付工程款的依据。业主根据施工企业完成的工程量，可以很容易地确定工程进度款的拨付额。工程竣工后，根据设计变更、工程量增减等，业主也很容易确定工程的最终造价，可在某种程度上减少业主与施工企业之间的纠纷。

5）有利于业主对投资的控制

采用施工图预算计价，业主对因设计变更、工程量增减所引起的工程造价变化不敏感，往往要等到竣工结算时才知道这些变更对项目投资的影响有多大，但此时常常为时已晚。而采用工程量清单计价方式则可对投资变化一目了然，在设计变更时，能马上知道它对工程造价的影响，这样业主就能够根据投资情况来决定是否变更或进行方案比较，以确定最恰当的处理方法。

7.1.2 工程量清单计价的基本方法

1. 工程量清单计价的原理

工程量清单计价按照《建设工程工程量清单计价规范》（GB 50500—2013）的规定，在各相应专业工程工程量计算规范规定的清单项目设置和工程量计算规则的基础上，针对具体工程的施工图纸和施工组织设计计算出各个清单项目的工程量，根据规定的方法计算出综合单价，并汇总各清单合价得出工程总价。

综合单价是指完成一个规定的清单项目所需的人工费、材料费、工程设备费、施工机具使用费、企业管理费、利润以及一定范围内的风险费用。风险费用是隐含于已标价工程量清单综合单价中，用于化解发承包双方在工程合同中约定的风险内容和范围的费用。

工程量清单计价活动涵盖施工招标、合同管理以及竣工交付全过程，主要包括编制招标工程量清单、最高投标限价、投标报价，确定合同价，进行工程计量与价款支付、合同价款的调整、工程结算和工程计价纠纷处理等活动。

2. 工程量清单编制的程序

工程量清单计价的过程可以分为两个阶段，即工程量清单的编制和工程量清单的应用两个阶段。工程量清单的编制程序如图 7.1 所示，工程量清单的应用过程如图 7.2 所示。

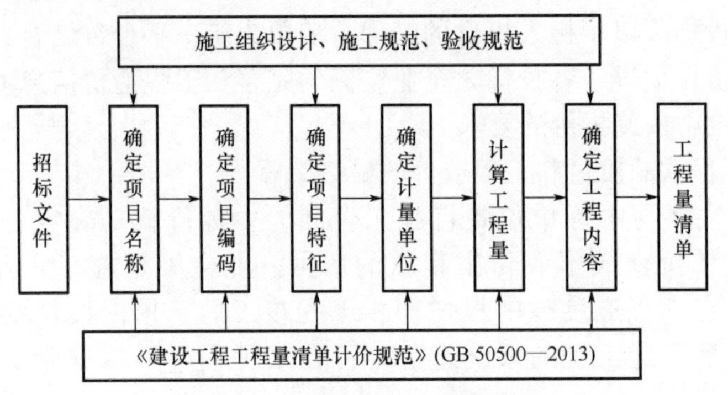

图 7.1　工程量清单的编制程序

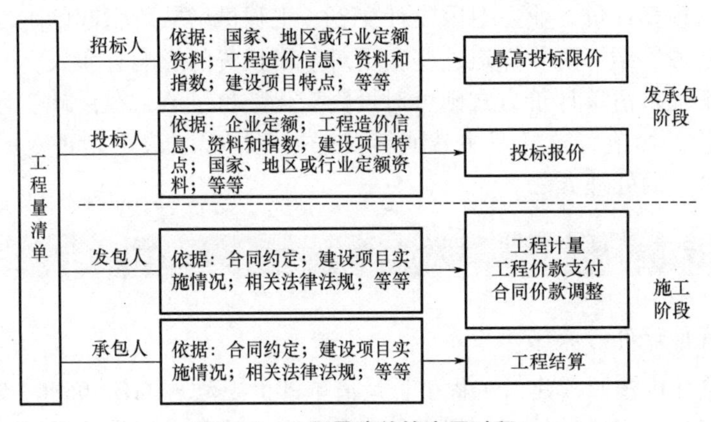

图 7.2　工程量清单的应用过程

7.1.3 工程量清单的编制

1. 工程量清单的构成

由招标人根据国家标准、招标文件、设计文件以及施工现场实际情况编制的，随招标文件发布供投标人投标报价的工程量清单称为招标工程量清单。而构成合同文件组成部分的，在投标文件中已标明价格并经承包人确认的工程量清单称为已标价工程量清单。

招标工程量清单是编制工程最高投标限价、投标报价、计算或调整工程量、索赔等的依据。投标人根据招标工程量清单进行报价，形成的已标价工程量清单是支付工程价款、调整合同价款、办理竣工结算等的主要依据。

2. 招标工程量清单编制的依据

（1）《建设工程工程量清单计价规范》（GB 50500—2013）以及各专业工程工程量计算规范。

（2）国家或省级、行业建设主管部门颁发的计价依据和计价办法。

（3）建设工程设计文件及相关资料。

（4）与建设工程有关的标准、规范、技术资料。

（5）拟定的招标文件。

（6）施工现场情况、地勘水文资料、工程特点及常规施工方案。

（7）其他相关资料。

3. 招标工程量清单编制的要求

根据《建设工程工程量清单计价规范》（GB 50500—2013），招标工程量清单编制应满足以下要求。

（1）招标人应负责编制招标工程量清单，若招标人不具有编制招标工程量清单的能力，可委托具有工程造价咨询能力的工程造价咨询企业编制。

（2）招标工程量清单是招标文件的重要组成部分，招标人对编制的招标工程量清单的准确性和完整性负责。投标人根据招标工程量清单进行投标报价。

（3）招标人在编制工程量清单时必须做到“五个统一”，即统一项目编码、统一项目名称、统一计量单位、统一工程量计算规则及统一基本格式。

（4）招标工程量清单与计价表中列明的所有需要填写综合单价和合价的项目，投标人均应填写且只允许有一个报价。未填写综合单价和合价的项目，视为此项费用已包含在已标价工程量清单中其他项目的综合单价和合价之中。当竣工结算时，此项目不得重新组价调整。

4. 招标工程量清单编制的内容

招标工程量清单主要包括招标工程量清单总说明和招标工程量清单表两部分。

（1）招标工程量清单总说明。招标工程量清单总说明主要是招标人解释拟招标工程的工程量清单的编制依据及编制范围，明确清单中的工程量是招标人根据拟建工程设计文件预计的工程量，仅作为编制最高投标限价和各投标人进行投标报价的共同基础，结算时的工程量应按发承包合同中约定应予计量且实际完成的工程量确定，提示投标人重视清单及如何使用清单。

招标工程量清单总说明包括工程概况、工程招标范围、工程量清单编制依据及其他需要说明的问题。

（2）招标工程量清单表。招标工程量清单作为招标文件的组成部分，主要由分部分项工程量清单、措施项目清单、其他项目清单、规费和税金项目清单组成。各清单表编制的内容及要求见3.2节。

7.2 最高投标限价的编制

7.2.1 最高投标限价的编制规定

1. 最高投标限价的概念

最高投标限价是指根据国家或省级建设行政主管部门颁发的有关计价依据和办法，

依据拟订的招标文件和招标工程量清单，结合工程具体情况发布的招标工程的最高报价。根据住房和城乡建设部颁布的《建筑工程施工发包与承包计价管理办法》（住建部令第 16 号）的规定，国有资金投资的建筑工程招标的，应当设有最高投标限价；非国有资金投资的建筑工程招标的，可以设有最高投标限价或者招标标底。

在工程项目招投标中，招标人发布招标文件，是一种合同要约邀请行为，在招标文件中招标人要对投标人的投标报价进行约束，这一约束就是最高投标限价。投标人在获得招标文件后按其中的规定和要求，根据自行拟定的技术方案和市场因素等确定投标报价，报价应满足招标人的要求且不高于最高投标限价。

需要指出的是，由于《中华人民共和国招标投标法实施条例》中规定的最高投标限价已取代《建设工程工程量清单计价规范》（GB 50500—2013）中规定的招标控制价，因此本章统一表述为最高投标限价。

2. 采用最高投标限价招标的优点

（1）可有效控制投资，防止恶性哄抬报价带来的投资风险。

（2）提高了透明度，避免了暗箱操作、寻租等违法活动的产生。

（3）可使各投标人自主报价，不受标底的左右，公平竞争，符合市场规律。

（4）既设置了控制上限又尽量地减少了招标人依赖评标基准价的影响。

3. 采用最高投标限价招标可能出现的问题

（1）若最高投标限价大大高于市场平均价，就预示中标后利润很丰厚，只要投标不超过公布的限额就都是有效投标，从而可能诱导投标人串标围标。

（2）若公布的最高投标限价远远低于市场平均价，就会影响招标效率。即可能出现只有 1 ～ 2 人投标或出现无人投标的情况，结果使招标人不得不修改最高投标限价进行二次招标。

7.2.2 最高投标限价的编制依据

最高投标限价的编制依据是指在编制最高投标限价时需要进行工程量计量、价格确认，以及工程计价的有关参数、率值的确定等工作时所需的基础性资料，主要包括以下内容。

（1）现行国家标准《建设工程工程量清单计价规范》（GB 50500—2013）与各专业工程工程量计算规范。

（2）国家或省级、行业建设主管部门颁发的计价依据和计价办法。

（3）建设工程设计文件及相关资料。

（4）与建设工程相关的标准、规范、技术资料。

（5）招标文件及招标工程量清单。

（6）施工现场情况、工程特点及常规施工方案。

（7）工程造价管理机构发布的工程造价信息；没有发布工程造价信息的，参照市场价。

（8）其他相关资料。

7.2.3 最高投标限价的编制内容

最高投标限价的编制内容包括分部分项工程费、措施项目费、其他项目费、规费和税金，各个部分有不同的编制要求。

1. 分部分项工程费的编制要求

（1）工程量依据招标文件中提供的分部分项工程量清单确定。

（2）分部分项工程费用应根据招标文件中的分部分项工程量清单及有关要求，按综合单价计算，由各单位工程的招标工程量清单中给定的工程量乘以其相应的综合单价汇总而成。

在编制最高投标限价时，综合单价应按照招标人发布的分部分项工程量清单的项目名称、工程量、项目特征描述，依据工程所在地区的工程计价依据和标准或工程造价指标进行组价确定。

（3）综合单价计价步骤。

① 依据提供的工程量清单和施工图纸，结合工程计价依据的规定确定清单计量单位，所组价子项的项目名称，并计算出相应的工程量。

② 依据工程造价政策规定或市场价确定对应组价子项的人工、材料、施工机具台班单价。

③ 在考虑风险因素确定管理费和利润率的基础上，按规定程序计算出所组价子项的合价，可按式（7-1）计算。

$$\text{清单组价子项合价}=\text{清单组价子项工程量}\times\left[\sum(\text{人工消耗量}\times\text{人工单价})+\sum(\text{材料消耗量}\times\text{材料单价})+\sum(\text{施工机具台班消耗量}\times\text{施工机具台班单价})\right]+\text{管理费}+\text{利润} \tag{7-1}$$

④ 将若干项所组价子项的合价相加并考虑未计价材料费除以工程量清单项目工程量，便得到工程量清单项目综合单价，可按式（7-2）计算。

$$\text{工程量清单项目综合单价}=\frac{\sum\text{清单组价子项合价}+\text{未计价材料费}}{\text{工程量清单项目工程量}} \tag{7-2}$$

（4）招标文件提供了暂估单价的材料，应按暂估单价计入综合单价。

（5）为使最高投标限价与投标报价所包含的内容一致，综合单价中应包括招标文件中要求投标人所承担的风险内容及其范围产生的风险费用。

2. 措施项目费的编制要求

（1）措施项目费中的安全文明施工费应当按照国家或省级、行业建设主管部门的规定标准计价，该部分不得作为竞争性费用。

（2）措施项目应按招标文件中提供的措施项目清单确定，措施项目分为以“量”计算和以“项”计算两种。对于可精确计量的措施项目，以“量”计算，即按其工程量用与分部分项工程量清单综合单价相同的方式确定综合单价；对于不可精确计量的措施项目，则以“项”为单位，采用费率法按有关规定综合取定，采用费率法时需确定某项费用的计费基数及其费率，结果应是包括除规费、税金外的全部费用。

3. 其他项目费的编制要求

（1）暂列金额。暂列金额可根据工程的复杂程度、设计深度、工程环境条件（包括地质、水文、气候条件等）进行估算，一般可以分部分项工程费的 10% ～ 15% 为参考。

（2）暂估价。暂估价中的材料单价应按照工程造价管理机构发布的工程造价信息中的材料单价计算，工程造价信息未发布的材料单价，其单价参考市场价估算；暂估价中的专业工程暂估价应分不同专业，按有关计价规定估算。

（3）计日工。在编制最高投标限价时，对计日工中的人工单价和施工机具台班单价应按省级、行业建设主管部门或其授权的工程造价管理机构公布的单价计算；材料应按工程造价管理机构发布的工程造价信息中的材料单价计算，工程造价信息未发布单价的材料，其价格应按市场调查确定的单价计算。

（4）总承包服务费。总承包服务费应按照省级、行业建设主管部门的规定计算，在计算时可参考以下标准。

① 招标人仅要求对分包的专业工程进行总承包管理和协调时，按分包的专业工程估算造价的 1.5% 计算。

② 招标人要求对分包的专业工程进行总承包管理和协调，同时要求提供配合服务时，根据招标文件中列出的配合服务内容和提出的要求，按分包的专业工程估算造价的 3% ～ 5% 计算。

③ 招标人自行供应材料的，按招标人供应材料价值的 1% 计算。

4. 规费和税金的编制要求

规费和税金必须按国家或省级、行业建设主管部门的规定计算。

7.2.4 确定最高投标限价应考虑的风险因素

编制最高投标限价在确定其综合单价时，应考虑一定范围内的风险因素。在招标文件中应通过预留一定的风险费用，或明确说明风险所包括的范围及超出该范围的价格调整方法。对于招标文件中未做要求的可按以下原则确定。

（1）对于技术难度较大和管理复杂的项目，可考虑一定的风险费用，并纳入综合单价中。

（2）对于工程设备、材料价格的市场风险，应依据招标文件的规定、工程所在地或行业工程造价管理机构的有关规定，以及市场价格趋势，考虑一定率值的风险费用，纳入综合单价中。

（3）规费、税金的法律、法规、规章和政策变化的风险和人工单价等风险费用不应纳入综合单价中。

7.2.5 编制最高投标限价时应注意的问题

（1）当招标人未采用工程造价管理机构发布的工程造价信息时，需在招标文件或答疑补充文件中对最高投标限价采用的与造价信息不一致的市场价予以说明，采用的市场价则应通过调查、分析确定，有可靠的信息来源。

（2）施工机械设备的选型直接关系到综合单价水平，招标人应根据工程项目特点和施工条件及常规的施工组织设计或施工方案，本着经济实用、先进高效的原则确定。

（3）不同工程项目、不同投标人会有不同的施工组织方法，所发生的措施费也会有所不同，因此，对于竞争性的措施费用的确定，招标人应首先编制常规的施工组织设计或施工方案，合理确定措施项目与费用。

（4）不可竞争的措施项目和规费、税金等费用的计算均属于强制性的条款，编制最高投标限价时应按国家有关规定计算。

7.3 投标报价的编制

7.3.1 施工投标前期工作

1. 研究招标文件

投标人取得招标文件后，为保证工程量清单报价的合理性，应对投标人须知、合同条件、技术规范、图纸和工程量清单等重点内容进行分析，深刻而正确地理解招标文件和招标人的意图。同时投标人应按招标人规定的时间及要求对工程现场进行踏勘，对工程所在地的自然条件、施工条件、主要材料和构件的供应能力和价格等进行调查。

2. 询价

询价是投标报价的基础，它为投标报价提供可靠的依据。投标报价之前，投标人必须通过各种渠道，采用各种手段对工程所需各种材料、设备等的价格、质量、供应时间、供应数量等进行系统、全面的调查。询价时要特别注意两个问题：一是产品质量必须可靠，并满足招标文件的有关规定；二是供货方式、时间、地点，有无附加条件和费用。

1）询价的渠道

（1）直接与生产厂商联系。

（2）了解生产厂商的代理人或从事该项业务的经纪人。

（3）了解经营该项产品的销售商。

（4）通过互联网查询。

2）生产要素询价

（1）材料询价。材料询价的内容包括调查对比材料价格、供应数量、运输方式、保险和有效期、不同买卖条件下的支付方式等。对同种材料从不同经销部门得到的所有资料进行比较分析，选择合适、可靠的材料供应商的报价，提供给工程报价人员使用。

（2）施工机械设备询价。在外地施工需用的施工机械设备，有时在当地租赁或采购可能更为有利。必须采购的施工机械设备，可向供应商询价。对于租赁的施工机械设备，可向专门从事租赁业务的机构询价，并应详细了解其计价方法。

（3）劳务询价。劳务询价主要有两种情况：一是成建制的劳务公司，相当于劳务分包，一般费用较高，但素质较可靠，工效较高，承包商的管理工作较轻；另一种是劳务市场招募零散劳动力，根据需要进行选择，这种方式虽然劳务价格低廉，但有时素质达不到要求或工效较低，且承包商的管理工作较繁重。投标人应在对劳务市场充分了解的基础上决定采用哪种方式，并以此为依据进行投标报价。

3）分包询价

总承包商在确定了分包工作内容后，就将分包专业的工程施工图纸和技术说明送交预先选定的分包单位，请他们在约定的时间内报价，以便进行比较选择，最终选择合适的分包人。分包询价时应注意以下几点：分包标函是否完整；分包工程单价所包含的内容；分包人的工程质量、信誉及可信赖程度；质量保证措施；分包报价。

3. 复核工程量

工程量清单作为招标文件的组成部分，是由招标人提供的。工程量的大小是投标报价最直接的依据。复核工程量的准确程度，将影响承包商的经营行为。复核工程量的目的：一是根据复核后的工程量与招标文件提供的工程量之间的差距，考虑相应的投标策略，决定报价尺度；二是根据工程量的大小采取合适的施工方法，选择适用、经济的施工机械设备，投入使用相应的劳动力数量等。

复核工程量时，要与招标文件中所给的工程量进行对比，应注意以下几方面。

（1）投标人应认真根据招标说明、图纸、地质资料等招标文件资料，计算主要清单工程量，复核工程量清单。正确划分分部分项工程项目，应与《建设工程工程量清单计价规范》（GB 50500—2013）保持一致。

（2）针对工程量清单中工程量的遗漏或错误，是否向招标人提出修改意见取决于投标策略。投标人可以运用一些报价的技巧提高报价的质量，争取在中标后能获得更大的收益。

（3）通过工程量计算复核还能准确地确定订货及采购物资的数量，防止由于超量或少购等带来的浪费、积压或停工待料。

7.3.2 投标报价的编制原则和依据

投标报价是在工程招标发包过程中，由投标人按照招标文件的要求，根据工程特点，并结合自身的施工技术、装备和管理水平，依据有关计价规定自主确定的工程造价，是投标人希望达成工程承包交易的期望价格，它不能高于招标人设定的最高投标限价。作为投标计算的必要条件，应预先确定施工方案和施工进度。此外，投标计算还必须与采用的合同形式相协调。

1. 投标报价的编制原则

（1）投标人自主报价。投标价由投标人或受其委托具有工程造价咨询能力的机构编制，但必须执行《建设工程工程量清单计价规范》（GB 50500—2013）的强制性规定。

（2）投标报价不得低于成本。《中华人民共和国招标投标法》第四十一条规定："能够满足招标文件的实质性要求，并且经评审的投标价格最低；但是投标价格低于成本的除外。"《评标委员会和评标方法暂行规定》（七部委第12号令）第二十一条规定："在评标过程中，评标委员会发现投标人的报价明显低于其他投标报价或者在设有标底时明显低于标底，使得其投标报价可能低于其个别成本的，应当要求该投标人作出书面说明并提供相关证明材料。投标人不能合理说明或者不能提供相关证明材料的，由评标委员会认定该投标人以低于成本报价竞标，应当否决其投标。"根据上述法律、规章的规定，特别要求投标人的投标报价不得低于成本。

（3）风险分担。投标报价要以招标文件中设定的发承包双方责任划分，作为考虑投标报价费用项目和费用计算的基础，发承包双方的责任划分不同，会导致合同风险不同的分摊，从而导致投标人选择不同的报价；根据工程发承包模式考虑投标报价的费用内容和计算深度。

（4）报价编制发挥自身优势。投标人以施工方案、技术措施等作为投标报价计算的基本条件；以反映企业技术和管理水平的企业定额作为计算人工、材料和施工机具台班消耗量的基本依据；充分利用现场考察、调研成果、市场价格信息和行情资料，编制基础标价。

2. 投标报价的编制依据

投标报价应根据下列依据编制。

（1）《建设工程工程量清单计价规范》（GB 50500—2013）。

（2）国家或省级、行业建设主管部门颁发的计价依据和计价办法。

（3）与建设项目相关的标准、规范等技术资料。

（4）招标文件、招标工程量清单及其补充通知、答疑纪要。

（5）建设工程设计文件及相关资料。

（6）施工现场情况、工程特点及投标时拟定的施工组织设计或施工方案。

（7）市场价格信息或工程造价管理机构发布的工程造价信息。

（8）其他相关资料。

7.3.3 投标报价的编制方法和内容

投标报价的编制过程，应首先根据招标人提供的工程量清单编制分部分项工程量清单与计价表，措施项目清单与计价表，其他项目清单与计价表，规费、税金项目清单与计价表，计算完毕之后，汇总得到单位工程投标报价汇总表，再层层汇总，分别得出单项工程投标报价汇总表和工程项目投标总价汇总表。在编制过程中，投标人应按招标人提供的工程量清单填报价格。填写的项目编码、项目名称、项目特征、计量单位、工程量必须与招标人提供的一致。

1. 分部分项工程量清单与计价表的编制

投标人投标价中的分部分项工程费应按招标文件中分部分项工程量清单的项目特征描述确定综合单价计算，因此确定综合单价是分部分项工程量清单与计价表编制过程中最主要的内容。分部分项工程量清单综合单价包括完成单位分部分项工程所需的人工费、材料费、施工机具使用费、管理费、利润，并考虑风险费用的分摊。

$$分部分项工程量清单综合单价 = 人工费 + 材料费 + 施工机具使用费 + 管理费 + 利润 \quad (7\text{-}3)$$

1）确定分部分项工程量清单综合单价时的注意事项

（1）以项目特征描述为依据。项目特征是确定综合单价的重要依据之一。在招投标过程中，当出现招标文件中分部分项工程量清单的项目特征描述与设计图纸不符时，投标人应以分部分项工程量清单的项目特征描述为准，确定投标报价的综合单价。当施工中施工图纸或设计变更与分部分项工程量清单的项目特征描述不一致时，发承包双方应按实际施工的项目特征，依据合同约定重新确定综合单价。

（2）材料（工程设备）暂估单价的处理。招标文件中在其他项目清单中提供了暂估单价的材料和工程设备，应按其暂估单价计入分部分项工程量清单的综合单价中。

（3）考虑合理的风险。招标文件中要求投标人承担的风险费用，投标人应考虑计入综合单价。在施工过程中，当出现的风险内容及其范围（幅度）在招标文件规定的范围（幅度）内时，综合单价不得变动，合同价款不做调整。

2）分部分项工程量清单综合单价确定的步骤和方法

（1）确定计算基础。计算基础主要包括消耗量指标和生产要素单价。应根据本企业的企业实际消耗量水平，并结合拟定的施工方案确定完成清单项目需要消耗的各种人工、材料、施工机具台班的数量。计算时应采用企业定额，在没有企业定额或企业定额缺项时，可参照与本企业实际水平相近的国家、地区、行业定额，并通过调整来确定清单项目的人工、材料、施工机具台班单位用量。各种人工、材料、施工机具台班的单价，则应根据询价的结果和市场行情综合确定。

（2）分析每一清单项目的工程内容。在招标文件提供的工程量清单中，招标人已对项目特征进行了准确、详细的描述，投标人根据这一描述，再结合施工现场情况和拟定的施工方案确定完成各清单项目实际应发生的工程内容。必要时可参照《建设工程工程量清单计价规范》（GB 50500—2013）中提供的工程内容，有些特殊的工程也可能出现规范列表之外的工程内容。

（3）计算工程内容的工程数量与清单单位的含量。每一项工程内容都应根据所选定额的工程量计算规则计算其工程数量，当定额的工程量计算规则与清单的工程量计算规则相一致时，可直接以工程量清单中的工程量作为工程内容的工程数量。清单单位含量为工程内容的定额工程量与清单工程量的比值。

（4）分部分项工程人工、材料、施工机具费用的计算。以完成每一计量单位清单项目所需的人工、材料、施工机具用量为基础计算，再根据预先确定的各种生产要素的单位价格，计算出每一计量单位清单项目的分部分项工程的人工费、材料费和施工机具使用费。当招标人提供的其他项目清单中列示了材料暂估单价时，应根据招标人提供的价格计算材料费，并在分部分项工程量清单与计价表中表现出来。

（5）计算综合单价。管理费和利润的计算按当地有关费用计算规则计算，如按人工费、材料费、施工机具使用费之和按照一定的费率取费计算，其计算公式如下。

$$管理费 =（人工费 + 材料费 + 施工机具使用费）\times 管理费费率（\%） \quad (7\text{-}4)$$

$$利润 =（人工费 + 材料费 + 施工机具使用费 + 管理费）\times 利润率（\%） \quad (7\text{-}5)$$

将人工费、材料费、施工机具使用费、管理费、利润五项费用汇总，并考虑合理的风险费用后，即可得到分部分项工程量清单综合单价。根据计算出的综合单价，可编制分部分项工程量清单与计价表。

3）分部分项工程量清单综合单价分析表的编制

为表明分部分项工程量清单综合单价的合理性，投标人应对其进行分析，以作为评标时的判断依据。

2. 措施项目清单与计价表的编制

措施项目清单与计价表的编制内容主要是计算各项措施项目费，措施项目费应根据招标文件中的措施项目清单及投标时拟定的施工组织设计或施工方案按不同报价方式自主报价。编制措施项目清单与计价表时应遵循以下原则。

（1）投标人可根据工程实际情况，结合施工组织设计或施工方案，自主确定措施项目费，对招标人所列的措施项目可以进行增补。这是由于各投标人拥有的施工装备、技术水平和采用的施工方法有所差异，招标人提出的措施项目清单是根据一般情况确定的，没有考虑不同投标人的“个性”，投标人投标时应根据自身编制的施工组织设计或施工方案确定措施项目，对招标人提供的措施项目进行调整。投标人根据施工组织设计或施工方案调整和确定的措施项目应通过评标委员会的评审。

（2）措施项目清单计价，应根据拟建工程的施工组织设计或施工方案，对于可以精确计量的措施项目应按分部分项工程量清单的方式采用综合单价计价；对于不能精确计量的措施项目可以“项”为单位按“率值”计价，应包括除规费、税金外的全部费用。

（3）措施项目清单中的安全文明施工费，应按照国家或省级、行业建设主管部门的规定计价，不得作为竞争性费用。招标人不得要求投标人对该项费用进行优惠，投标人也不得用该项费用参与市场竞争。

3. 其他项目清单与计价表的编制

其他项目费主要包括暂列金额、暂估价、计日工及总承包服务费。

（1）暂列金额，应按照招标人在其他项目清单中列出的金额填写，不得变动。

（2）暂估价，不得变动和更改。暂估价中的材料（工程设备）暂估单价必须按照招标人提供的暂估单价计入分部分项工程费用中的综合单价；专业工程暂估价必须按照招标人在其他项目清单中列出的金额填写。

（3）计日工，应按照招标人在其他项目清单中列出的项目和估算的数量，由投标人自主确定各项综合单价并计算费用。

（4）总承包服务费，应根据招标人在招标文件中列出的分包专业工程内容和供应材料（工程设备）情况，按照招标人提出的协调、配合与服务要求和施工现场管理需要，由投标人自主确定。

4. 规费、税金项目清单与计价表的编制

规费和税金，投标人在投标报价时必须按国家或省级、行业建设主管部门的规定计算，不得作为竞争性费用。这是由于规费和税金的计取标准是依据有关法律、法规和政策规定制定的，具有强制性。

5. 投标价的汇总

投标人的投标总价，应当与组成工程量清单的分部分项工程费、措施项目费、其他项目费和规费、税金的合计金额相一致，即投标人在进行工程量清单招标的投标报价时，不能进行投标总价优惠（或降价、让利），投标人对投标报价的任何优惠（或降价、让利）均应反映在相应清单项目的综合单价中。

7.4 工程结算的编制

7.4.1 工程结算概述

1. 工程结算的概念

工程结算是指建设工程的发承包双方之间依据合同约定，进行的工程预付款、工程进度款、工程竣工价款结算的活动。工程结算是反映工程进度和考核经济效益的主要指标。因此，工程结算是一项十分重要的造价控制工作。

2. 工程结算的依据

工程结算应按合同约定办理，合同未做约定或约定不明确的，发承包双方应依据下列规定与文件协商处理。

（1）国家有关法律、法规、规章制度和相关的司法解释。

（2）国家和省级、行业建设主管部门发布的工程造价计价标准、计价办法、有关规定及相关解释。

（3）施工发承包合同，专业分包合同及补充合同，有关材料、设备采购合同。

（4）招投标文件，包括招标答疑文件、投标承诺、中标书及其组成内容。

（5）工程竣工图或施工图、施工图会审记录，经批准的施工组织设计，以及设计变更、工程洽商和相关会议纪要。

（6）经批准的开、竣工报告或停、复工报告。

（7）《建设工程工程量清单计价规范》（GB 50500—2013）或工程计价定额、费用定额及价格信息，调价规定等。

（8）其他可依据的材料。

3. 工程结算的分类

根据工程建设的不同时期及结算对象的不同，工程结算可分为工程预付款结算、中间结算和竣工结算。

（1）工程预付款结算。工程预付款是施工合同订立后，由发包人按照合同约定，在正式开工前预先支付给承包人的工程款。承包人承包工程，一般都实行包工包料，因此需要有一定数量的备料周转金。根据施工合同条款规定，由发包人在开工前预先支付给承包人一定限额的工程预付款。此工程预付款构成承包人为该承包工程项目储备和准备主要材料、构件所需的流动资金。

（2）中间结算。中间结算是指在工程建设过程中，承包人根据实际完成的分部分项工程数量计算工程价款，并与发包人办理工程价款结算。中间结算可采用按月结算和分段结算两种方式。

（3）竣工结算。竣工结算是指在承包人按合同（协议）规定的内容全部完工、交工后，承包人与发包人按照合同（协议）约定的合同价款调整内容进行的最终工程价款结算。

4. 工程结算的方式

根据工程性质、规模、资金来源、施工工期及承包内容不同，工程采用的结算方式也不同。我国《建设工程价款结算暂行办法》规定的工程结算的方式主要有以下几种。

（1）按月结算。按月结算即实行按月支付工程进度款，竣工后清算的办法。合同工期在两个年度以上的工程，在年终进行工程盘点，办理年度结算。我国现行建筑安装工程价款结算中，相当一部分实行按月结算。

（2）分段结算。分段结算即当年开工、当年不能竣工的工程按照工程形象进度，划分不同阶段支付工程进度款。具体划分在合同中明确。

（3）竣工后一次结算。建设项目或单项工程全部建筑安装工程建设期在 12 月以内，或者工程承包合同价值在 100 万元以下的，可以实行工程价款每月月中预支，竣工后一次结算。

（4）目标结款方式。目标结款方式即在工程承包合同中，将承包工程的内容分解成不同的控制界面，以发包人验收控制界面作为支付工程价款的前提条件。也就是说，将合同中的工程内容分解成不同的验收单元，当承包人完成单元工程内容并经发包人（或其他委托人）验收后，发包人支付构成单元工程内容的工程价款。

除以上几种主要结算方式外，发承包双方还可以约定其他结算方式。

7.4.2 工程结算的编制要求和程序

1. 工程结算的编制要求

（1）工程结算一般要经过发包人或有关单位验收合格且点交后方可进行。

（2）工程结算应以发承包双方合同为基础，按合同约定的工程价款调整方式对原合同价款进行调整。

（3）工程结算时，应核查设计变更、工程洽商等工程资料的合法性、有效性、真实性和完整性。对有疑义的工程实体项目，应视现场条件和实际需要核查隐蔽工程。

（4）建设项目由多个单项工程或单位工程构成的，应按建设项目划分标准的规定，将各单项工程或单位工程竣工结算汇总，编制相应的工程结算书，并撰写编制说明。

（5）实行分阶段结算的工程，应将各阶段工程结算汇总，编制工程结算书，并撰写编制说明。

（6）实行专业分包结算的工程，应将各专业分包结算汇总在相应的单位工程或单项工程结算内，并撰写编制说明。

（7）工程结算编制应采用书面形式，有电子文本要求的应一并报送与书面形式内容一致的电子版本。

（8）工程结算应严格按工程结算编制程序进行编制，做到程序化、规范化，结算资料必须完整。

2. 工程结算的编制程序

工程结算应按准备、编制和定稿三个工作阶段进行，并实行编制人、校对人和审核人分别署名盖章确认的内部审核制度。

1）工程结算编制准备阶段

（1）收集与工程结算编制相关的原始资料。

（2）熟悉工程结算资料内容，进行分类、归纳、整理。

（3）召集相关单位或部门的有关人员参加工程结算预备会议，对结算内容和结算资料进行核对与充实完善。

（4）收集建设期内影响合同价格的法律和政策性文件。

2）工程结算编制阶段

（1）根据竣工图、施工图以及施工组织设计进行现场踏勘，对需要调整的工程项目进行观察、对照以及必要的现场实测和计算，做好书面或影像记录。

（2）按既定的工程量计算规则计算需调整的分部分项工程、措施项目或其他项目工程量。

（3）按招投标文件、发承包合同规定的计价原则和计价办法对分部分项工程、措施项目或其他项目进行计价。

（4）对于工程量清单或定额缺项以及采用新材料、新设备、新工艺的，应根据施工过程中的合理消耗和市场价格，编制综合单价或单位估价表。

（5）工程索赔应按合同约定的索赔处理原则、程序和计算方法，提出索赔费用，经发包人确认作为结算依据。

（6）汇总计算工程费用，包括编制分部分项工程费、措施项目费、其他项目费、零星工作项目费及利润和税金等表格，初步确定工程结算价格。

（7）编写编制说明。

（8）计算主要技术经济指标。

（9）提交工程结算编制的初步成果文件，待校对、审核。

3）工程结算编制定稿阶段

（1）由工程结算编制受托人单位的部门负责人对初步成果文件进行检查、校对。

（2）由工程结算编制受托人单位的主管负责人审核批准。

（3）在合同约定的期限内，向委托人提交经编制人、校对人、审核人和受托人单位盖章确认的正式的工程结算编制文件。

7.4.3 工程结算的内容

工程结算主要包括竣工结算、分阶段结算、专业分包结算和合同中止结算。

1. 竣工结算

竣工结算是工程项目完工并经验收合格后，对所完成的工程项目进行的全面结算。竣工结算书中主要体现“量差”和“价差”的基本内容。

“量差”是指原计价文件所列工程量与实际完成的工程量不符而产生的差别。

“价差”是指签订合同时的计价或取费标准与实际情况不符而产生的差别。

2. 分阶段结算

按施工合同约定，工程项目按工程特征划分为不同阶段实施和结算。每一阶段合同工作内容完成后，经建设单位或监理人中间验收合格后，由施工承包单位在原合同分阶段价格的基础上编制调整价格并提交监理人审核签认。分阶段结算是一种工程价款的中间结算。

3. 专业分包结算

按分包合同约定，分包合同工作内容完成后，经总承包单位、监理人对专业分包工作内容验收合格后，由分包单位在原分包合同价格基础上编制调整价格并提交总承包单位、监理人审核签认。专业分包结算也是一种工程价款的中间结算。

4. 合同中止结算

工程实施过程中合同中止时，需要对已完成且经验收合格的合同工程内容进行结算。合同中止时已完成的合同工程内容，经监理人验收合格后，由施工承包单位按原合同价格或合同约定的定价条款，参照有关计价规定编制合同中止价格，提交监理人审核签认。合同中止结算一般也是一种工程价款的中间结算，除非施工合同不再继续履行。

7.4.4 工程结算的编制原则及方法

工程结算的编制应区分发承包合同类型，采用相应的编制方法。采用总价合同的，应在合同价的基础上对设计变更、工程洽商及工程索赔等合同约定可以调整的内容进行调整；采用单价合同的，应计算或核定竣工图或施工图以内的各个分部分项工程量，依据合同约定的方式确定分部分项工程项目价格，并对设计变更、工程洽商、施工措施及工程索赔等内容进行调整；采用成本加酬金合同的，应依据合同约定的方法计算各个分部分项工程以及设计变更、工程洽商、施工措施等内容的工程成本，并计算酬金及有关税费。

1）工程结算的编制原则

工程结算中涉及工程单价调整时，其编制应当遵循以下原则。

（1）合同中已有适用于变更工程、新增工程单价的，按已有的单价结算。

（2）合同中有类似变更工程、新增工程单价的，可以参照类似单价结算。

（3）合同中没有适用或类似变更工程、新增工程单价的，工程结算编制受托人可商洽承包人或发包人提出适当的价格，经对方确认后作为结算的依据。

2）工程结算的编制方法

工程结算编制中涉及的工程单价应按合同要求分别采用综合单价或工料单价。工程量清单计价的工程项目应采用综合单价；定额计价的工程项目可采用工料单价。

7.4.5 工程预付款与期中支付

1. 工程预付款

工程预付款的金额和支付时间、开工后逐次扣回的时间和比例等事项，双方应当在合同专用条款中约定。

1）工程预付款的金额

各地区、各部门对工程预付款金额的规定不完全相同，主要是为保证施工所需材料和构件的正常储备。

建筑工程材料物资供应一般有三种方式：一是包工包全部材料，工程预付款额度确定后，发包人把工程预付款一次预付给承包人；二是包工包部分材料，需要确定工料范围和备料比例，发包人拨付适量工程预付款给承包人，双方及时结算；三是包工不包料，发包人不需要预付工程预付款给承包人。

工程预付款金额可按百分比法和公式计算法确定。

（1）百分比法。发包人根据工程特点、工期长短、市场行情、供求规律等因素，招标时在合同条件中约定工程预付款的百分比。根据《建设工程价款结算暂行办法》的规定，工程预付款的比例原则上不低于合同金额的 10%，不高于合同金额的 30%。采用百分比法确定的工程预付款可按式（7-6）计算。

$$\text{工程预付款金额} = \text{中标合同价（不含暂列金额）} \times \text{合同约定预付比例} \quad (7\text{-}6)$$

（2）公式计算法。公式计算法是根据主要材料（含结构件等）占年度承包工程总价的比例、材料储备定额天数和年度施工天数等因素，通过公式计算工程预付款金额的一种方法。采用公式计算法确定的工程预付款可按式（7-7）计算。

$$\text{工程预付款金额} = \frac{\text{年度承包工程总价} \times \text{主要材料所占比例}}{\text{年度施工天数}} \times \text{材料储备定额天数} \quad (7\text{-}7)$$

式中，年度施工天数按365天日历天计算；材料储备定额天数由当地材料供应的在途天数、加工天数、整理天数、供应间隔天数、保险天数等因素决定。

【例7-1】 某建筑工程合同价格为1000万元，计划工期为400天，主要材料所占比例为60%，材料储备定额天数为110天，试确定工程预付款金额。

例7-1讲解

【解】 工程预付款金额 $=\dfrac{1000\times 60\%}{365}\times 110\approx 180.82$（万元）

2）工程预付款的支付时间

根据《建设工程价款结算暂行办法》的规定，在具备施工条件的前提下，发包人应在双方签订合同后的一个月内或不迟于约定的开工日期前7天内预付工程款。发包人不按约定预付，承包人应在约定预付时间到期后10天内向发包人发出要求预付的通知，发包人收到通知后仍不按要求预付，承包人可在发出通知14天后停止施工，发包人应从约定应付之日起向承包人支付应付款的利息（利率按同期银行贷款利率计），并承担违约责任。

承包人应在签订合同或向发包人提供与工程预付款等额的工程预付款保函（如有）后向发包人提交工程预付款支付申请。

发包人应在收到支付申请的7天内进行核实后向承包人发出工程预付款支付证书，并在签发支付证书后的7天内向承包人支付工程预付款。

工程预付款仅用于承包人支付施工开始时与本工程有关的动员费用，如承包人滥用此款，发包人有权立即收回。

3）工程预付款的扣回

发包人拨付给承包人的工程预付款属于预支性质，随着工程的逐步实施，原已支付的工程预付款应以充抵工程价款的方式陆续扣回，抵扣方式应当由双方当事人在合同中明确约定。

工程预付款扣回的方法有三种：一是按照公式确定起扣点和抵扣额；二是按照合同或当地规定办法抵扣工程预付款；三是工程竣工结算时一次抵扣工程预付款。

（1）按照公式确定起扣点和抵扣额。

从未施工工程尚需的主要材料及构件的价值相当于工程预付款数额时起扣，此后每次结算工程价款时，按主要材料及构件所占比重扣减工程价款，至竣工前全部扣清。起扣点可按式（7-8）计算。

$$T=P-\frac{M}{N} \tag{7-8}$$

式中，T——起扣点，即工程预付款开始扣回时的累计完成工作量金额；

M——工程预付款总额；

N——主要材料及构件所占比重；

P——承包工程价款总额。

（2）按照合同或当地规定办法抵扣工程预付款。

发承包双方可在专用条款中约定不同的扣回方法，例如《房屋建筑和市政基础设施工程施工招标文件范本》中规定，在承包人完成金额累计达到合同总价的 10% 后，由承包人开始向发包人还款，发包人从每次应付给承包人的金额中扣回工程预付款，发包人至少在合同规定的完工期前三个月将工程预付款的总计金额按逐次分摊的办法扣回。

（3）工程竣工结算时一次抵扣工程预付款。

工程预付款是可以在工程竣工结算时一次抵扣的，该方法适合于造价低、工期短的简单工程。

2. 期中支付

工程结算中的期中支付，是指发包人在合同工程施工过程中，按照合同约定对付款周期内承包人完成的合同价款给予支付的款项，也就是工程进度款的结算支付。发承包双方应按照合同约定的时间、程序和方法，根据工程计量结果，办理期中价款结算，支付工程进度款。工程进度款支付周期，应与合同约定的工程计量周期一致。

1）期中支付价款的计算

（1）已完工程的结算价款。已标价工程量清单中的单价项目，承包人应按工程计量确认的工程量与综合单价计算。如综合单价发生调整的，以发承包双方确认调整的综合单价计算工程进度款。已标价工程量清单中的总价项目，承包人应按合同中约定的工程进度款支付分解，分别列入工程进度款支付申请中的安全文明施工费和本周期应支付的总价项目的金额中。

（2）结算价款的调整。承包人现场签证和得到发包人确认的索赔金额列入本周期应增加的金额中。由发包人提供的材料、工程设备金额，应按照发包人签约提供的单价和数量从工程进度款支付中扣出，列入本周期应扣减的金额中。

2）期中支付的程序

（1）承包人提交工程进度款支付申请。承包人应在每个计量周期到期后的 7 天内向发包人提交已完工程进度款支付申请，一式四份，详细说明此周期承包人认为有权得到的款额，包括分包人已完工程的价款。支付申请的内容包括：累计已完成的合同价款；累计已实际支付的合同价款；本周期合计完成的合同价款；本周期合计应扣减的金额，其中包括本周期应扣回的工程预付款；本周期实际应支付的合同价款。

（2）发包人签发工程进度款支付证书。发包人应在收到承包人的工程进度款支付申请后 14 天内核对完毕；否则，从第 15 天起承包人递交的工程进度款支付申请视为被批准。若发承包双方对部分清单项目的计量结果出现争议，发包人应对无争议部分的工程计量结果向承包人出具工程进度款支付证书。

（3）发包人支付工程进度款。发包人应在签发工程进度款支付证书后的 14 天内，按照工程进度款支付证书列明的金额向承包人支付工程进度款。若发包人逾期未签发工程进度款支付证书，则视为承包人提交的工程进度款支付申请已被发包人认可，承包人可向发包人发出催告付款的通知。发包人应在收到通知后的 14 天内，按照承包人支付申请的金额向承包人支付工程进度款。如发包人未按规定时间支付工程进度款，则按双方合同约定处理。

（4）工程进度款的支付比例。工程进度款的支付比例按照合同约定，按期中结算价款总额计，不低于 60%，不高于 90%。

（5）支付证书的修正。发现已签发的任何支付证书有错、漏或重复的数额，发包人有权予以修正，承包人也有权提出修正申请。经发承包双方复核同意修正的，应在本次到期的工程进度款中支付或扣除。

7.4.6 竣工结算

竣工结算是指工程项目完工并经竣工验收合格后，发承包双方按照施工合同的约定对所完成的工程项目进行的工程价款的计算、调整和确认。竣工结算是以合同价或施工图预算为基础，并根据条件的变化和设计变更而按合同规定对合同价进行调整后的结果进行编制的。竣工结算分为单位工程竣工结算、单项工程竣工结算和建设项目竣工总结算。其中，单位工程竣工结算和单项工程竣工结算也可看作分阶段结算。

1. 竣工结算的程序

（1）承包人提交竣工结算文件。合同工程完工后，承包人应在经发承包双方确认的合同工程期中价款结算的基础上汇总编制竣工结算文件，并在提交竣工验收申请的同时向发包人提交竣工结算文件。

承包人未在合同约定的时间内提交竣工结算文件，经发包人催告后 14 天内仍未提交或没有明确答复，发包人有权根据已有资料编制竣工结算文件，作为办理竣工结算和支付结算款的依据，承包人应予以认可。

（2）发包人核对竣工结算文件。发包人应在收到承包人提交的竣工结算文件后的 28 天内核对。发包人经核实，认为承包人还应进一步补充资料和修改结算文件的，应在 28 天内向承包人提出核实意见，承包人在收到核实意见后的 28 天内按照发包人提出的合理要求补充资料，修改竣工结算文件，并再次提交给发包人复核批准。

发包人应在收到承包人再次提交的竣工结算文件后的 28 天内予以复核，并将复核结果通知承包人。发承包双方对复核结果无异议的，应在 7 天内在竣工结算文件上签字确认，竣工结算办理完毕。复核后仍有异议的，对无异议部分办理不完全竣工结算；有异议部分由发承包双方协商解决，协商不成的，按照合同约定的争议解决方式处理。

发包人在收到承包人竣工结算文件后的 28 天内，不核对竣工结算文件或未提出核实意见的，应视为承包人提交的竣工结算文件已被发包人认可，竣工结算办理完毕。

承包人在收到发包人提出的核实意见后的 28 天内，不确认也未提出异议的，应视为发包人提出的核实意见已被承包人认可，竣工结算办理完毕。

（3）发包人委托工程造价咨询机构核对竣工结算文件。发包人委托工程造价咨询机构核对竣工结算文件的，工程造价咨询机构应在 28 天内核对完毕，核对结论与承包人竣工结算文件不一致的，应提交给承包人复核，承包人应在 14 天内将同意核对结论或不同意见的说明提交工程造价咨询机构。工程造价咨询机构收到承包人提出的异议后，应再次复核，复核无异议的，发承包双方应在 7 天内在竣工结算文件上签字确认，竣工结算办理完毕。复核后仍有异议的，对无异议部分办理不完全竣工结算；有异议部分由发承包双方协商解决，协商不成的，按照合同约定的争议解决方式处理。

承包人逾期未提出书面异议的，视为工程造价咨询机构核对的竣工结算文件已经承包人认可。

（4）质量争议工程的竣工结算。发包人对工程质量有异议，拒绝办理工程竣工结算的：已竣工验收或已竣工未验收但实际投入使用的工程，其质量争议按该工程保修合同执行，竣工结算按合同约定办理；已竣工未验收且未实际投入使用的工程以及停工、停建工程，双方应就有争议的部分委托有资质的检测鉴定机构进行检测，根据检测结果确定解决方案，或按工程质量监督机构的处理决定执行后办理竣工结算，无争议部分的竣工结算按合同约定办理。

2. 竣工结算时工程价款的确定

在实际工作中，当年开工、当年竣工的工程，只需办理竣工后一次结算。跨年度工程，在年终办理一次年终结算，将未完工程结转到下一年度，此时竣工结算等于各年结算的总和。

办理竣工结算工程价款，一般可按式（7-9）计算。

竣工结算工程价款 = 合同价款 + 施工过程中合同价款调整额 –
预付及已结算工程价款 – 质量保证金　　（7-9）

（1）合同价款的确定。合同价款是按照有关规定和协议条款约定的各种标准计算，用以支付承包人按照合同要求完成工程内容的价款总额。

招标工程的合同价款由发包人、承包人依据中标通知书中的中标价格在协议书内约定。非招标工程的合同价款由发包人、承包人依据工程预算书在协议书内约定。合同价款在协议书内约定后，任何一方不得擅自改变。

施工合同中，计价方式可分为三种，即总价方式、单价方式和成本加酬金方式，相应的施工合同也称为总价合同、单价合同和成本加酬金合同。合同双方可在专用条款内约定采用其中一种进行合同价款的计算。

（2）合同价款调整额的确定。在竣工结算时，若因某些条件改变，使合同价款发生变化，则需按规定对合同价款进行调整。可调价格合同中合同价款的调整因素包括以下内容。

① 法律、行政法规和国家有关政策变化影响合同价款。

② 工程变更类，主要包括工程变更、项目特征不符、工程量清单缺项、工程量偏差、计日工等事件。

③ 物价变化类，主要包括物价波动、暂估价事件。

④ 工程索赔类，主要包括不可抗力、提前竣工（赶工补偿）、误期赔偿、索赔事件等。

⑤ 其他类，主要包括现场签证及发承包双方约定的其他调整事项。

3. 竣工结算文件的签认

（1）拒绝签认的处理。对发包人或发包人委托的工程造价咨询机构指派的专业人员与承包人指派的专业人员经核对后无异议并签名确认的竣工结算文件，除非发包人和承包人能提出具体、详细的不同意见，发包人和承包人都应在竣工结算文件上签名确认，如其中一方拒不签认，按以下规定办理。

① 若发包人拒不签认，承包人可不提供竣工验收备案资料，并有权拒绝与发包人或其上级部门委托的工程造价咨询机构重新核对竣工结算文件。

② 若承包人拒不签认，发包人要求办理竣工验收备案的，承包人不得拒绝提供竣工验收资料，否则，由此造成的损失，承包人承担连带责任。

（2）不得重复核对。合同工程竣工结算核对完成，发承包双方签字确认后，禁止发包人又要求承包人与另一个或多个工程造价咨询机构重复核对竣工结算。

4. 竣工结算价款的支付

（1）承包人提交竣工结算款支付申请。承包人应根据办理的竣工结算文件，向发包人提交竣工结算款支付申请。该申请应包括下列内容。

① 竣工结算合同价款总额。

② 累计已实际支付的合同价款。

③ 应扣留的质量保证金。

④ 实际应支付的竣工结算款金额。

（2）发包人签发竣工结算支付证书。发包人应在收到承包人提交的竣工结算款支付申请后 7 天内予以核实，向承包人签发竣工结算支付证书。

（3）支付竣工结算款。发包人签发竣工结算支付证书后的 14 天内，按照竣工结算支付证书列明的金额向承包人支付结算款。

发包人在收到承包人提交的竣工结算款支付申请后 7 天内不予核实，不向承包人签发竣工结算支付证书的，视为承包人的竣工结算款支付申请已被发包人认可；发包人应在收到承包人提交的竣工结算款支付申请 7 天后的 14 天内，按照承包人提交的竣工结算款支付申请列明的金额向承包人支付竣工结算款。

发包人未按照规定的程序支付竣工结算款的，承包人可催告发包人支付，并有权获得延迟支付的利息。发包人在竣工结算支付证书签发后或者在收到承包人提交的竣工结算款支付申请 7 天后的 56 天内仍未支付的，除法律另有规定外，承包人可与发包人协商将该工程折价，也可直接向人民法院申请将该工程依法拍卖。承包人就该工程折价或拍卖的价款优先受偿。

7.4.7 工程结算管理

工程结算管理应遵循以下原则。

（1）工程竣工后，发承包双方应及时办理工程竣工结算，否则，工程不得交付使用，有关部门不予办理权属登记。

（2）发包人与承包人不按照招标文件和承包人中标的投标文件订立合同的，或者发包人、承包人背离合同实质性内容另行订立协议的，责令改正；可处以中标项目金额 5‰ ～ 10‰ 的罚款。

（3）接受委托承接有关工程结算咨询业务的工程造价咨询机构出具的办理拨付工程

价款和工程结算的文件，应当由造价工程师签字，并应加盖执业专用章和单位公章。

（4）当事人就工程造价发生合同纠纷时，可通过下列办法解决：双方协商确定、按合同条款约定的办法提请调解和向有关仲裁机构申请仲裁或向人民法院起诉。

习　题

一、单项选择题

1. 关于最高投标限价，下列说法中错误的是（　　）。

A. 最高投标限价是招标人对招标工程限定的最高工程造价

B. 招标人应在招标文件中如实公布最高投标限价

C. 最高投标限价可以进行上浮或下调

D. 招标文件中应公布最高投标限价各组成部分的详细内容

2. 关于投标报价编制的说法，正确的是（　　）。

A. 投标人可以根据市场需求，对所有费用自主报价

B. 投标人可以委托工程造价咨询机构编制投标报价

C. 投标报价低于成本的，评标委员会应当否决其投标

D. 投标人的某一子项目报价高于招标人相应基准价的应予废标

3. 投标报价编制工作中最主要的内容是（　　）。

A. 确定工程量　　B. 确定施工组织设计

C. 确定综合单价　　D. 确定组价内容

4. 当年开工、当年不能竣工的工程按照工程形象进度，划分不同阶段支付工程进度款的工程结算方式属于（　　）。

A. 按月结算　　B. 分段结算　　C. 竣工后一次结算　D. 目标结算

5. 关于合同价款的期中支付，下列说法正确的是（　　）。

A. 工程进度款支付周期，应与合同约定的工程计量周期一致

B. 已标价工程量清单中的总价项目，应按约定一次性支付

C. 发包人提供的材料金额，应按工程实际数量和单价从工程进度款中扣除

D. 承包人现场签证和本期提出的索赔金额应列入本期结算价款中

二、填空题

1. 工程量清单计价法中，由________或________按工程量清单计价办法和招标文件的规定，编制反映工程实体消耗和措施性消耗的工程量清单。

2. 综合单价是指完成一个规定清单项目所需的人工费、材料费、工程设备费、施工机具使用费、企业管理费、利润以及________。

3. 招标工程量清单编制的内容包括________和________。

4. 如招标文件提供了暂估单价的材料，就能按暂估的单价计入________。

5. 在计算投标报价时，应预先确定施工方案和施工进度，此外，投标计算还必须与________相协调。

三、名词解释

1. 工程量清单计价法
2. 最高投标限价
3. 工程结算
4. 按月结算

四、简答题

1. 国有投资的项目包括哪些？
2. 工程量清单计价的作用是什么？
3. 招标工程量清单编制的依据有哪些？
4. 采用最高投标限价招标的优点是什么？
5. 承包人提交的竣工结算款支付申请中应包括哪些内容？

五、计算题

1. 某建设项目分部分项工程的费用为20000万元（其中定额人工费占分部分项工程费的15%），措施项目费为500万元，其他项目费为740万元。以上数据均不含增值税，规费为分部分项工程定额人工费的8%，增值税税率为9%，试计算该项目的最高投标限价。

2. 某项工程发包人与承包人签订了工程施工合同，合同中估算的工程量为2500m^3，经协商，合同全费用单价为150元/m^3。合同中规定如下。

（1）开工前发包人向承包人支付合同价款20%的工程预付款。

（2）发包人自第一个月起，从承包人的工程款中按5%的比例扣留质量保证金。

（3）工程进度款逐月计算。

（4）工程预付款在最后两个月扣除，每月扣50%。

承包人各月实际完成的工程量：1月为600m^3；2月为900m^3；3月为700m^3；4月为600m^3。

求：（1）工程预付款为多少？

（2）每月的工程价款为多少？

3. 某施工单位承包某项工程项目，甲乙双方签订的关于工程价款的合同内容如下。

（1）建筑安装工程造价750万元，建筑材料及设备费占施工产值的比例为60%。

（2）工程预付款为建筑安装工程造价的20%。工程实施后，工程预付款从未施工工程尚需的主要材料及构件的产值相当于工程预付款数额时起扣，从每次结算工程价款中按材料和设备占施工产值的比例扣抵工程预付款，竣工前全部扣清。

（3）工程进度款逐月计算。

（4）工程质量保证金为建筑安装工程造价的3%，竣工结算月一次扣留。

（5）材料和设备价差调整按规定进行，上半年材料和设备价差上调 10%，在 6 月一次调增。

工程各月实际完成产值见表 7-1。

表 7-1 工程各月实际完成产值

月份	2	3	4	5	6
完成产值 / 万元	60	130	180	250	130

求：（1）该工程的工程预付款、起扣点是多少？

（2）该工程 2—5 月每月拨付工程款为多少？累计工程款为多少？

（3）6 月办理工程竣工结算，该工程竣工结算价为多少？甲方应付工程结算款为多少？

参考文献

黄昌铁，齐宝库，2016. 工程估价［M］. 北京：清华大学出版社.

焦红，王松岩，2011. 钢结构工程识图与预算快速入门［M］. 北京：中国建筑工业出版社.

全国造价工程师职业资格考试培训教材编审委员会，2023. 建设工程技术与计量：土木建筑工程［M］. 3版. 北京：中国计划出版社.

全国造价工程师职业资格考试培训教材编审委员会，2023. 建设工程计价［M］. 3版. 北京：中国计划出版社.

全国造价工程师职业资格考试培训教材编审委员会，2023. 建设工程造价管理［M］. 3版. 北京：中国计划出版社.

宋显锐，2017. 房屋建筑与装饰工程计量与计价［M］. 武汉：武汉理工大学出版社.

王雪青，2019. 工程估价［M］. 3版. 北京：中国建筑工业出版社.

许程洁，2021. 建筑工程估价［M］. 北京：机械工业出版社.

杨静，王炳霞，2014. 建筑工程概预算与工程量清单计价［M］. 2版，北京：中国建筑工业出版社.

张守健，2018. 土木工程预算［M］. 3版. 北京：高等教育出版社.

中国建设工程造价管理协会，2010. 建设项目工程结算编审规程：CECA/GC 3—2010［S］. 北京：中国计划出版社.

中国建设工程造价管理协会，2010. 建设项目施工图预算编审规程：CECA/GC 5—2010［S］. 北京：中国计划出版社.

中国建设工程造价管理协会，2013. 建设项目工程竣工决算编制规程：CECA/GC 9—2013［S］. 北京：中国计划出版社.

中国建设工程造价管理协会，2015. 建设项目设计概算编审规程：CECA/GC 2—2015［S］. 北京：中国计划出版社.

中国建设工程造价管理协会，2017. 建设项目全过程造价咨询规程：CECA/GC 4—2017［S］. 北京：中国计划出版社.

后　记

经全国高等教育自学考试指导委员会同意，由土木水利矿业环境类专业委员会负责高等教育自学考试《工程计量与计价》教材的审定工作。

本教材由哈尔滨工业大学许程洁教授担任主编，哈尔滨工业大学张红讲师、沈阳建筑大学黄昌铁副教授、哈尔滨工业大学张艳梅研究员参加编写。全书由许程洁教授统稿。

本教材由哈尔滨工业大学张守健教授担任主审，沈阳建筑大学齐宝库教授和兰州交通大学鲍学英教授参审。他们在审稿过程中提出了许多宝贵的修改意见，在此谨向他们表示诚挚的谢意！

土木水利矿业环境类专业委员会最后审定通过了本教材。

全国高等教育自学考试指导委员会
土木水利矿业环境类专业委员会
2023 年 12 月